矿物加工过程的检测与控制

徐志强　王卫东　编著

北　京
冶 金 工 业 出 版 社
2012

内容简介

本书将矿物加工过程中的实际应用与当前普遍采用的先进技术相结合，系统介绍了矿物加工过程中检测与控制技术的基本原理和应用实例。全书共分6章，主要内容包括矿物加工过程检测仪器仪表；矿物加工过程电力拖动基础；计算机控制技术基础；可编程控制器及应用；工控组态软件及应用；典型矿物加工过程的自动控制等。

本书可作为大专院校矿物加工工程及相近专业的教学用书，也可供选煤厂、选矿厂工程技术人员学习参考。

图书在版编目（CIP）数据

矿物加工过程的检测与控制/徐志强，王卫东编著．—北京：冶金工业出版社，2012.8

ISBN 978-7-5024-5970-3

Ⅰ.①矿…　Ⅱ.①徐…　②王…　Ⅲ.①选矿—自动检测②选矿—过程控制　Ⅳ.①TD9

中国版本图书馆 CIP 数据核字（2012）第163180号

出版人　曹胜利
地　　址　北京北河沿大街嵩祝院北巷39号，邮编100009
电　　话　(010)64027926　电子信箱　yjcbs@cnmip.com.cn
责任编辑　卢　敏　李　雪　美术编辑　李　新　版式设计　孙跃红
责任校对　王贺兰　责任印制　牛晓波
ISBN 978-7-5024-5970-3
北京百善印刷厂印刷；冶金工业出版社出版发行；各地新华书店经销
2012年8月第1版，2012年8月第1次印刷
787mm×1092mm　1/16；14.25印张；341千字；217页
36.00元
冶金工业出版社投稿电话：(010)64027932　投稿信箱：tougao@cnmip.com.cn
冶金工业出版社发行部　电话：(010)64044283　传真：(010)64027893
冶金书店　地址：北京东四西大街46号(100010)　电话：(010)65289081(兼传真)
（本书如有印装质量问题，本社发行部负责退换）

·前 言·

近年来，随着矿物加工技术的发展，选矿工艺不断改进，设备趋于大型化、自动化，矿物加工过程的检测与控制技术也得到了快速的发展。为适应教学、培训以及选厂工程技术人员的学习需要，并充分考虑到矿物加工厂电气控制技术的实际应用和发展情况，组织编写了本书。

本书在编写过程中，力求做到将矿物加工过程中实际应用与当前的先进技术相结合，着重介绍矿物加工过程检测仪器仪表；矿物加工过程电力拖动基础；计算机控制技术基础；可编程控制器及应用；工控组态软件及应用；典型矿物加工过程的自动控制等，系统地阐述了电气控制的原理与设计的一般方法。

本书在内容编排上注意循序渐进，由浅入深，便于读者掌握基本控制原理和控制方法。在电气控制方面，保留了传统电器及继电控制系统内容。可编程控制器的内容则以矿物加工过程中广泛使用的西门子S7系列和日本OMRON中小型机为重点，对可编程控制器的基本特性、功能及编程方法作了介绍。

本书可作为高等院校矿物加工工程等相近专业的教学用书，也可供选厂工程技术人员参考。

本书第1、2章由徐志强编写，第3章由吴翠平编写，第4、5章由王卫东编写，第6章由兰西柱、王卫东编写。符畅、王文杰参与了资料收集整理和第1、2章部分内容的编写工作。全书由徐志强负责组织和统稿。书中部分章节的编写参考了有关文献，在此谨向所列主要参考文献的作者，一并表示衷心的感谢。

书中不妥之处，敬请读者批评指正。

作 者

2012年3月

·目　录·

矿物加工过程检测仪器仪表

【本章学习要求】

(1) 了解矿物加工过程中需要检测的变量种类及特点；

(2) 熟悉温度、压力、流量、物位、重量、水分、密度、灰分及固体物含量的检测方式方法；

(3) 掌握测量温度、压力、流量、物位、重量、水分、密度、灰分及固体物含量传感器的工作原理及使用注意事项。

随着矿物加工过程自动化水平的不断提高，要实现生产过程中的自动控制，首先要解决的问题是实现对有关工艺参数的自动检测。在矿物加工过程中，需要测量的参数很多，如温度、压力、流量、料位、液位、质量、矿浆浓度，跳汰分选过程中水流运动的位移、速度和加速度，床层松散度和厚度，重介分选过程中重介悬浮液密度等。本章将分别介绍各种参数的检测方法及有关检测仪表的检测原理。

1.1 温度检测

温度是表征物体冷热程度的物理量，是物体内部分子无规则运动剧烈程度的标志，与自然界中的各种物理和化学过程相联系，温度的测量是以热平衡为基础的。

温度最本质的性质：当两个冷热程度不同的物体接触后就会产生导热换热，换热结束后两物体处于热平衡状态，则它们具有相同的温度。接触式测温法就是利用这一原理工作的。

1.1.1 膨胀式温度计

热膨胀式温度计应用液体、气体或固体（物体）热胀冷缩的性质测温，将温度转换为测温敏感元件的尺寸或体积变化，表现为位移；热膨胀式温度计分为液体膨胀式（酒精温度计、水银温度计）和固体膨胀式（热敏双金属温度计）两种，如图1-1所示。

1.1.1.1 液体膨胀式温度计

液体受热后体积膨胀和温度的关系可用下式表示：

$$V_{t1} - V_{t2} = V_{t0}(d - d')(t_1 - t_2) \tag{1-1}$$

式中 V_{t1}，V_{t2}——分别为液体在温度为 t_1 和 t_2 时的体积；

V_{t0}——同一液体在0℃时的体积；

d，d'——分别为液体和盛液体容器的体膨胀系数。

由式（1-1）看到，液体的体膨胀系数越大，液体的体积随温度升高而增大的数值也越大。因此，选用 d 值大的液体作为温度计的工作液，可以提高温度计的测量精度。一般采用水银或红色酒精作为工作液体，测温范围在 −80 ~ 600℃之间。

运用这一原理制成的玻璃液体温度计如图 1-1 所示。工作液采用水银更多，水银的体膨胀系数虽然不太大，但它不粘玻璃，不易氧化，能在 −38 ~ 365.66℃之间保持液态，尤其是 200℃以下，水银体积膨胀几乎与温度呈线性关系。水银温度计测量上限为 300℃，加压充氮时测温上限可达 600℃。

工业上还有带电接点的水银温度计，与继电器配合后可用于恒温控制和超温报警等自动装置上。

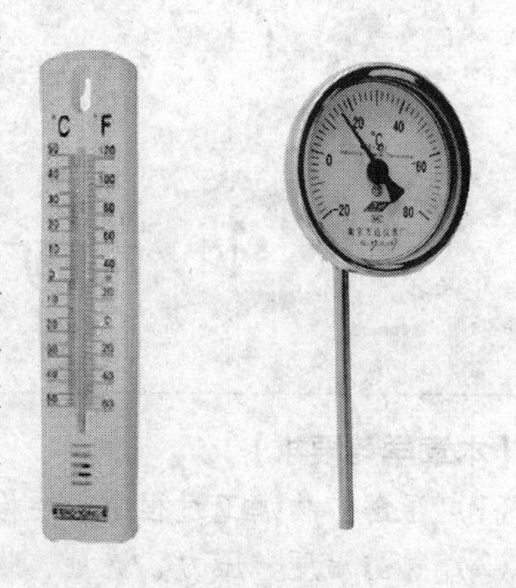

图 1-1 热膨胀式温度计

1.1.1.2 固体膨胀式温度计

双金属温度计是利用两种不同的金属在温度改变时膨胀程度不同的原理工作的。双金属温度计敏感元件如图 1-2 所示。它是由两种或多种线膨胀系数 α 不同的金属片粘贴组合而成的，其中 α 大的材料 A 为主动层，α 小的材料 B 为被动层。其一端固定，另一端为自由端，自由端与指示系统的指针相连接。为增加测温灵敏度，通常金属片制成螺旋卷形状，如图 1-3 所示。

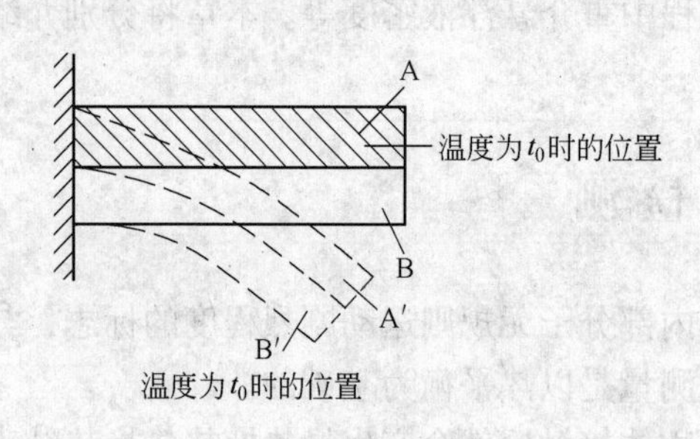

图 1-2 双金属温度计工作原理示意图

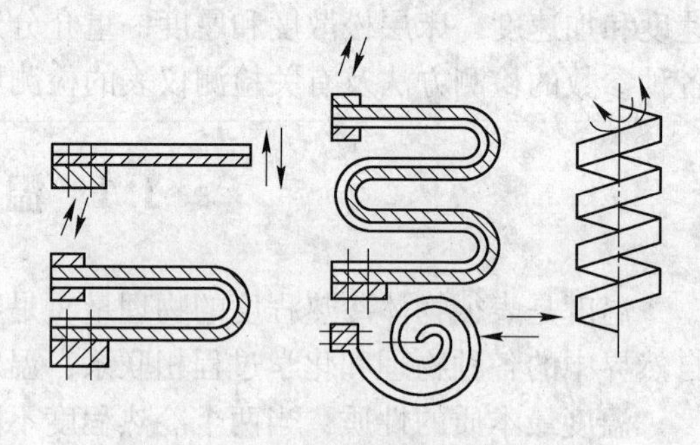

图 1-3 双金属温度计金属片形状

当温度变化时，由于 A、B 两种金属的膨胀不一致而向被动层一侧弯曲，受冷则向主动层一侧弯曲，导致自由端产生一定的角位移，温度恢复到原有温度则仍然平直。自由端角位移的大小与温度变化成一定的函数关系，通过温度标定，在圆形分度标尺上指示出温度，实现温度测量。可以实现工业现场 −80 ~ 550℃温度的液体、蒸汽和气体的中低温检测。

当温度变化为 Δt 时，自由端的弯曲挠度为：

$$\delta = \frac{3}{4} \times \frac{\alpha_1 - \alpha_2}{h_1 + h_2} l^2 \Delta t \tag{1-2}$$

式中 δ——自由端中心线的挠度；

α——线膨胀系数；

h——金属片的厚度；

l——金属片的长度。

双金属温度计常被用作恒定温度的控制元件，如恒温箱、加热炉、电热水壶等就是采用双金属片温度计控制和调节恒温。

1.1.2 热电偶温度计

1.1.2.1 热电偶的测温原理

热电偶的测温原理是基于热电偶的热电效应，如图1-4所示。将两种不同材料的导体或半导体A和B连在一起组成一个闭合回路，而且两个接点的温度$t \neq t_0$，则回路内将有电流产生，电流大小正比于接点温度t和t_0的函数之差，而其极性则取决于A和B的材料。显然，回路内电流的出现，证实了当$t \neq t_0$时内部有热电势存在，即热电效应。

图1-4a中A、B称为热电极，A为正极，B为负极。放置于被测温度为t的介质中的一端，称工作端或热端；另一端称参比端或冷端（通常处于室温或恒定的温度之中）。在此回路中产生的热电势可用式（1-3）表示：

$$E_{AB}(t,t_0)=E_{AB}(t)-E_{AB}(t_0) \tag{1-3}$$

式中，$E_{AB}(t)$表示工作端（热端）温度为t时在A、B接点处产生的热电势；$E_{AB}(t_0)$表示参比端（冷端）温度为t_0时在A、B另一端接点处产生的热电势。为了达到正确测量温度的目的，必须使参比端温度维持恒定，这样对一定材料的热电偶总热电势E_{AB}便是被测温度的单值函数了，见式（1-4）。此时只要测出热电势的大小，就能判断被测介质的温度：

$$E_{AB}(t,t_0)=E_{AB}(t)-C=f(t) \tag{1-4}$$

在热电偶测量温度时，要想得到热电势数值，必定要在热电偶回路中引入第二种导体，接入测量仪表。根据热电偶的“中间导体定律”可知：热电偶回路中接入第三种导体后，只要该导体两端温度相同，热电偶回路中所产生的总热电势与没有接入第三种导体时热电偶所产生的总热电势相同；同理，如果回路中接入更多种导体时，只要同一导体两端温度相同，均不影响热电偶所产生的热电势值。因此热电偶回路可以接入各种显示仪表、变送器、连接导线等，如图1-4b所示。利用上述特性，我们可以采用开路热电偶对液态金属或金属壁面进行温度测量，如图1-5a、b所示。但必须保证两热电极A、B插入点的温度一致。

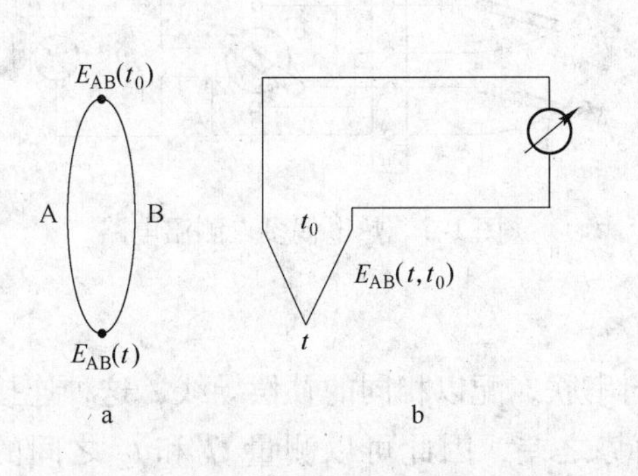

图1-4 热电偶原理及测温回路示意图

a—热电偶热电效应；b—热电偶测温回路

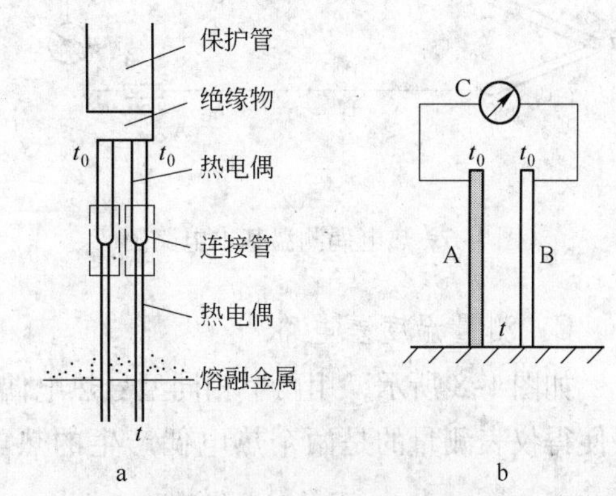

图1-5 开路热电偶的应用

根据上述的热电偶的测温原理，可知热电偶构成具有如下特点：

（1）热电偶必须采用两种不同材料作为电极，否则无论热电偶两端温度如何，热电偶回路总电动势均为零；

（2）即使采用两种不同的材料，若热电偶两接触点温度相等，即 $t=t_0$，则热电偶回路总电动势为零；

（3）热电偶的热电动势只与接触点处的温度有关，与材料的中间各处温度无关。

1.1.2.2 热电偶的特点

热电偶的特点是结构简单，可以测量的温度范围为 -200 ~ 1800℃。

（1）同样温度下输出信号较小。以 0 ~ 100℃为例，如用 K 热电偶，输出为 4.095mV；用 S 热电偶更小，只有 0.643mV。测量毫伏级的电动势，显然不太容易。

（2）热电偶对温度的响应是热电动势，只要热端和冷端不等温，是不需电源的有源式传感器，测量电路简单，且电动势信号便于传送。

（3）热电偶的热端是很小的焊点，尺寸小，可以测量小空间的温度。

（4）同类材料制成的热电阻不如热电偶测温上限高。

（5）温度特性非线性明显。

1.1.2.3 热电偶常用测温电路

A 测量温度的基本电路

如图 1-6 所示，A′、B′为热电偶补偿导线，t_0 为使用补偿导线后热电偶的冷端温度，实际使用时把补偿导线一直延伸到测量仪表的接线端子。冷端温度即为仪表接线端子所处的环境温度。

B 测量多点温度的电路

如图 1-7 所示，多个被测温度用多个型号相同的热电偶分别测量，多个热电偶共用一台显示仪表，它们是通过多路转换开关来进行测温点切换的。多点测温电路用于自动巡回检测中，按要求显示各测点的温度值，只需要一套显示仪表和补偿热电偶。

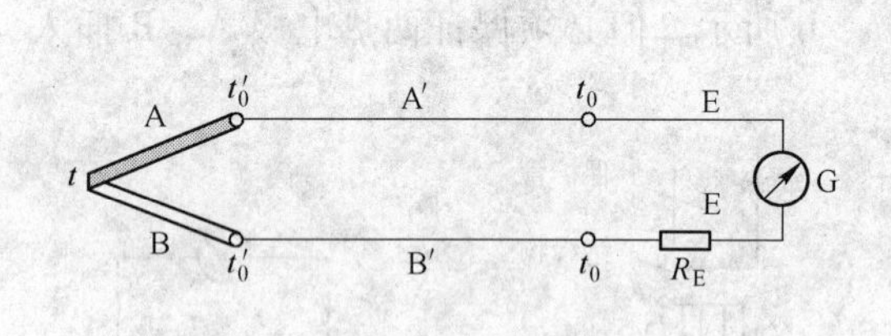

图 1-6 热电偶测温基本电路图

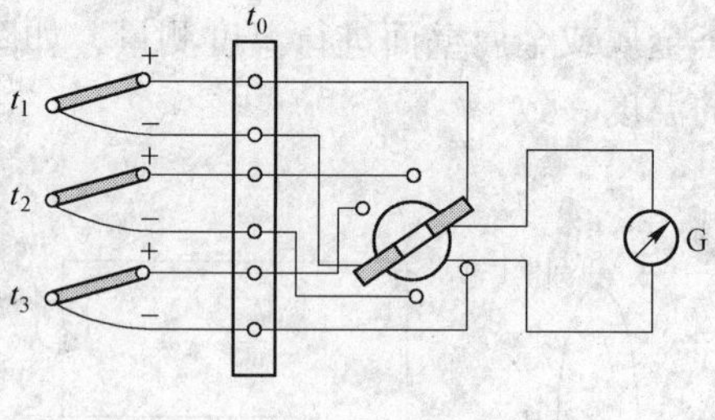

图 1-7 热电偶多点测温电路

C 测量温度差电路

如图 1-8 所示，用两个相同型号热电偶反向串联，配以相同的补偿导线，这种连接方法使得仪表测量的是两个热电偶产生的热电动势之差，因此可以测量 t_1 和 t_2 之间的温度差。

1.1.3 电阻式温度计

电阻式温度计的测量原理是利用导体或半导体的电阻值随着温度变化而变化，把测量

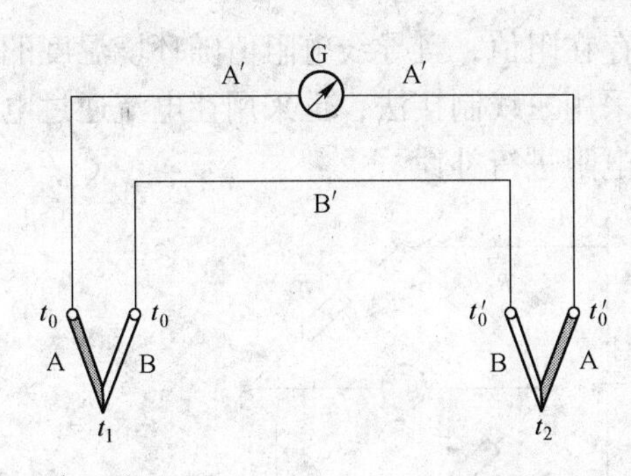

图1-8 热电偶测量温差电路图

温度转化成测量电阻的电阻式测温系统。

根据材料是金属导体还是半导体，将电阻式温度计分为金属热电阻温度计和半导体热敏电阻温度计两种。大多数金属导体和半导体的电阻率都随温度发生变化，纯金属有正的温度系数。金属热电阻温度计和半导体热敏电阻温度计是利用热电阻和热敏电阻的电阻率温度系数而制成温度传感器的。下面主要介绍金属热电阻。

绝大多数金属只有正的电阻温度系数，温度越高电阻越大。利用这一规律可制成电阻温度传感器。众多测温方法中，电阻温度传感器（或电阻测温器，通常简称为 RTD）是最精确的一种方法。在 RTD 中，器件电阻与温度成正比。尽管有些 RTD 使用镍或铜，但 RTD 最常用的电阻材料还是铂，其次为铜电阻。RTD 拥有很宽的温度测量范围，根据其构造，RTD 可测量 $-270\sim850$℃的温度范围。

热电阻的材料要求电阻温度系数要大；电阻率尽可能大，热容量要小，在测量范围内，应具有稳定的物理和化学性能；电阻与温度的关系最好接近于线性；应有良好的可加工性。

1.1.3.1 热电阻的结构

热电阻构成包括电阻体（最主要部分）、绝缘套管、接线盒 3 部分，其结构如图 1-9 所示。

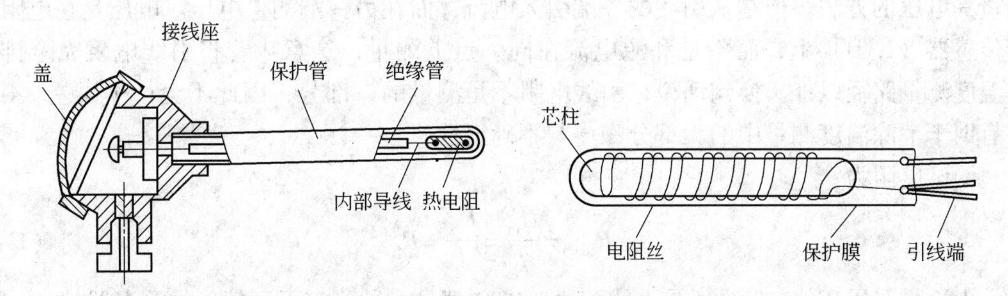

图1-9 热电阻剖面图

1.1.3.2 热电阻的测温方法

用 RTD 测量温度的方法有多种。第一种是让电流通过 RTD 并测量其上电压的二线方法，如图 1-10 所示。其优点是仅需要使用两根导线，因而容易连接与实现。缺点是引线内阻参与温度测量，从而引入一些误差。

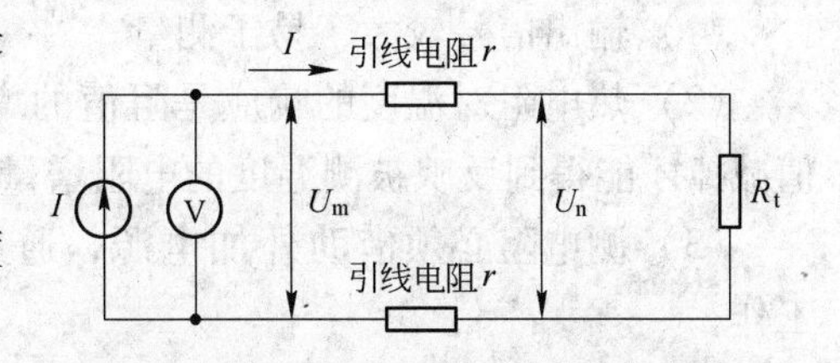

图1-10 典型二线电阻测温方法示意图

测试电阻为：

$$R_{test}=\frac{U_m}{I}=R_t+2\times r \tag{1-5}$$

二线方法的一种改进是三线方法，即第二种用 RTD 测量温度的方法，如图 1-11 所示。热电阻为桥路的一个桥臂，连接热电阻的导线存在阻值，且导线电阻值随环境温度的变化而变化，从而造成测量误差，因此实际测量时采用三线制接法，也采用让电流通过电阻并测量其电压的方法，但使用第三根线可对引线电阻进行补偿。

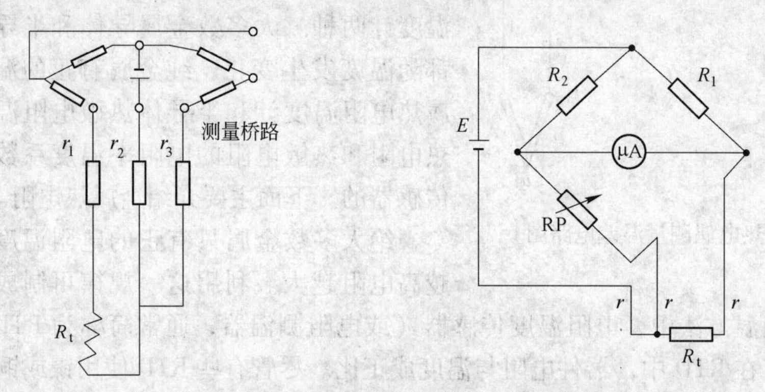

图 1-11 典型三线电阻测温方法示意图

所谓三线制接法，就是从现场热电阻两端引出 3 根材质、长短、粗细均相同的连接导线，其中两根导线被接入相邻两对抗桥臂中，另一根与测量桥路电源负极相连。由于流过两桥臂的电流相等，因此当环境温度变化时，两根连接导线因阻值变化而引起的压降变化相互抵消，不影响测量桥路输出电压的大小。这种引线方式可以较好地消除引线电阻的影响，提高测量精度。所以工业热电阻多半采取这种方法。

第三种方法是四线法，与其他两种方法一样，四线法中也同样采用让电流通过电阻并测量其电压的方法。但是从引线的一端引入电流，而在另一端测量电压。电压是在电阻温度传感器（RTD）上，而不是和源电流在同一点上测量，这意味着将引线电阻完全排除在温度测量路径以外。换句话说，引线电阻不是测量的一部分，因此不会产生误差。4 线法有助于消除温度测量中的大部分噪声与不确定性。

测试电阻为：

$$R_{\text{test}} = \frac{U_{\text{m}}}{I} = \frac{U_{\text{n}}}{I} = R_{\text{t}} \tag{1-6}$$

无论是采用 2 线、3 线还是 4 线配置，RTD 都是一种稳定而又精确的测温器件。

1.1.3.3 热电阻的优点和注意事项

热电阻具有如下一些明显优于其他测温器件的优点：

（1）输出信号较大，易于测量；

（2）热电阻对温度的响应是阻值的增量，必须借助桥式电路或其他措施，将起始阻值减掉才能得到反映被测温度的电阻增量；

（3）测电阻必须借助外加电源，通过电流才能体现小阻值的变化，停止供电不能工作；

（4）热电阻感温部分的尺寸较大，通常约几十毫米长，测出的是该空间的平均温度；

（5）RTD 是所有测温器件中最稳定、最精确的一种。

测阻值时热电阻必须通过电流，电流又会使电阻发热，阻值增大。为了避免由此引起的误差过大，应该尽量采用小电流通过热电阻。但是电流太小导致电阻上的电压降过分微小，又会给测量带来困难。一般认为通过电阻的电流只要不超过6mA，就不会引起显著误差。

1.1.4 辐射式温度传感器

辐射式温度传感器是利用物体的辐射能随温度变化的原理制成的。其原理是一种非接触式测温方法，即只要将传感器与被测对象对准即可测量其温度的变化。与接触式温度传感器相比，辐射式温度传感器具有以下特点：

（1）传感器与被测对象不接触，不会干扰被测对象的温度场，故可测量运动物体的温度，且可进行遥测；

（2）由于传感器与被测对象不在同一环境中，不会受到被测介质性质的影响，所以可以测量腐蚀性、有毒物体及带电体的温度，测温范围广，理论上无测温上限限制；

（3）在检测时传感器不必和被测对象进行热量交换，所以测量速度快，响应时间短，适于快速测温；

（4）由于是非接触测量，测量精度不高，测温误差大。

1.1.4.1 辐射测温的原理

辐射温度传感器是利用斯忒藩·玻耳兹曼全辐射定理研制出的，其数学表达式为：

$$E_0 = \sigma T^4 \tag{1-7}$$

式中 E_0——全波长辐射能力；

σ——斯忒藩-玻耳兹曼常数，$\sigma = 5.67 \times 10^{-8}\mathrm{W/(m^2 \cdot K^4)}$；

T——物体的绝对温度。

由式（1-7）可知，物体温度越高，辐射功率就越大，只要知道物体的温度，就可以计算出它所发射的功率。反之，如果测量出物体所发射出来的辐射功率，就可利用式（1-7）确定物体的温度。

1.1.4.2 辐射式温度传感器结构原理

A 热释电红外传感器

热释电红外传感器的结构及内部电路如图1-12所示。传感器主要由外壳、滤光片、热电元件PZT、结场效应管FET、电阻、二极管等组成，并向壳内充入氮气封装起来。其中滤光片设置在窗口处，组成红外线通过的窗口。滤光片为6μm多层膜干涉滤光片，它对5μm，以下短波长光有高反射率，而对6μm以上人体发射出来的红外线热源（10μm）

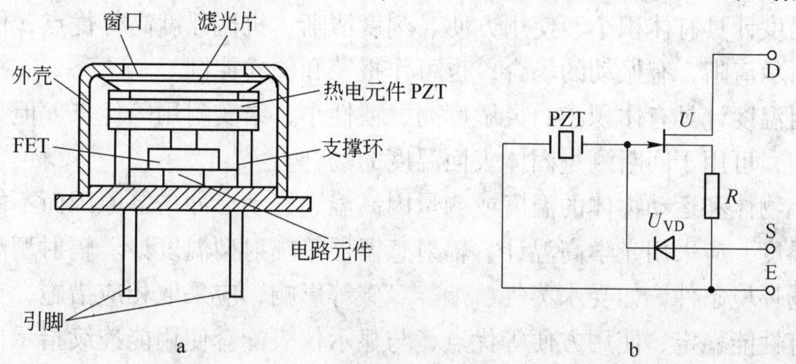

图1-12 热释红外传感器

a—结构；b—内部电路

有高穿透性，阻抗变换用的FET管和电路元件放在管底部分。敏感元件用红外线热释电材料PZT（或其他材料）制成很小的薄片，再在薄片两面镀上电极，构成两个反向串联的有极性的小电容。这样，当入射的能量顺序地射到两个元件时，由于是两个元件反相串联，故其输出是单元件的两倍；由于两个元件反相串联，对于同时输入的能量会相互抵消。由于双元件红外敏感元件具有以上的特性，可以防止因太阳光等红外线所引起的误差或误动作；由于周围环境温度的变化影响整个敏感元件产生温度变化，两个元件产生的热释电信号互相抵消，起到补偿作用。

供测温用的热释电红外传感器，其响应波长范围为2～15μm，测温范围可达-80～1500℃。

B 比色温度传感器

比色温度传感器是以两个波长的辐射亮度之比随温度变化的原理来进行温度测量的。图1-13所示为光电比色温度传感器的工作原理。被测对象的辐射射线经过透镜射到由电动机带动的旋转调制盘上，在调制盘的开孔上附有红、蓝两种颜色的滤光片。当电动机转动时，光敏器件上接收到的光线为红、蓝两色交变的光线，进而使光敏器件输出与红、蓝光对应的电信号，经过放大器放大处理后，送到显示仪表，从而得到被测物体的温度。

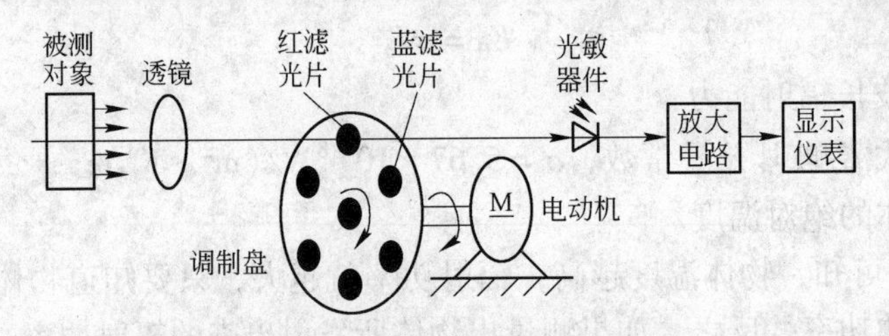

图1-13 光电比色温度传感的工作原理

1.1.5 温度检测仪表的选用

温度检测仪表的选用应根据工艺要求，正确选择仪表的量程和精度。正常使用温度范围，一般为仪表量程的30%～90%。现场直接测量的仪表可按工艺要求选用。

玻璃液体温度计具有结构简单、使用方便、测量准确、价格便宜等优点，但强度差、容易损坏，通常用于指示精度较高，现场没有振动的场合，还可作为温度报警和位式控制。

双金属温度计具有体积小、使用方便、刻度清晰、机械强度高等优点，但测量误差较大，适用于指示清晰，有振动的场合，也可作报警和位式控制。

热敏电阻温度计具有体积小、灵敏度高、惯性小、结实耐用等优点，但是热敏电阻的特性差异很大，可用于间断测量固体表面温度的场合。

测量微小物体和运动物体的温度或测量因高温、振动、冲击等原因而不能安装测温元件的物体的温度，应采用光学高温计、辐射感温器等辐射型温度计。辐射型温度计测温度必须考虑现场环境条件，如受水蒸气、烟雾、碳等影响，应采取相应措施，克服干扰。辐射感温器具有性能稳定、使用方便等优点，与显示仪表配套使用能连续指示记录和控制温度，但测出的物体温度和真实温度相差较大，使用时应进行修正。当与瞄准管配套测量时，可测得真实温度。

1.2 压力检测

选煤厂生产过程中有许多生产环节都是在一定压力下进行的，只有把压力控制得合适，才能得到最佳的效果。

压力分绝对压力、相对压力（即表压力）和大气压力。通常压力表测量得到的压力为相对压力 P，它是绝对压力 P_k 和大气压力 P_d 之差，即 $P = P_k - P_d$。相对压力有正有负，当绝对压力大于大气压力时相对压力为正，绝对压力小于大气压力时相对压力为负。负压的绝对值称为真空度（即真空表读数）。压力的检测靠压力表来完成，下面介绍几种常用压力检测仪表：

（1）液柱式压力表。它是根据流体静力学原理，将被测压力转成液柱高度进行测量。按其结构形式的不同，有U形管压力计、单管压力计和斜管压力计等。这类压力计结构简单、使用方便，但其精度受工作液的毛细管作用、密度及视差等因素的影响，测量范围较窄，一般用来测量较低压力、真空度或压力差。

（2）弹性式压力表。它是将被测压力转换成弹性元件变形的位移进行测量的。例如弹簧管压力计、波纹管压力计及膜片式压力计等。

（3）电气式压力表。它是通过机械和电气元件将被测压力转换成电量（如电压、电流、频率等）来进行测量的仪表，例如各种压力传感器和压力变送器。

（4）智能型压力变送器。智能变送器可以输出数字和模拟两种信号，其精度、稳定性和可靠性均比模拟式变送器优越，并且可以通过现场总线网络与上位计算机相连。

1.2.1 液柱式压力表

液柱式压力计是利用液柱高度和被测介质压力相平衡的原理所制成的测压仪表。它具有结构简单、使用方便，测量准确度高、价格便宜，并能测量微小压力，还能自行制造等优点，因此在生产上和实验室应用较多。

1.2.1.1 U形管压力计

U形管压力计可以测量表压、真空以及压力差，其测量上限可达1500 mm液柱高度。U形管压力计的示意图如图1-14所示，由U形玻璃管、刻度盘和固定板三部分组成。根据液体静力平衡原理可知，在U形管的右端接入待测压力，作用在其液面上的力为左边一段高度为 h 的液柱。这个力和大气压力 P_0 作用在液面上的力所平衡，即：

$$P_{绝} A = (\rho g h + P_0) A \tag{1-8}$$

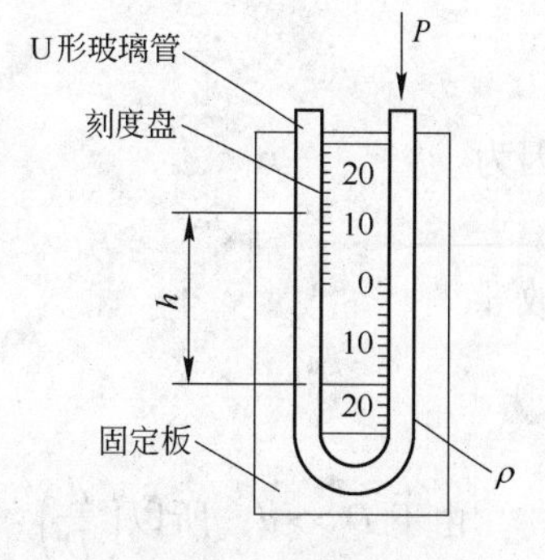

图1-14 U形管压力计

如将上式左右两边的 A 消去得：

$$h = \frac{P_{绝} - P_0}{\rho g} = \frac{P_{表}}{\rho g} \tag{1-9}$$

式中 A——U形管截面积；

ρ——U形管内所充入的工作液体密度；

$P_绝$，P_0——分别为绝对压力和大气压力；

$P_表$——被测压力的表压力，$P_表 = P_绝 - P_0$；

h——左右两边液面高度差。

可见，使用U形管压力计测得的表压力值，与玻璃管断面积的大小无关，这个值等于U形管两边液面高度差与液柱密度的乘积。而且，液柱高度A与被测压力的表压值成正比。

U形管压力计的“零”位刻度在刻度板中间，液柱高度需两次读数。在使用之前，可以不调零，但在使用时应垂直安装。测量准确度受读数精度和工作液体毛细管作用的影响，绝对误差可达2mm。玻璃管内径为5~8mm，截面积要保持一致。

1.2.1.2 单管压力计

U形管压力计在读数时，需读取两边液位高度，将其相减，使用起来比较麻烦。为了能够直接从一边读出压力值，人们将U形压力计改成单管压力计形式，其结构如图1-15所示。即把U形管压力计的一个管改换成杯形容器，就成为单管压力计。杯内充有水银或水，当杯内通入待测压力时，杯内液柱下降的体积与玻璃管内液柱上升的体积是相等的。这样，就可以用杯形容器液面作为零点，液柱差可直接从玻璃管刻度上读出。

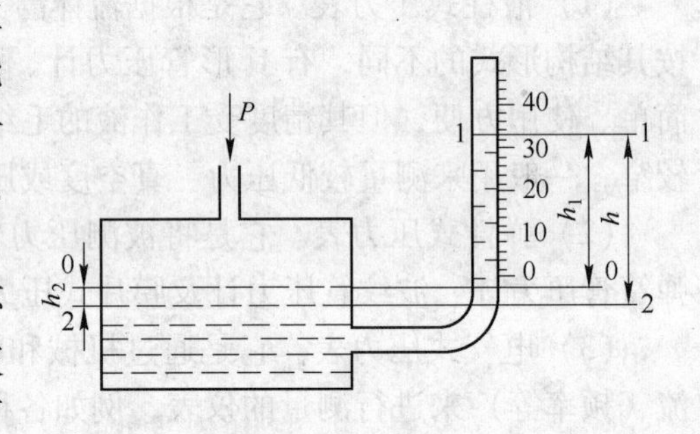

图1-15 单管压力计

由于左边杯的内径D远大于右边管子的内径d，当压力$P_绝$加于杯上，杯内液面由0—0截面下降到2—2截面处，其高度为h_2，玻璃管内液柱由0—0截面上升到1—1截面处，其高度为h_1，而杯内减少的工作液的体积等于玻璃管内增加的工作液的体积，即：

$$\frac{\pi D^2}{4} \cdot h_2 = \frac{\pi d^2}{4} \cdot h_1 \tag{1-10}$$

或

$$h_2 = \left(\frac{d}{D}\right)^2 \cdot h_1 \tag{1-11}$$

因为

$$h = h_1 + h_2 \tag{1-12}$$

故

$$h = h_1 + \left(\frac{d}{D}\right)^2 \cdot h_1 \tag{1-13}$$

由于$D >> d$，所以$\left(\frac{d}{D}\right)^2$可以忽略，得：

$$h \approx h_1 \tag{1-14}$$

被测压力$P_表$可以写成：

$$P_表 = \rho g h_1 \tag{1-15}$$

单管压力计的“零”位刻度在刻度标尺的下端，也可以在上端。液柱高度只需一次读数。使用前需调好零点，使用时要检查是否垂直安装。单管压力计的玻璃管直径，一般选用3~5mm。

1.2.2 弹性式压力表

弹性式压力表是利用各种形式的弹性元件，在被测介质压力的作用下，使弹性元件受压后产生弹性变形的原理而制成的测压仪表。这种仪表具有结构简单、读数清晰、牢固可靠、价格低廉、测量范围宽（0~1000MPa）、有足够的精度等优点。若增加附加装置，如记录机构、电气变换装置、控制元件等，则可以实现压力的记录、远传、信号报警、自动控制等。弹性式压力表可以用来测量几百帕到数千兆帕范围内的压力，因此在工业上是应用最为广泛的一种测压仪表。下面主要介绍弹簧管压力表。

弹簧管压力表具有结构简单、使用可靠、读数清晰、价格低廉、测量范围宽以及有足够的精度等优点。弹簧管压力表可以用来测量几百帕到数千兆帕范围内的压力。因此广泛应用于生产装置或设备上的压力指示。

单圈弹簧管压力表的结构原理如图1-16所示。压力表的测量元件弹簧管1为单圈弹簧管，它是一个弯成270°圆弧的椭圆截面的空心金属管子。管子的自由端B封闭，管子的另一端固定在接头9上，当通入被测的压力P后，由于椭圆形截面在压力P的作用下，将趋于圆形，而弯成圆弧形的弹簧管也随之产生向外挺直的扩张变形。由于变形，使弹簧管的自由端B产生位移。输入压力P越大，产生的变形也越大。由于输入压力与弹簧管自由端B的位移成正比，所以只要测得B点的位移量，就能反映压力P的大小，这就是弹簧管压力表的基本测量原理。

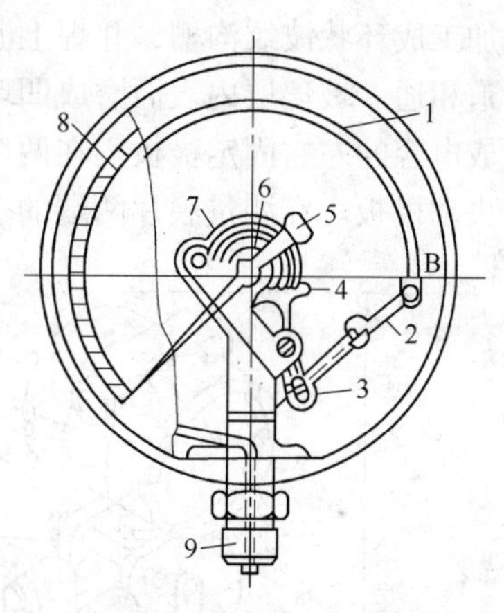

图1-16 单圈弹簧管压力表结构原理
1—弹簧管；2—拉杆；3—调整螺钉；
4—扇形齿轮；5—指针；6—中心齿轮；
7—游丝；8—面板；9—接头

弹簧管自由端B的位移量一般很小，直接显示有困难，所以必须通过放大机构才能指示出来。具体的放大过程如下：被测压力通过弹簧管1传送至弹簧管自由端B，其位移通过拉杆2使扇形齿轮4作逆时针偏转，于是指针5通过同轴的中心齿轮6的带动作顺时针偏转，在面板8的刻度标尺上显示出被测压力P的数值。由于弹簧管自由端B的位移与被测压力之间具有正比关系，因此弹簧管压力表的刻度标尺是线性的。游丝7用来克服因扇形齿轮和中心齿轮间的传动间隙而产生的仪表变差。改变调整螺钉3的位置，即改变机械传动的放大系数，可以实现压力表量程的调整。

1.2.3 电气式压力表

电气式压力表是一种能将压力转换成电信号进行传输及显示的仪表。这种仪表的测量范围较广，分别可测7×10^{-5}~5×10^{2}MPa的压力，允许误差可达0.2%。由于可以远距离传送信号，所以在工业生产过程中可以实现压力自动控制和报警。

电气式压力表一般由压力传感器、测量电路和信号处理装置所组成。常用的信号处理装置有指示仪、记录仪以及控制器、微处理机等。电气传感器的作用是把压力信号检测出来，并转换成电信号进行输出，当输出的电信号能够被进一步变换为标准信号时，压力传感器又称为压力变送器。

标准信号是指物理量的形式和数值范围都符合国际标准的信号。例如直流电流4～20mA、空气压力0.02～0.1MPa都是当前通用的标准信号。下面简单介绍电容式差压变送器。

电气式压力表使用最广泛的是电容式压力变送器，电容式压力变送器是先将压力的变化转换为电容量的变化，然后进行测量的。

在工业生产过程中，差压变送器的应用数量多于压力变送器，因此，以下按差压变送器介绍。其实两者的原理和结构基本上相同。

电容式差压变送器的实物外形如图1-17所示，由测量部件、转换放大电路两大部分构成。测量部件的核心部分就是由两个固定的弧形电极与中心感压膜片这个可动电极构成的两个电容器。图1-18是电容式差压变送器的测量部件，将左右对称的不锈钢底座的外侧加工成环状波纹沟槽，并焊上波纹隔离膜片。基座内侧有玻璃层，基座和玻璃层中央有孔道相通。玻璃层内表面磨成凹球面，球面上镀有金属膜，此金属膜层有导线通往外部，构成电容的左右固定极板。在两个固定极板之间是弹性材料构成的测量膜片，作为电容的中央动极板。在测量膜片两端的空膛中充满硅油。

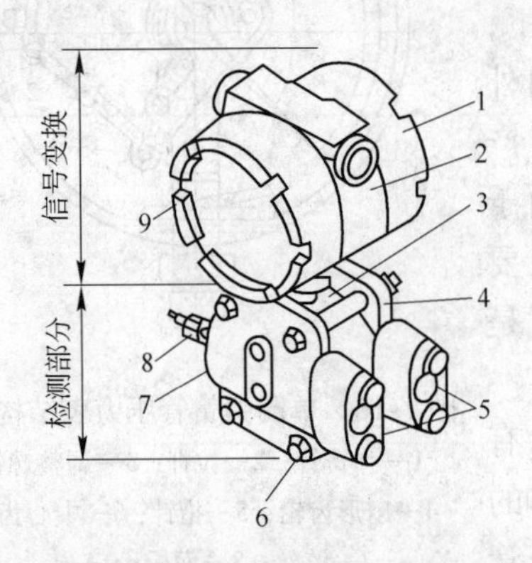

图1-17 电容式差压变送器外形

1—线路板罩盖；2—线路板壳体；3—差动电容敏感部件；4—低压侧法兰；5—引压管接头；6—紧固螺丝；7—高压侧法兰；8—排气（排液）阀；9—排线段罩盖

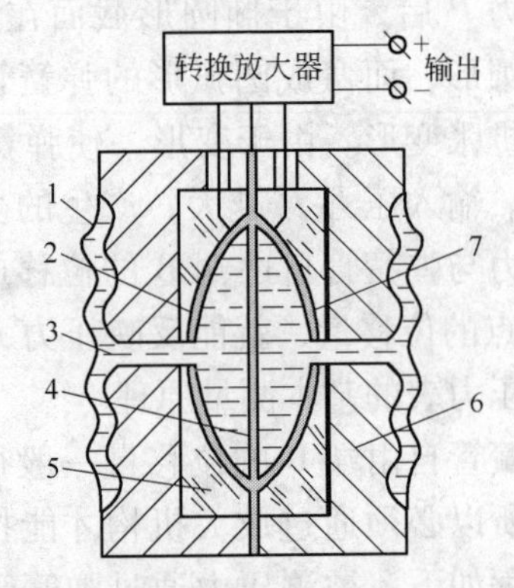

图1-18 电容式差压变送器测量部件

1—隔离膜片；2，7—固定弧形电极；3—硅油；4—测量膜片；5—玻璃层；6—底座

当被测压力P_1、P_2分别加于左右两侧的隔离膜片时，通过硅油将差压传递到测量膜片上，使其向压力小的一侧弯曲变形，引起中央动极板与两边固定电极间的距离发生变化，因而两电极的电容量不再相等，而是一个增大，另一个减小，该变化的电容值由转换放大电路进一步转换放大成4～20mA DC电流。这个电流与被测差压力成一一对应的线性关系，从而实现了差压的测量。

电容式差压变送器的结构可以有效地保护测量膜片，当差压过大并超过允许测量范围时，测量膜片将平滑地贴靠在玻璃凹球面上，因此不易损坏，过载后的恢复特性很好，这样大大提高了过载承受能力。与力矩平衡式相比，电容式没有杠杆传动机构，因而尺寸紧凑，密封性与抗震性好，测量精度相应提高，可达0.2级。

1.2.4 智能型压力变送器

近年来出现了采用微处理器和先进传感器技术的智能变送器，有智能温度变送器、智能压力变送器、智能差压变送器等。智能变送器可以输出数字和模拟两种信号，其精度、稳定性和可靠性均比模拟式变送器优越，并且可以通过现场总线网络与上位计算机相连。智能变送器具有以下特点：

（1）测量精度高，精度为0.1级，而且性能稳定、可靠，时间常数在0~36s间可调。

（2）具有较宽的零点迁移范围和较大的量程比，其量程范围为100：1。

（3）具有温度、静压补偿功能（差压变送器）和非线性校正能力（温度变送器），以保证仪表精度。

（4）具有数字、模拟两种输出方式，能够实现双向数据通信。

（5）通过手持通信器（手持终端）能对1500m之内的现场变送器进行遥控操作。对现场变送器进行各种工作参数的设定，远程组态调零、调量程和自诊断，维护和使用十分方便。

从结构上看，智能型压力或差压变送器就是在普通压力或差压传感器的基础上增加微处理器电路而形成的智能检测仪表。智能变送器由硬件和软件两大部分组成。硬件部分包括微处理器电路、输入输出电路、人-机联系部件等；软件部分包括系统程序和用户程序。不同厂家或不同品种的智能变送器的组成基本相似，只是在器件类型、电路形式、程序编码和软件功能上有所差异。

智能型压力变送器工作原理如图1-19所示。在受压部分，被测差压通过隔离膜片由填充液传递到复合传感器，使传感器的阻值发生变化，这一变化由不平衡电桥检测，经A/D转换送入变送部分。与此同时，复合传感器上的两种辅助传感器（温度传感器和静压传感器）检测出环境温度和静压参数，也经A/D转换送入变送部分。三种数字信号经微处理器运算处理后得到一个与输入差压对应的4~20mA直流电流或数字信号，作为变送器的输出。

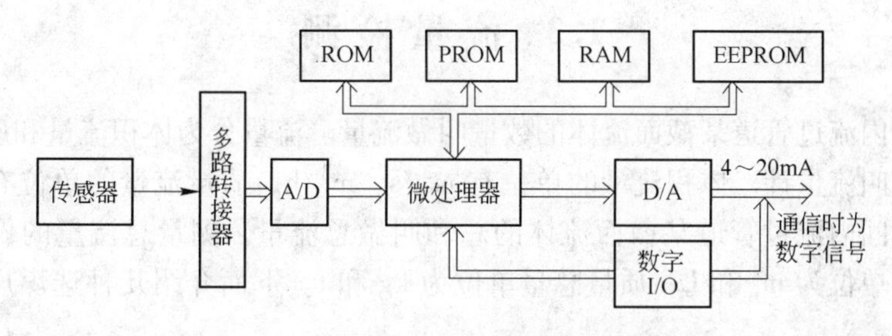

图1-19 智能型压力变送器工作原理

图1-19中PROM存有每台变送器的差压、温度和静压特性参数、输入输出特性、机种型号和测量范围等。微处理器利用PROM中的信息，可使变送部分产生精度高、温度特性和静压特性好的输出，使变送器实现温度、静压补偿，提高了测量精度，拓宽了量程范围。

RAM用来存储由现场通信器SFC设定的变送器各个参数，如编号、测量范围、线性/

平方根输出的选定、零点和量程校准、阻尼时间常数等。EEPROM 作为后备存储器。它在仪表工作时存储着 RAM 中同样的数据。当仪表因故停电后恢复供电时，EEPROM 中的数据会自动传递到 RAM。因此该变送器不需要后备电池。

半导体复合传感器是一种在单个芯片上形成差压测量、温度测量和静压测量三种敏感元件的复合型传感器。它采用近于理想弹性体的单晶硅，性能稳定，重现性好。

1.2.5　压力检测仪表的选用

根据工艺生产过程的要求、被测介质的性质、现场环境条件等方面，来选择压力检测仪表的类型、测量范围和精度等级。选用压力表和选用其他仪表一样，一般应该考虑以下几个方面的问题。

（1）仪表类型的选用。仪表类型的选用必须满足工艺生产的要求。例如是否需要远传、自动记录和报警；被测介质的物理化学性能（诸如腐蚀性、温度高低、强度大小、脏污程度、易燃易爆性能等）是否对测量仪表提出特殊要求；现场环境条件（诸如高温、电磁场、振动及现场安装条件等）对仪表类型是否有特殊要求等。总之，根据工艺要求正确选用仪表类型是保证仪表正常工作及安全生产的重要前提。

（2）仪表测量范围的确定。仪表的测量范围是指该仪表可按规定的精确度对被测介质进行测量的范围，它是根据操作中需要测量的参数的大小来确定的。

在测量压力时，为了延长仪表使用寿命，避免弹性元件因受力过大而损坏，压力表的上限值应该高于工艺生产中可能的最大压力值。为了保证测量值的准确度，所测的压力值不能太接近于仪表的下限值，亦即仪表的量程不能选得太大，一般被测压力的最小值不低于仪表满量程的 1/3 为宜。

（3）仪表精度级的选取。仪表精度是根据工艺生产上所允许的最大测量误差来确定。一般来说，选用的仪表越精密，则测量结果越精确、可靠。但不能认为选用的仪表精度越高越好，因为越精密的仪表，一般价格越贵，操作和维护要求越高。因此，在满足工艺要求的前提下，应尽可能选用精度较低、廉价耐用的仪表。

1.3　流量检测

单位时间内流过管道某截面流体的数量叫做流量。流量分为体积流量和质量流量。测量流量的仪表叫流量计。体积流量的单位有 m^3/s、m^3/h，质量流量的单位有 kg/s、kg/h 等。在一段时间内流过管道某截面流体的总和叫做总流量。测量总流量的仪表叫做计量表。体积总量单位为 m^3 和 L，质量总量单位为 kg 和 t。下面介绍几种选煤厂中常用的流量计。

1.3.1　差压式流量计

差压式流量计是目前流量测量中用得最多的一种流量仪表，如图 1-20 所示。它的使用量大概占整个流量仪表的 60% ~70%。它应用范围特别广泛，例如工作环境可以是清洁的，也可是脏污的；工作条件有高温、常温、低温、高压、常压、真空等不同情况；测量管径也可从几个毫米到几米，全部单相流体，包括液、气、蒸汽皆可测量，部分混相流，如气固、气液、液固等亦可应用，一般生产过程的管径、工作状态（压力、温度）皆可应用。其他优点还包括性能稳定、结构牢固、便于规模生产；测量的重复性、精确度在流量计中属于中等水平。

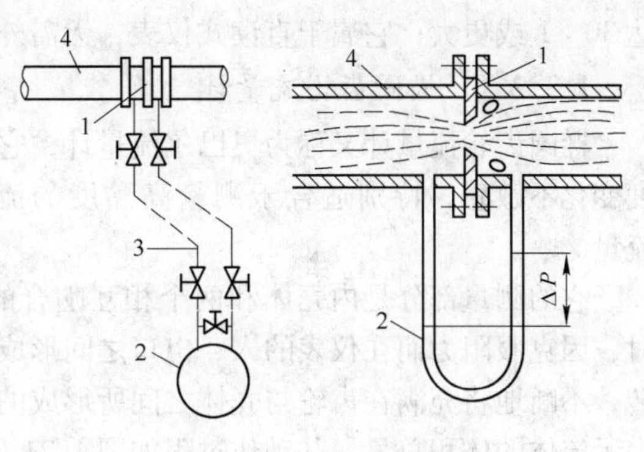

图 1-20 压差式流量计

1—节流装置；2—压差计；3—引压管；4—管道

节流式差压流量计的缺点是测量精度普遍偏低、压力损失大、测量范围窄，一般范围度仅为 3∶1 ~ 4∶1，现场安装需较长的直管段。

设流体在节流装置前的流速为 V_1，静压力为 P_1，密度为 ρ。流体流经节流装置时流速为 V_2，静压力为 P_2。如忽略流体在管路中的能量损耗，根据能量守恒定律可写出

$$\frac{P_1}{\rho}+\frac{V_1^2}{2g}=\frac{P_2}{\rho}+\frac{V_2^2}{2g} \tag{1-16}$$

由于管道内径 D 远大于节流装置孔径 d，所以 $V_2 >> V_1$，当 $D >> 10d$ 时，可忽略 V_1，令 $V_2 = V$，于是得到

$$\Delta P = P_1 - P_2 = \frac{V_2^2}{2g}\rho = \frac{V^2}{2g}\rho \tag{1-17}$$

又因为流量 $Q = SV$（S 为节流处截面积），或者 $V=\dfrac{Q}{S}$，代入式（1-16）经整理得到

$$Q = S\sqrt{\frac{2g}{\rho}\Delta P} = K\sqrt{\Delta P} \tag{1-18}$$

式（1-18）表明流量 Q 与 $\sqrt{\Delta P}$ 成正比。测量出压差 ΔP，即可计算出流量。

这种流量计可用来测量气体、清水等各种流体的流量。但这种流量计不宜用在温度和压力经常变化的地方。因为温度和压力变化要引起流体密度的变化，使测量误差增大。

1.3.2 容积式流量计

容积式流量计又称定排量流量计，是一种很早即使用的流量测量仪表，用来测量各种液体和气体的体积流量。由于它是使被测流体充满具有一定容积的空间，然后再把这部分流体从出口排出，所以叫容积式流量计。它的优点是测量精度高，在流量仪表中是精度较高的一类仪表。它利用机械测量元件将流体连续不断地分割成单个已知的体积部分，根据计量室逐次、重复地充满和排放该体积部分流体的次数来测量流体体积总量。因此，受测流体黏度影响小，不要求前后直管段等，但要求被测流体干净，不含有固体颗粒，否则应在流量计前加过滤器。容积式流量计一般不具有时间基准，为得到瞬时流量值，需要另外附加测量时间的装置。

容积式流量计精度高，基本误差一般为 ±0.5%R（在流量测量中常用两种方法表示相对误差：一种为测量上限值的百分数，以%FS 表示；另一种为被测量的百分数，以%R 表示），特殊的可达 ±0.2%R 或更高，通常在昂贵介质或需要精确计量的场合使用；没有前置直管段要求；可用于高黏度流体的测量；范围度宽，一般为 10∶1 ~ 5∶1，特殊的可

达30：1或更大；它属于直读式仪表，无需外部能源，可直接获得累积总量。

1.3.2.1 椭圆齿轮流量计

椭圆齿轮流量计又称为奥巴尔流量计，它属于容积流量计的一种。它对被测流体的黏度变化不敏感，特别适合于测量高黏度的流体（例如重油、树脂等），甚至糊状物的流量。

它的测量部分是内壳体和两个相互啮合的椭圆形齿轮等3部分组成。流体流过仪表时，因克服阻力而在仪表的入、出口之间形成压力差，在此压差的作用下推动椭圆齿轮旋转，不断地将充满在齿轮与壳体之间所形成的半月形计量室中的流体排出，内齿轮的转数表示流体的体积总量，其动作过程如图1-21所示。

由于流体在仪表的入、出口的压力 $P_1 > P_2$，当两个椭圆齿轮处于图1-21a所示位置时，在 P_1 和 P_2 作用下所产生的合力矩推动轮A向逆时针方向转动，把计量室内的流体排至出口，并同时带动轮B作顺时针方向转动。这时轮A为主动轮，同样可以看出：在图1-21b所示位置时，A、B轮均为主动轮；在图1-21c所示位置时，B为主动轮，A为从动轮。由于轮A和轮B交替为主动轮或者均为主动轮，保持两个椭圆齿轮不断地旋转，以至把流体连续地排至出口。

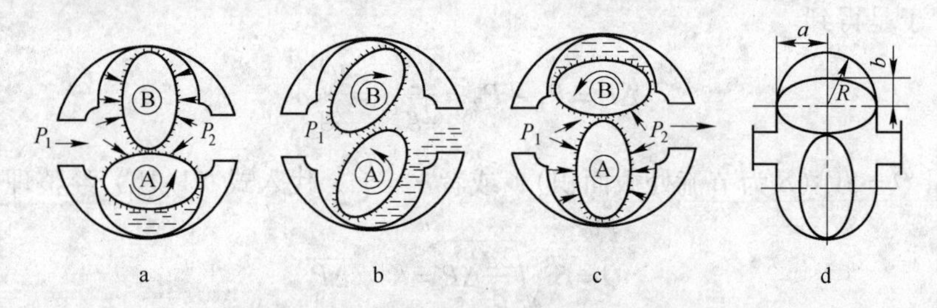

图1-21 椭圆齿轮流量计动作过程

椭圆齿轮每循环一次（转动一周），就排出4个半月形体积的流量，如图1-21d所示，因而从齿轮的转数便可以求出排出流体的总量

$$q_v = 4nV_0 \tag{1-19}$$

式中 n——椭圆齿轮的旋转速度；

V_0——半月形测量室容积。

由式（1-19）可知，在椭圆齿轮流量计的半月形容积 V_0 已定的条件下，只要测出椭圆齿轮的转速 n，便可知道被测介质的流量。

椭圆齿轮流量计的流量信号（即转速 n）的显示，有就地显示和远传显示两种，配以一定的传动机构及计算机构就可记录或指示被测介质的总量。

1.3.2.2 腰轮流量计

腰轮流量计如图1-22所示，其工作原理与椭圆齿轮流量计相同，只是转子形状不同。腰轮流量计的两个轮子是两个摆线齿轮，故它们的传动比恒为常数。为减小两转子的磨损，在壳体外装有一对渐开线齿轮作为传递转动之用。每个渐开线齿轮与每个转子同轴。为了使大口径的腰轮流量计转动平稳，每个腰轮均作成上下两层，而且两层错开45°，称为组合式结构。

腰轮流量计有测液体的，也有测气体的，测液体的口径为10～600 mm；测气体的口

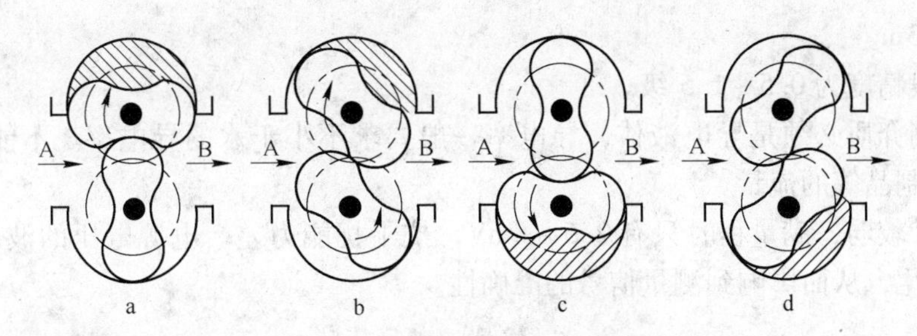

图 1-22 腰轮流量计原理图

径为 15 ~ 250 mm，可见腰轮流量计既可测小流量也可测大流量。

1.3.3 电磁流量计

电磁流量计是基于电磁感应原理工作的流量测量仪表。它能测量具有一定电导率的液体的体积流量。由于它的测量精度不受被测液体的黏度、密度及温度等因素变化的影响，且测量管道中没有任何阻碍液体流动的部件，所以几乎没有压力损失。适当选用测量管中绝缘内衬和测量电极的材料，就可以测量各种腐蚀性（酸、碱、盐）溶液流量，尤其在测量含有固体颗粒的液体，如泥浆、纸浆、矿浆等的流量时，更显示出其优越性。

（1）结构原理为：电磁流量计是依据法拉第电磁感应定律来测量流量的。由电磁感应定律可知，导体在磁场中切割磁力线时，便会产生感应电势。同理，当导电的液体在磁场中作垂直于磁力线方向的流动而切割磁力线时，也会产生感应电势。图 1-23 为电磁流量计原理图，将一根直径为 D 的管道放在一个均匀磁场中，并使之垂直于磁力线方向。管道由非导磁材料制成，如果是金属管道，内壁上要装有绝缘衬里。当导电液体在管道中流动时，便会切割磁力线。如果在管道两侧各插入一根电极，则可以引出感应电势。其大小与磁场、管道和液体流速有关，由此不难得出流体的体积流量与感应电势的关系为

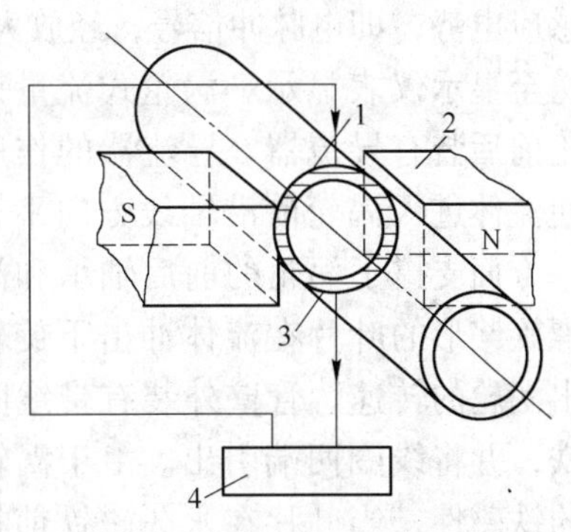

图 1-23 电磁流量计结构原理

1—导管；2—磁极；3—电极；4—仪表

$$q_v = \pi DE/4B \tag{1-20}$$

式中 E——感应电势；

B——磁感应强度；

D——管道内径。

（2）电磁流量计的使用特点有：

1）测量管道内没有可动部件或突出于管内的部件，所以几乎没有压力损失，可以测量各种腐蚀性液体以及带有悬浮颗粒的浆液。

2）输出电流与介质流量呈线性关系，且不受液体物理性质（温度、压力、黏度、密度）或流动状态的影响，流速的测量范围大。

3）量程比宽（100 : 1），测量的体积流量从每小时数滴到数十万立方米，管道的口

径是2mm～3m。

4）一般精度为0.5～1.5级。

5）被测介质必须是导电液体，导电率一般要求不小于水的导电率。不能测量气体、蒸汽及石油制品等的流量。

6）信号较弱，满量程时只有2.5～8mV，抗干扰能力差。电源电压的波动会引起磁场强度的变化，从而影响到测量信号的准确性。

1.3.4　涡轮流量计

涡轮流量计是叶轮式流量（流速）计的主要品种。叶轮式流量计还有风速计、水表等。涡轮流量计由传感器和转换显示仪组成，传感器采用多叶片的转子感受流体的平均流速，从而推导出流量或总量。转子的转速（或转数）可用机械、磁感应、光电方式检出并由读出装置进行显示和传送记录。

涡轮流量计的结构如图1-24所示。当被测流体流过传感器时，叶轮受力旋转，其转速与管道平均流速成正比，叶轮的转动周期地改变磁电转换器的磁阻值。检测线圈中的磁通随之发生周期性的变化，产生周期性的感应电势，即电脉冲信号，经放大器放大后，送至显示仪表显示。涡轮式流量计在管内涡轮前后装有导流器。导流器的作用一方面促使流体进入涡轮前沿轴线方向平行流动，另一方面支撑了涡轮的前后轴承和涡轮上装有螺旋桨形的叶片在流体冲击下旋转。为了测出涡轮的转速，管壁外装有带线圈的永久磁铁，并将线圈两端引出。由于涡轮具有一定的铁磁性，当叶片在永久磁铁前扫过时，会引起磁通的变化，因而在线圈两端产生感应电动势，此感应交流电信号的频率与被测流体的体积流量成正比。如将该频率信号送入脉冲计数器即可得到累积总流量。

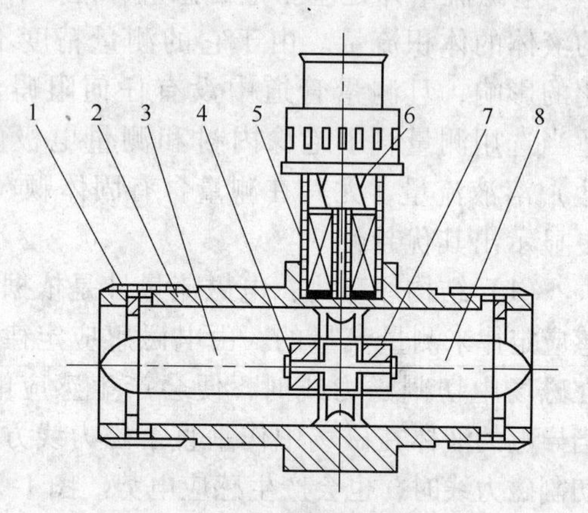

图1-24　涡轮式流量计

1—紧固件；2—壳体；3—前导向件；4—止推件；5—叶轮；6—磁电感应式信号检测器；7—轴承；8—后导向件

假设涡轮流量计的仪表常数为K（它完全取决于结构参数），则输出的体积流量Q_v与信号频率f的关系为

$$Q_v = \frac{f}{K} \tag{1-21}$$

理想情况下，仪表结构常数K恒定不变，则Q_v与f呈线性关系。但实际情况是涡轮有轴承摩擦力矩、电磁阻力矩、流体对涡轮的黏性摩擦阻力等因素，所以K并不严格保持常数。特别是在流量很小的情况下，由于阻力矩的影响相对较大，K也不稳定，所以最好应用在量程上限为5%以上，这时有比较好的线性关系。

涡轮流量计传感器由表体、导向体（导流器）、叶轮、轴、轴承及信号检测器组成。表体是传感器的主要部件，它起到承受被测流体的压力、固定安装检测部件、连接管道的作用。表体采用不导磁不锈钢或硬铝合金制作。在传感器进、出口装有导向体，它对流体起导向整流以及支撑叶轮的作用，通常选用不导磁不锈钢或硬铝合金制作。涡轮也称叶轮，是传感器的检测元件，它由高导磁性材料制成。轴和轴承支撑叶轮旋转，需有足够的刚度、强度和硬度、耐磨性及耐腐蚀性等，它决定着传感器的可靠性和使用期限。信号检测器由永久磁铁、导磁棒（铁芯）、线圈等组成，输出信号有效值在10mV以上的可直接配用流量计算机。

涡轮流量计测量精度高，可以达到0.5级以上；反应迅速，可测脉动流量；耐高压。适用于清洁液体、气体的测量。在所有流量计中，它属于最精确的，重复性好；输出脉冲频率信号适于总量计量及与计算机连接，无零点漂移，抗干扰能力强；可获得很高的频率信号（3~4kHz），信号分辨率高，范围度宽，中、大口径可达40∶1~10∶1，小口径为6∶1~5∶1；结构紧凑轻巧，安装维护方便，流通能力大；适用高压测量，仪表表体上不开孔，易制成高压型仪表；可制成插入式，适用于大口径测量，压力损失小，价格低，可不断流取出，安装维护方便。

涡轮流量计也存在难以长期保持校准特性的问题，需要定期校验；对于无润滑性的液体，液体中含有悬浮物或腐蚀性，造成轴承磨损及卡住等问题，限制了其使用范围。一般液体涡轮流量计不适用于较高黏度介质，流体物性（密度、黏度）对仪表影响较大；流量计受来流流速分布畸变和旋转流的影响较大，传感器上、下游则需安装较长直管段，如安装空间有限制，可加装流动调整器（整流器）以缩短直管段长度；不适于脉动流和混相流的测量；对被测介质的清洁度要求较高，限制了其使用范围。

1.3.5 流量计选型原则

流量计选型是指按照生产要求，从仪表产品供应的实际情况出发，综合地考虑测量的安全、准确和经济性，并根据被测流体的性质及流动情况确定流量取样装置的方式和测量仪表的形式和规格。

流量测量的安全可靠，首先是测量方式可靠，即取样装置在运行中不会发生机械强度或电气回路故障而引起事故；其次是测量仪表无论在正常生产或故障情况下都不致影响生产系统的安全。

在保证仪表安全运行的基础上，力求提高仪表的准确性和节能性。为此，不仅要选用满足准确度要求的显示仪表，而且要根据被测介质的特点选择合理的测量方式。

正确地选择仪表的规格，也是保证仪表使用寿命和准确度的重要环节。应特别注意静压及耐温的选择。仪表的静压即耐压程度，它应稍大于被测介质的工作压力，一般取1.25倍，以保证不发生泄漏或意外。量程范围的选择，主要是仪表刻度上限的选择。选小了，易过载，损坏仪表；选大了，有碍于测量的准确性。一般选为实际运行中最大流量值的1.2~1.3倍。

总之，没有一种测量方式或流量计对各种流体及流动情况都能适应。不同的测量方式和结构，要求不同的测量操作、使用方法和使用条件。每种形式都有它特有的优缺点，因此，应在对各种测量方式和仪表特性作全面比较的基础上，选择适于生产要求的，既可靠又经济耐用的最佳形式。

1.4 物位检测

在工业生产中，常常需要对各种物料界面位置进行测量，如液体、固体料位高度和它们分界面位置的测定等，这些测量统称为物位测量。

物位测量在工业上应用很广，一般有两个目的：一是计量，根据物位来确定原料和产品的数量，二是通过物位来反映生产情况，以便有效地控制生产进行（如根据煤仓煤位分配装仓等）。

物位测量在选煤厂自动化中占显著位置，如跳汰机自动排料利用筛下水反压力来反映床层厚度，目前普遍采用液位测定，机械式浮标闸门跳汰机排料装置靠测量矸石和煤的分界面来确定排料量，水泵的自动化是靠水池液位作为启停控制信号；重介质选煤系统是靠测定指示管液位反映介质密度等。

随着生产的不断发展，对物位测量也不断提出新的要求。由于物位测量受被测介质的物理性质（温度、密度和压力等）、化学性质（如要求密闭等）的影响，所以与其他参数（如温度、压力、流量）的测量相比仍是比较薄弱的环节。近年来开始采用电容式、超声波式、放射性同位素式等物位测量方法。随着科学技术的不断发展和工业自动化的需要，物位测量必将有新的突破。物位测量的方法和仪表种类很多，这里仅简要介绍常用的几种。

1.4.1 浮力式物位检测

浮力式液位检测的基本原理是通过测量漂浮于被测液面上的浮子（也称浮标）随液面变化而产生的位移来检测液位；或利用沉浸在被测液体中的浮筒（也称沉筒）所受的浮力与液面位置的关系来检测液位。

浮力式液位检测原理如图 1-25 所示。将液面上的浮子用绳索连接并悬挂在滑轮上，绳索的另一端挂有平衡重锤，利用浮子所受重力和浮力之差与平衡重锤的重力相平衡，使浮子漂浮在液面上。其平衡关系为

$$W - F = G \tag{1-22}$$

式中 W——浮子的重力；

F——浮力；

G——重锤的重力。

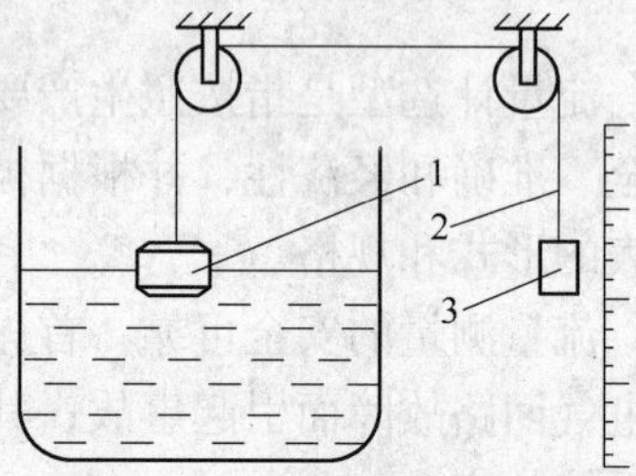

图 1-25 浮力式液位计检测原理图
1—浮筒；2—连接线；3—重物

当液位上升时，浮子所受浮力 F 增加，则 $W - F < G$，使原有平衡关系被破坏，浮子向上移动。但浮子向上移动的同时，浮力 F 下降，$W - F$ 增加，直到 $W - F$ 又重新等于 G 时，浮子将停留在新的液位上，反之亦然。因而实现了浮子对液位的跟踪。由于式（1-22）中 W 和 G 可认为是常数，因此浮子停留在任何高度的液面上时，F 值不变，故称此法为恒浮力法。该方法的实质是通过浮子把液位的变化转换成机械位移（线位移或角位移）的变化。上面所讲的只是一种转换方式，在实际应用中，还可采用各种各样的结构形式来实现液位—机械位移的转换，并可通过机械传动机构带动指针对液位进行指示，如果需要远传，还可通过电或气的转换器把机械位移转换为电信号或气信号。

浮力液位计只能用于常压或敞口容器，通常只能就地指示，由于传动部分暴露在周围

环境中，使用日久摩擦增大，液位计的误差就会相应增大，因此这种液位计只能用于不太重要的场合。

1.4.2 压力式液位计

静压式液位检测方法是根据液柱静压与液柱高度成正比的原理来实现的，其原理如图1-26所示。根据流体静力学原理可得A、B两点之间的压力差

$$\Delta P = P_B - P_A = H\rho g \tag{1-23}$$

式中 P_A——容器中A点的静压；

P_B——容器中B点的静压；

H——液柱的高度；

ρ——液体的密度。

当被测对象为敞口容器时，则 P_A 为大气压，即 $P_A = P_0$，上式变为

$$P = P_B - P_0 = H\rho g \tag{1-24}$$

在检测过程中，当 ρ 为一常数时，则密闭容器中A、B两点压差与液位高度 H 成正比；而在敞口容器中则 P 与 H 成正比，就是说只要测出 ΔP 或 P 就可知道敞口容器或密闭容器中的液位高度。因此，凡是能够测量压力或差压的仪表，均可测量液位。

图1-27是一敞口容器的液位测量示意图，图中的检测仪表可以用压力表，可以用压力变送器，也可以用差压变送器。当用差压变送器时，其负压室可通大气。

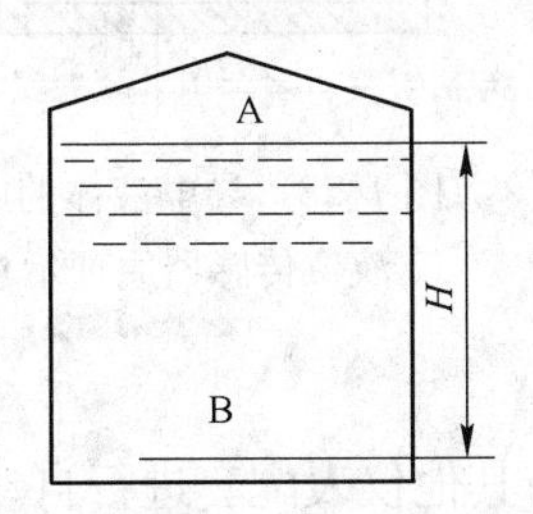

图1-26 静压式液位计原理

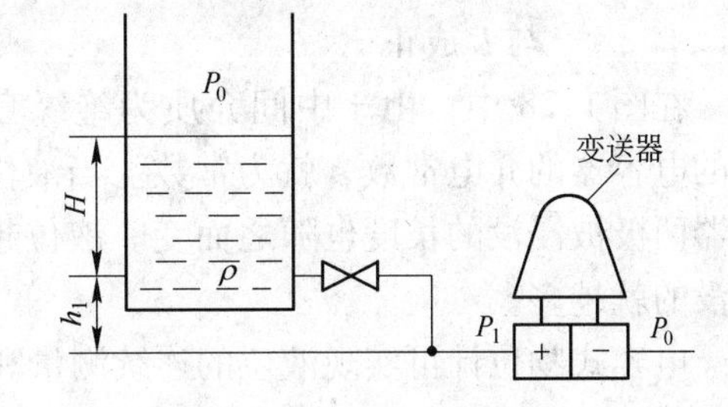

图1-27 压力式液位检测

当检测仪表的安装位置与容器的底部在同一水平线上时，压力 P 与液位 H 的关系为 $P = H\rho g$，则容器中待测液体的高度为

$$H = \frac{P}{\rho g} \tag{1-25}$$

当检测仪表的安装位置与容器的底部不在同一水平线上，如图1-27所示，此时压力 P 与液位 H 的关系为 $P = H\rho g + h_1\rho g$，则容器中待测液体的高度为

$$H = \frac{P}{\rho h} - h_1 \tag{1-26}$$

1.4.3 电容式物位计

电容式物位传感器是利用被测物的介电常数与空气（或真空）不同的特点进行检测。电容式物位计由电容式液位传感器和检测电容的测量线路组成。它适用于各种导电、非导

电液体的液位或粉状料位的远距离连续测量和指示，也可以和电动单元组合仪表配套使用，以实现液位或料位的自动记录、控制和调节。由于它的传感器结构简单，没有可动部分，因此应用范围较广。

由于被测介质的不同，电容式物位传感器也有不同的形式，现以测量导电物体的电容式物位传感器和测量非导电物体的电容式物位传感器为例对电容式物位传感器进行简介。

1.4.3.1 测导电物体的电容式液位传感器

电容式物位计是将物位的变化转换成电容量的变化，通过测量电容量的大小来间接测量液位高低的物位测量仪表，由电容物位传感器和检测电容的测量线路组成。由于被测介质的不同，电容式物位传感器有多种不同形式。取被测物体为导电液体举例说明。

在液体中插入一根带绝缘套管的电极。由于液体是导电的，容器和液体可视为电容器的一个电极，插入的金属电极作为另一电极，绝缘套管为中间介质，三者组成圆筒形电容器。

由物理学知，在圆筒形电容器中的电容量为

$$C = \frac{2\pi\varepsilon L}{\ln\frac{D}{d}} \tag{1-27}$$

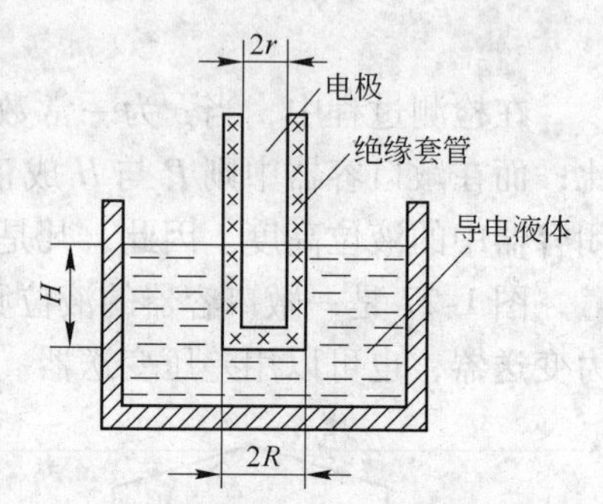

图 1-28 导电液体的电容式液位传感器原理示意图

式中 L——两电极相互遮盖部分的长度；

d，D——分别为圆筒形内电极的外径和外电极的内径；

ε——中间介质的介电常数，当 ε 为常数时，C 与 L 成正比。

在图 1-28 中，由于中间介质为绝缘套管，所以组成的电容器的介电常数 ε 就为常数。当液位变化时，电容器两极被浸没的长度也随之而变。液位越高，电极被浸没的就越多。

电容式物位计可实现液位的连续测量和指示，也可与其他仪表配套进行自动记录、控制和调节。

1.4.3.2 测量非导电物体的电容式液位传感器

当测量非导电液体，如轻油、某些有机液体以及液态气体的液位时，可采用一个内电极，外部套上一根金属管（如不锈钢），两者彼此绝缘，以被测介质为中间绝缘物质构成同轴套管筒形电容器，如图 1-29 所示，绝缘垫上有小孔，外套管上也有孔和槽，以便被测液体自由地流进或流出。由于电极浸没的长度 l 与电容量 ΔC 成正比关系，因此，测出电容增量的数值便可知道液位的高度。

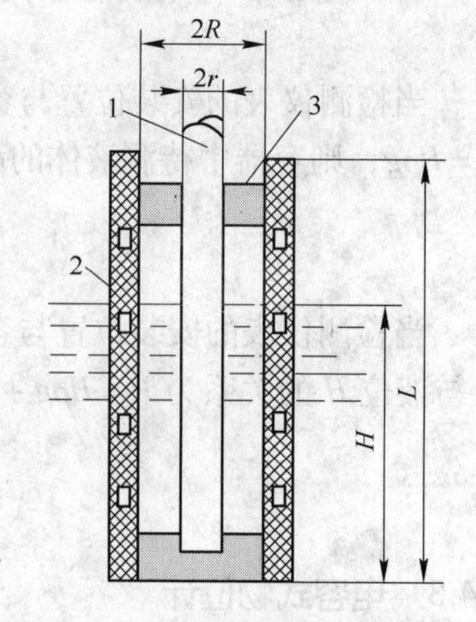

图 1-29 非导电液体的电容式液位传感器原理示意图

1—内电极；2—外电极；3—绝缘套

当测量粉状导电固体料位和黏滞非导电液体液位时，可采用光电极直接插入圆筒形容器的中央，将仪表地线与容器相连，以容器作为外电极，物料或液体作为绝缘物质构成圆筒形电容器，其测量原理与上述相同。

电容液位传感器主要由电极（敏感元件）和电容检测电

路组成。可用于导电和非导电液体之间，两种介电常数不同的非导电液体之间的界面测量。因测量过程中电容的变化都很小，因此，准确地检测电容量的大小是液位检测的关键。

1.4.4 超声波物位计

声波是一种机械波，是机械振动在介质中的传播过程。当振动频率在 10Hz ~ 20kHz 时可以引起人的听觉，称为闻声波，更低频率的机械波称为次声波，20kHz 以上频率的机械波称为超声波。作为物位检测，一般采用在 20kHz 以上频率的超声波段。

1.4.4.1 检测原理

超声波用于物位检测主要利用它的以下几个性质：

（1）声波能以各种传播模式（纵波、横波、表面波等）在气体、液体及固体中传播，也可以在光不能通过的金属、生物中传播，是探测物质内部的有效手段。

（2）声波在介质中传播时会被吸收而衰减，气体吸收最强且衰减最大，液体其次，固体吸收最小且衰减最小，因此对于一给定强度的声波，在气体中传播的距离会明显比在液体和固体中传播的距离短。声波在介质中传播时，衰减的程度还与声波的频率有关，频率越高，声波的衰减也就越大，因此超声波比其他声波在传播时的衰减更明显。

（3）声波传播时方向性随声波频率的升高而变强，发射的声束也越尖锐。超声波可近似为直线传播，具有很好的方向性。

（4）当声波由一种介质向另一种介质传播时，因为两种介质的密度不同和声波在其中传播的速度不同，在分界面上声波会产生反射和折射，当声波垂直入射时，如果两种介质的声阻抗相差悬殊，声波几乎全部被反射，如声波从液体或固体传播到气体，或由气体传播到液体或固体。

声波式物位检测方法就是利用声波的这种特性，通过测量声波从发射至接收到物位界面所反射的回波的时间间隔来确定物位的高低。图 1-30 是用超声波检测物位的原理图。图中超声发射器被置于容器顶部，当它向液面发射短促的脉冲时，在液面处产生反射，回波被超声接收器接收。若超声发生器和接收器（图中探头）到液面的距离为 H，声波在空气中的传播速度为 u，则有如下简单关系

$$H = \frac{1}{2}ut \tag{1-28}$$

式中，t 为超声脉冲从发射到接收所经过的时间，当超声波的传播速度 u 为已知时，利用上式便可求得物位的量值。

1.4.4.2 超声波法测量物位的特点

超声波物位计有两种类型，分体式和一体式。分体式的超声波发射和接收为两个器件；一体式超声波的发射和接收为同一个器件。超声波法测量物位的特点是：

（1）检测元件（探头）可以不与被测介质接触，即可做到非接触测量；

（2）可测范围较广，只要界面的声阻抗不同，液体、粉末、块体的物位都可以测量；

（3）可测量低温介质的物位，测量时可将发射器和接收器安装在低温槽的底部；

（4）由于此法构成的仪表没有可动部件，而且探头的压电晶片振幅很小，所以仪表使用寿命长；

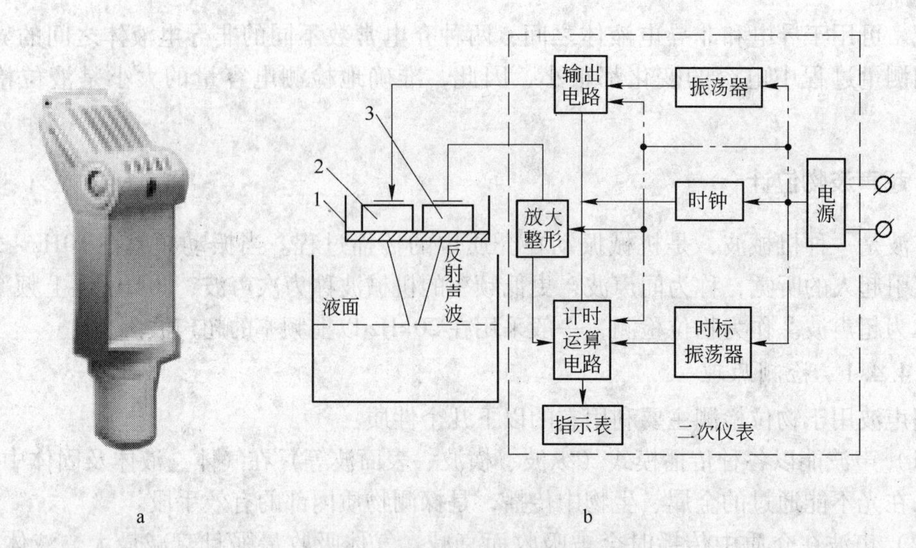

图 1-30　超声波检测物位原理图

a—超声波液位计；b—超声波液位计原理图

1—探头固定装置；2—发射换能器；3—接收换能器

(5) 缺点是探头本身不能承受高温，声速受介质的温度、压力影响，有些介质对声波的吸收能力很强，此法受到一定的限制。

1.4.5　雷达式液位计

1.4.5.1　工作原理及组成

雷达式液位计的工作原理类似于超声波气介式的测量方法。以光速 C 传播的超高频电磁波经天线向被探测容器的液面发射，当电磁波碰到液面后反射回来，雷达式液位计是通过测量发射波及反射波之间的延时 Δt 来确定天线与反射面之间的高度（空高 h）。

$$\Delta t = \frac{2h}{C} \tag{1-29}$$

光速 $C=30000\text{km/s}$，它不受介质环境的影响，传播速度稳定。当测得延迟时间 t 则可获得高度 h。

雷达系统不断地发射线性调频（频率与时间呈线性关系）信号，可以得到发射信号频率与反射信号频率之间的差频 Δf，差频正比于延迟时间 Δt，即正比于空高 h，差频信号经过数据处理，可获得空高值 h。罐高值与空高值之差即为液位高度值。

1.4.5.2　特点及适用范围

雷达式液位计是通过计算电磁波到达液体表面并反射回接收天线的时间来进行液位测量的，与超声波液位计相比，由于超声波液位计声波传送的局限性，雷达式液位计的性能大大优于超声波液位计。超声波液位计探头发出的声波是一种通过大气传播的机械能，大气成分的构成会引起声速的变化，例如，液体的蒸发汽化会改变声波的传播速度，从而引起超声波液位测量的误差。而电磁能量的传送则没有这些局限性，它可以在缺少空气（真空）或具有汽化介质的条件下传播，并且气体的波动变化不影响电磁波的传播速度。

雷达式液位计是采用了非接触测量的方式，没有活动部件，可靠性高，平均无故障时间长达10年，不污染环境，安装方便。适用于高黏度、易结晶、强腐蚀及易爆易燃介质，特别适用于大型立罐和球罐等液位的测量。

雷达式液位计按天线形状（天线的外形决定微波的聚焦和灵敏度）分为喇叭口形和导波型两类。由于天线发射的是一种辐射能微弱的信号（约1mV），在传播过程中会有能量衰减，自液面反射的信号（振幅）与液体的介电常数有关，介电常数低的非导电类介质反射回来的信号非常小。这种被削弱的信号在返回安装于储罐顶部的接收天线途中，能量会被进一步削弱。当波面出现波动和泡沫时，信号散射脱离传播途径或吸收部分能量，从而使返回到接收天线的信号更加微弱。另外，当储罐中有混合搅拌器、管道、梯子等障碍物时，也会反射电磁波信号，从而会产生虚假液位，因此，喇叭口形主要用于波动小、介质泡沫少、介电常数高的液位测量；导波型是在喇叭口形的基础上增加了一根导波管，其安装如图1-31所示，可使电磁波沿导波管传播，减少障碍物及液位波动或泡沫对电磁波的散射影响，用于波动较大、介电常数低的非导电介质（如烃类液体）的液位测量。

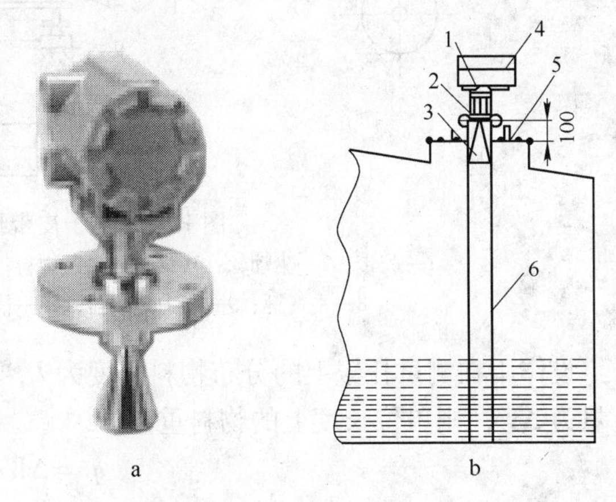

图1-31　雷达式液位计

a—喇叭口形天线雷达液位计；b—导波型天线雷达液位计

1—探测器；2—法兰盘；3—喇叭天线；

4—防雨罩；5—光孔法兰盘；6—导波管

1.4.6　物位检测仪表的选用

对用于计量和进行经济核算的，应选用精度等级较高的物位检测仪表，如雷达、超声波物位计的误差为±2mm。对于一般检测精度，可以选用其他物位计。

对于测量高温、高压、低温、高黏度、腐蚀性、泥浆等特殊介质，或在用其他方法检测的各种恶劣条件下的某些特殊场合，可以选用雷达物位计。对于一般情况，可选用其他物位计。

在选择刻度时，最高物位或上限报警点为最大刻度的90%；正常物位为最大刻度的50%；最低物位或下限报警点为最大刻度的10%。

1.5　重量检测

在工业上的重量检测，主要是应用各种工业用秤。以前的工业用秤主要是刀口和杠杆构成的传统的机械秤。随着电子技术的发展，引入了电子检测手段和控制理论，实现了自动称量，下面介绍几种。

1.5.1　电子皮带秤

电子皮带秤是用在连续测量皮带运输机上传送固体物料的瞬时量和总量的测量装置。它被广泛地用于自动称料、装料、配料或提供自动控制信号。

电子皮带秤中胶带、驱动轮、托辊、秤架、测力传感器、测速传感器及信号处理系统组成，如图1-32所示。

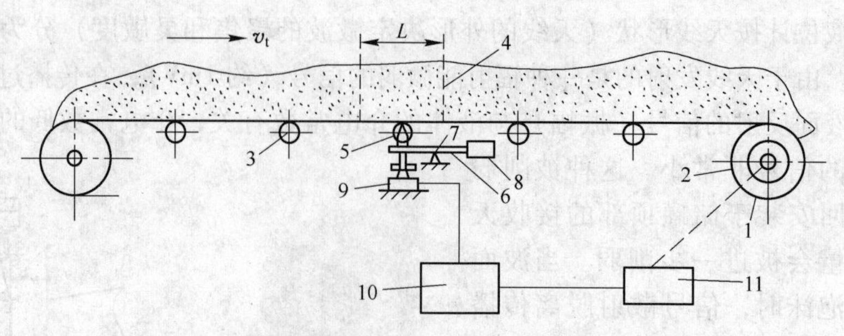

图1-32 电子皮带秤原理示意图

1—胶带；2—驱动轮；3—托辊；4—物料；5—秤架托辊；6—秤架；7—支点；8—平衡锤；9—测力传感器；10—信号处理系统；11—测速系统

设作用在测量托辊上的分布物料长度为L，一般称L为有效测量段。如果L上的物料重量为ΔW，则单位长度上的物料重量

$$q_t = \Delta W/L \tag{1-30}$$

以移动速度为v_t的皮带输送的瞬时送料量

$$W_t = q_t v_t \tag{1-31}$$

在测量系统中，W_t的重量通过秤架托辊、秤架作用到称重传感器上，传感器此刻的输出值就代表某时刻物料的输送量W_t，称重传感器一般采用电阻应变式传感器，其桥臂电阻的变化与q_t成正比。图1-33为称重传感器的示意图。而供桥电压由测速系统控制，它与速度v_t成正比。这时就实现了称重传感器的输出代表物料输送量W_t。在0～t时间内，皮带秤输送物料的总重量

$$W = \int_0^t W_t \mathrm{d}t \tag{1-32}$$

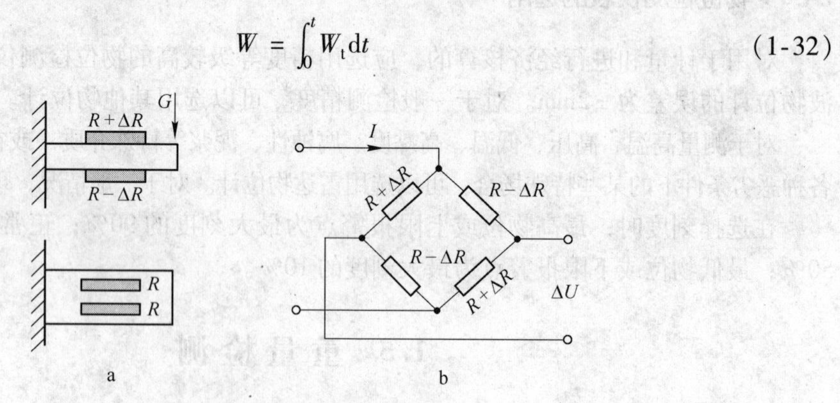

图1-33 称重传感器示意图

a—测重传感器；b—电桥电路

称重传感器的输出值，根据需要由信号处理系统进行运算处理，实现瞬时输料量W_t总输料量W的显示或标准信号（4～20mA）的输出。

1.5.2 料斗秤和液罐秤

在生产过程中，测量料斗中粉状料或块状料的重量、液罐内液体的重量，分别需采用

料斗秤和液罐秤。

（1）料斗秤。如图1-34所示，料斗通常由3个或4个荷重传感器支撑和进行重量的检测。传感器可采用电阻应变式或压磁式荷重传感器。传感器总的输出值就代表了料斗的总重量。为了防止机械振动或加料的冲击对测量的影响，安装时要采取适当的防振措施。

（2）液罐秤。同料斗秤一样，秤重传感器支撑液罐并实现重量测量。

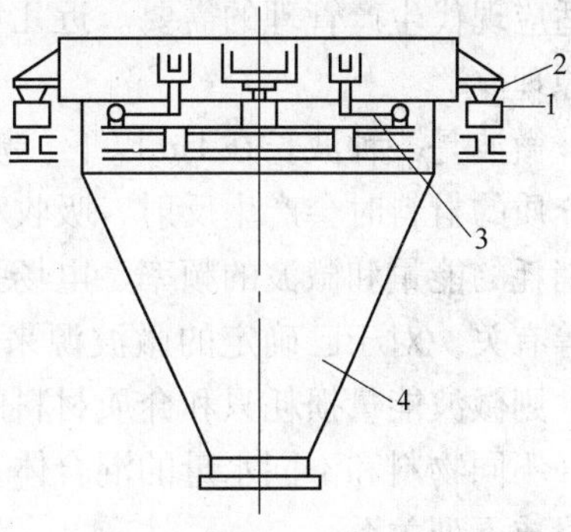

图1-34 料斗秤结构原理示意图

1—传感器；2—防震垫；3—限位杆；4—料斗

1.5.3 电子轨道衡

电子轨道衡安装在铁路轨道上，用以计量铁路运输车辆的自重和运载物料的重量。如图1-35所示。电子轨道衡根据称量方式的不同可分为静态和动态两种。二者均采用应变测量原理。整个测量系统由秤台和二次测量仪表组成。

秤台包括台面等机械部分和测重传感器。台面上有轨道，车辆重量通过台面及机械机构传递给测重传感器。测重传感器由弹性元件和电阻应变片组成，弹性元件是用合金钢制成，上面贴有四片应变电阻片，四片应变片组成测量电桥，其输出电压 U 反映称量的重量。当供桥电源电压稳定时，输出电压 U 与被测重量成正比。测重传感器的输出直流电压一般很小，只有几十微伏，必须经二次仪表放大。

图1-35 电子轨道衡

a—静态电子轨道衡；b—动态电子轨道衡

1.6 产品水分检测

煤中水分是选煤厂重要技术指标之一。商品煤水分是选煤厂和用煤单位之间的计价质量指标，超过规定指标时不但要从煤中扣除多余水分的重量，而且产品单价也要作相应的下降。我国北方地区冬天寒冷，煤炭运输中要严格控制煤中水分含量，不能超过8%～10%，以免发生冻车。因此，要准确地检测并努力降低煤的水分。

目前我国选煤厂检测煤中含水量的方法多采用烘干称量法。这种方法需要时间长，不能适应现代生产管理的需要。近几年来，选煤厂已开始使用微波测水仪，下面介绍它的工作原理。

微波是一种波长在1m以下、频率在30MHz以上的电磁波。微波在传输过程中遇到不同介质的材料时会产生反射、吸收和穿透现象，并要消耗一部分能量（被介质吸收）。微波消耗的能量和微波的频率、电场强度、介质的介电常数 ε_r、介质损耗系数 lg$S$ 和介质厚度等有关。对于已确定的微波源来说，其电场强度和频率是定值，如果介质厚度也确定时，则微波能量损耗只和介质材料的介电常数与损耗系数有关。

不同物料和不同水量的混合体，对微波反射产生不同的影响，其所含水分对微波的反射量成下列关系：

$$P_0 \propto C \tag{1-33}$$

式中　P_0——反射功率；

C——物料中的水分。

把含水量不同的物料对微波形成的反射信号接收并放大，然后对信号进行处理，使输出值同物料中的水分成一定的关系。

用微波测水就是把含有一定水分的煤作为微波传输通路上的电介质。由于煤和水的介电常数 ε_r，和介质损耗系数 lg$S$ 不同，通常煤的 ε_r 为2~4，lg$S$ 为0.02~0.06，而水的 ε_r 为60~80，lg$S$ 为0.15~1.2，两者相差悬殊，因此煤中水分含量变化，显著影响微波能量损耗值，含水越多，能量损耗也越大。

图1-36是微波测水原理方框图，微波源产生的微波通过煤样时，由于煤样含水量不同，微波能量损耗亦不同，用微波探头测得通过煤样后的微波能量，然后经过信号处理送往二次仪表进行显示，用数字量或模拟量显示出煤中含水量的大小。图1-37为微波测水仪的安装示意图，图中可以看出三种

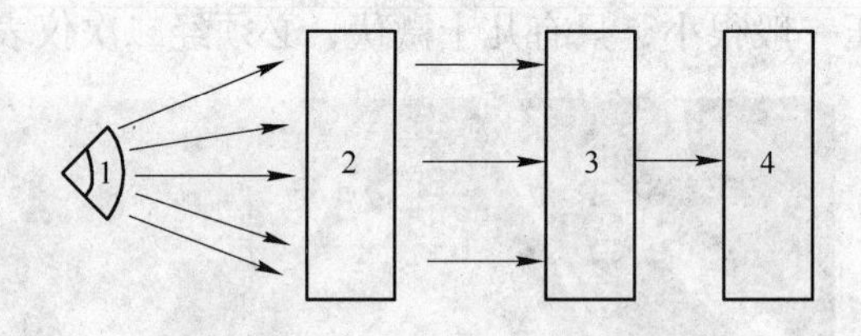

图1-36　微波测水原理图

1—微波源；2—煤样；3—微波接收探头；4—二次仪表

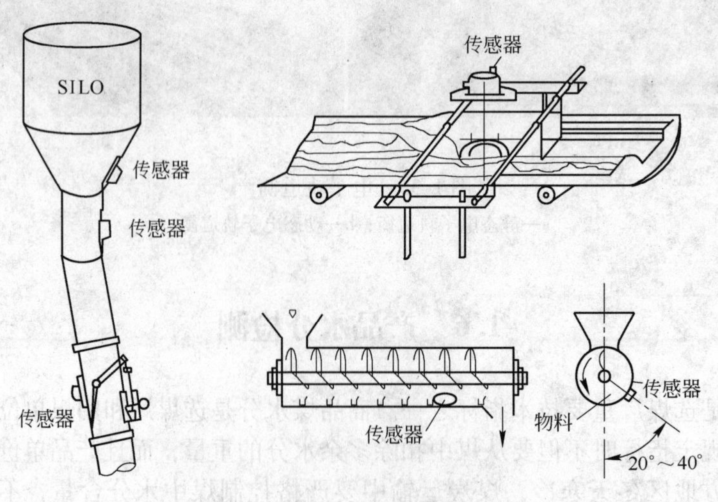

图1-37　微波测水仪安装示意图

方式安装都需要固定被测煤样厚度，以克服煤样厚度变化对微波测量的影响。

1.7 密度检测

密度是物质的一个重要物理量，指的是单位体积中所含物质的质量。在工业生产过程中，常通过对密度的测量和控制来测量和控制溶液的成分、浓度、含量及质量流量。密度计是生产中常用的成分分析和质量控制仪器，在一些场合，密度大小对操作控制来说是重要的参数，在另一些场合，若混合介质是二元的，则测定了介质密度，即能间接地测定组分的含量。本节简单介绍几种常用的自动密度计的测量原理及结构。

1.7.1 双管压差式密度计

双管压差式密度计是压差式密度计的一种，是利用压缩空气和压差管来形成不同深度的静压力。双管压差式密度计常用以测量重介质选煤的介质密度。双管压差式密度计的基本构造如图 1-38 所示。

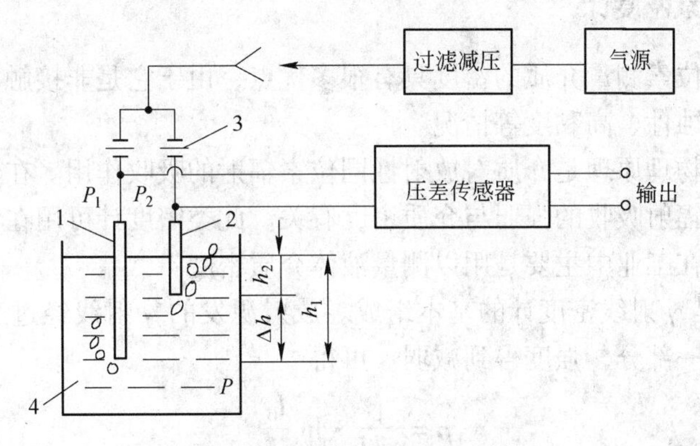

图 1-38 双管压差式密度计

1—长管；2—短管；3—节流孔；4—被测液体

两个测量管插入被测悬浮液中，其深度分别为 h_1 与 h_2。气源产生的 0.2MPa 压缩空气经过滤减压装置净化以除去油质及其他杂质。净化后的压缩空气分别通过节流孔向长、短两管充气。两测量管内的液体被排挤出管外，并由测量管下口向被测液中吹泡。根据流体力学的原理，节流孔前后的压降随流速的增大而增大。由于节流孔的直径比压差测量管小许多，对流体阻力很大，所以流体通过节流孔和压差测量管时的动压力主要降落在节流孔上，而测量管由于阻力很小，故其两端的压降可以忽略不计。因此当系统达到动平衡时，两管内的静压力 P_1 与 P_2 应该分别等于它们所排开的液柱。其关系为：

$$P_1 = P_0 + \rho h_1 \tag{1-34}$$

$$P_2 = P_0 + \rho h_2 \tag{1-35}$$

式中 P_1——长管内气体静压力；

P_2——短管内气体静压力；

P_0——大气压；

ρ——被测液体密度；

h_1——长管插入深度；

h_2——短管插入深度。

而两管的静压力差 P 为：

$$P = P_1 - P_2 = \Delta h\rho \tag{1-36}$$

式（1-36）中 Δh 为两管的高差，是定数。因此，只要测出压差 P，就可以得到被测密度值（实际上是在 Δh 范围内的平均密度）。

压差的测量可以采用各种压差传感器，如 U 形管压差测量装置、电阻应变式压差传感器、压差变送器等。

双管压差式密度计应用广泛，在使用时应注意：

（1）节流孔的安装位置应尽量接近压差测量管。

（2）为了保证压差测量管工作可靠、准确，又不堵塞节流孔，气源必须净化和稳压。

（3）整个系统必须连接严密，不得漏气。

（4）整个气流系统除节流孔外阻力要小。

1.7.2　放射性同位素密度计

利用放射性同位素测量介质的密度具有很多优点，由于它是非接触测量，因此可适用于高压、高温、腐蚀性、高黏度等情况。

仪器所根据的物理原理是介质对放射性同位素辐射的吸收作用。在辐射透过的介质厚度一定时，介质对辐射吸收的强弱与介质密度有关。此类密度计可用在气体、液体、固体介质密度测量，但在工业中主要是用以测量液体介质密度。

图 1-39 所示是 γ 射线密度计的基本组成。放射源发的 γ 射线经过工艺管道后，被其中的待测介质吸收一部分，强度得到减弱。可得

$$\rho = \frac{1}{\mu_m L} \cdot \ln \frac{I_0}{I} \tag{1-37}$$

于是有

$$\frac{d\rho}{dI} = \frac{-1}{\mu_m LI} \quad 或 \quad \Delta\rho = \frac{-1}{\mu_m LI} \tag{1-38}$$

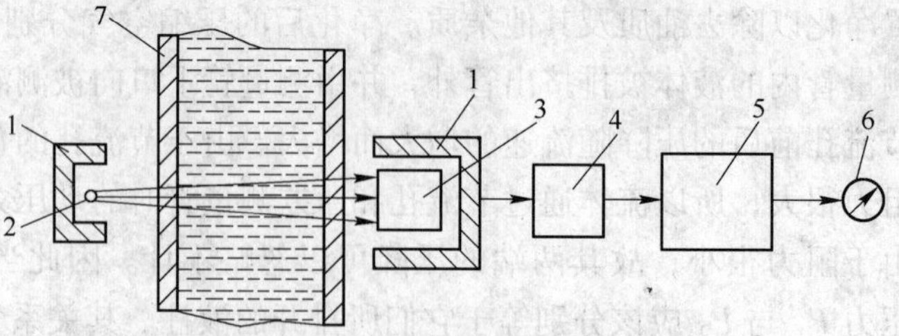

图 1-39　γ 射线密度计原理图

1—铅防护罩；2—放射源；3—射线探测器；4—前置放大器；5—主放大器；6—指示记录仪；7—工艺管道

探测器的作用是将射线强度信号转换成电信号。电信号的大小反映穿透物质后射线的强度。目前常用的探测器有电流电离室、闪烁计数器和盖革计数管。电离室内设有正、负电极和充满一定压力的气体，气体可以是空气或者某种惰性气体。射线进入电离室后，电

离室中气体介质即被电离，产生大量的正、负离子，在电离室正、负极板的直流电场作用下移动，产生电离电流。当电离室内气体压力和极板电压一定时，电离电流和进入电离室的射线强度有关，射线强度大，电离电流大。当被测介质（如矿浆）密度改变时，穿过被测介质的γ射线强度 I 也随着改变，电离室中的电流也发生相应的改变。由于电离室输出信号很弱，所以必须用放大器加以放大，然后送往被测仪表显示出被测介质的密度。

利用放射性同位素测量矿浆密度时，一定要使被测液体充满整个测量管道，并且流动平稳无湍流和气泡，否则将造成很大的测量误差。

1.8　煤炭灰分检测

选煤产品的灰分是选煤厂最重要的技术指标。常规测量灰分的方法是经人工采样、制样、烧灰、称重，不但工序繁杂，而且所需时间很长，不能及时指导生产。目前灰分自动检测的有效方法是双能γ射线测灰仪。

双能γ射线测灰系统的组成如图1-40所示，它由放射源、核探测器、电源和脉冲幅度分析显示系统四部分组成，双能γ射线测灰使用的放射源为60keV和 ^{137}Cs（662keV）。

双能γ射线透射式测灰的机理是利用煤中可燃部分与不可燃部分对两种γ射线的吸收不同。当γ射线穿透被测煤样时，煤样对中能 ^{137}Cs射线的吸收仅与煤样的质量厚度有关，而对低能 ^{241}Am射线的吸收不仅与煤样的质量厚度有关，还与煤中所含物质的原子序数 Z 有关，综合两种射线的衰减，便可得到一个与煤样质量厚度无关的灰分数值。

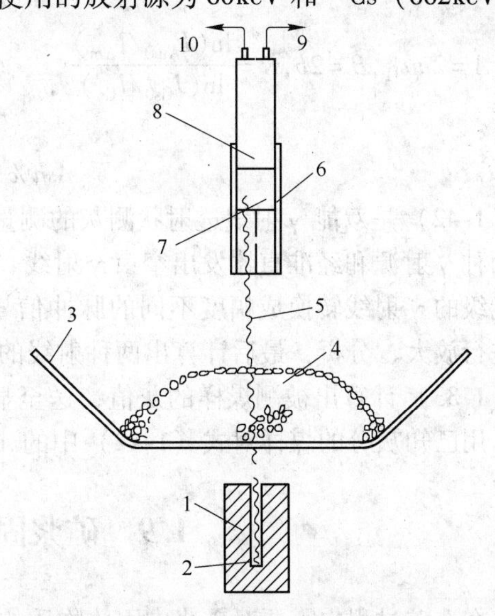

图1-40　双能γ射线测灰系统组成框图
1—铅罐；2—γ射源；3—胶带输送机；4—被测煤样；5—γ射线；6—探测器外套；7—NaI晶体；8—闪烁计数器；9—至脉冲分析处理电路；10—高压电源

可燃物部分主要含有C、H、O、N等元素，不可燃的矿物质部分，主要是Fe、Ca、Si、Mg、Al、S等，煤炭灰分即为不可燃的矿物质的氧化物。

对于一定能量的一束γ射线，穿过某种物质时，其中有的与物质发生作用，有的没有发生。发生作用的光子便消失；未发生作用的，其能量不变穿过物质。那么γ射线穿过物质后的衰减可以用如下公式来描述：

$$I = I_0 e^{-\mu x} \tag{1-39}$$

式中　I——穿过吸收体的γ光子数；

I_0——无吸收体时的γ光子数；

μ——线性衰减系数。

γ射线穿透煤炭时的衰减取决于煤的质量厚度 $x\rho$ 和质量衰减系数 μ_m 两个因素。质量衰减系数μ_m的大小与γ射线的能量E和吸收物质的原子序数Z有关。

煤可以看成是可燃的煤质和不可燃的矿物质组成的二元混合物，可燃的煤质（C、H、O）其等效原子序数近似等于6，不可燃的矿物质（Al、Si、Fe等）其原子序数近似等于12，我们可以认为可燃物质为煤中的低Z物质，矿物质为煤中的高Z物质。两种γ射线穿透煤样后的衰减如下：

$$I_{Am} = I_{Am0}e^{-\mu_L x\rho},\ I_{Cs} = I_{Cs0}e^{-\mu_H x\rho} \tag{1-40}$$

式中 I_{Am}——穿过煤样^{241}Am的γ光子数；

I_{Am0}——^{241}Am的初始γ光子数；

I_{Cs}——穿过煤样^{137}Cs的γ光子数；

I_{Cs0}——^{137}Cs的初始γ光子数；

μ_H——煤对中能γ射线的质量衰减系数；

μ_L——煤对低能γ射线的质量衰减系数。

经换算得到

$$Ash = 2a\frac{\ln(I_{Am0}/I_{Am})}{\ln(I_{Cs0}/I_{Cs})}\mu_H + 2b \tag{1-41}$$

令：$A = 2a\mu_H, B = 2b, K = \dfrac{\ln(I_{Am0}/I_{Am})}{\ln(I_{Cs0}/I_{Cs})}$

则有：

$$Ash\% = AK + B \tag{1-42}$$

式（1-42）是双能γ射线透射状测灰的测量模型，A、B是与煤种有关的常数。实际测量时两种γ射源和经准直器发出窄束γ射线、穿透被测煤样，由NaI闪烁探测器接收，将不同能级的γ射线转换成幅度不同的脉冲信号。脉冲幅度分析电路将探测器输出的脉冲信号进行放大、分析，最后计算出两种射线的计数，并与空载时两种射线的计数比较，由公式（1-33）计算出被测煤样的灰值，送至显示单元。在测量之前需要对被测煤种进行标定，用已知灰分的煤样对式（1-42）中的A、B值进行标定。

1.9 矿浆固体物料的测量

在选矿过程中需要对矿浆中固体物质的含量进行测量，即固体物料百分数的测量，通常采用电磁流量计和γ射线密度计分别测量矿浆的流量和密度然后换算出矿浆中的固体物料的百分数。其方框图如图1-41所示。

设管道中矿浆体积为：

$$V = V_S + V_L \tag{1-43}$$

式中 V_S——固体物料体积；

V_L——液体物料体积。

则矿浆质量为

$$M = V\cdot\rho = V_S\rho_S + V_L\rho_L \tag{1-44}$$

式中 ρ——矿浆密度；

ρ_S——矿浆中固体物料密度；

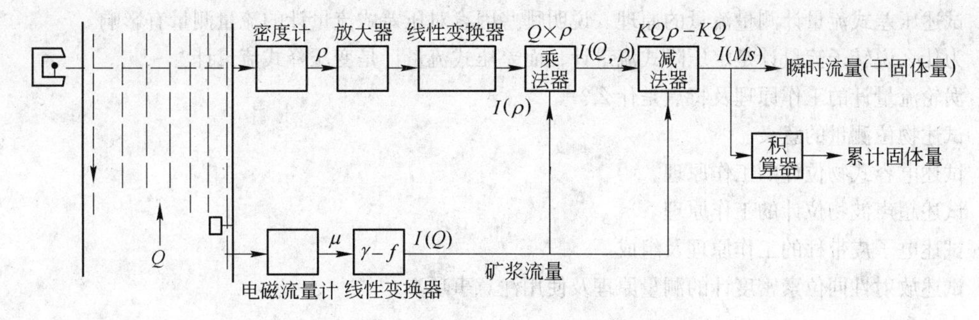

图 1-41　矿浆固体物料测量方框图

ρ_L——矿浆流体密度。

矿浆密度为
$$\rho=\frac{V_S\rho_S+V_L\rho_L}{V}$$

矿浆中物料质量为
$$M_S=V_S\rho_S=V(\rho-\rho_S)\times\frac{\rho_S}{\rho-\rho_L}$$

若液体为水则 $\rho_L=1$，固体物料密度 ρ_S 已知时，则有
$$M_S=K_1V(\rho-1)=KQ\rho-KQ$$

式中　Q——矿浆的体积流量，由电磁流量计测得；

K，K_1——系数。

矿浆中固体物料量百分比为 $\frac{M_S}{M}\times100\%=\frac{KQ\rho-KQ}{KQ\rho}=(1-\frac{1}{\rho})\times100\%$

这就给出了矿浆中固体物料量百分比与矿浆密度的关系。若测得矿浆流量 Q 与矿浆密度 ρ，经图 1-41 中各环节变换及乘法器和减法器运算，可得到矿浆固体物料量的瞬时值和累计值。

思　考　题

(1) 试述温度测量仪表的种类有哪些，各使用在什么场合?

(2) 热电偶的热电特性与哪些因素有关?

(3) 常用的热电偶有哪几种，所配用的补偿导线是什么，为什么要使用补偿导线? 说明使用补偿导线时要注意哪几点。

(4) 试述热电偶温度计、热电阻温度计各包括哪些元件和仪表。输入、输出信号各是什么?

(5) 试述热电阻测温原理，常用热电阻的种类。

(6) 热电偶的结构与热电阻的结构有什么异同之处?

(7) 测压仪表有哪几类，各基于什么原理?

(8) 弹簧管压力计的测压原理是什么，试述弹簧管压力计的主要组成及测压过程。

(9) 霍尔片式压力传感器是如何利用霍尔效应实现压力测量的?

(10) 应变片式与压阻式压力计各采用什么测压元件?

(11) 电容式压力传感器的工作原理是什么，有什么特点?

(12) 什么是节流现象，流体经节流装置时为什么会产生静压差?

(13) 试述压差式流量计测量流量的原理。说明哪些因素对压差式流量计的流量测量有影响。

(14) 为什么说转子流量计是定压降式流量计，而差压式流量计是变压降式流量计?

(15) 涡轮流量计的工作原理及特点是什么?

(16) 试述物位测量的意义。

(17) 试述电容式物位计的工作原理。

(18) 试述超声波物位计的工作原理。

(19) 试述电子皮带秤的工作原理及组成。

(20) 试述放射性同位素密度计的测量原理及使用注意事项。

2 矿物加工过程电力拖动基础

【本章学习要求】

(1) 熟悉常用低压电器的构造、原理及其使用；
(2) 熟悉电路图的基础知识；
(3) 了解交流异步电机的原理及机械特性；
(4) 掌握电动机控制的常用环节；
(5) 掌握电动机的启动、反转、制动的方法及其控制电路；
(6) 掌握交流异步电动机降压启动的方式及特点；
(7) 熟悉变频调速的原理及使用注意事项。

2.1 常用低压电器

低压电器通常是指工作在交流 1000V，直流 1200V 以下电路中的电器设备。低压电器在工矿企业中广泛使用。

根据低压电器在电路中的作用不同，可以将其分成两大类：一类是保护电器，用来保护线路或电器设备不至于因过载、短路或其他故障而损坏（如熔断器、热继电器等），另一类是控制电器，用来接通或分断低压电路（如开关、接触器、继电器等）。也有些电器既是控制电器，又是保护电器（如低压断路器等）。下面简要介绍几种常用的低压电器。

2.1.1 低压开关

低压开关种类很多，如刀开关、转换开关、低压断路器等。它的作用主要是用来隔离电源、接通或分断电路等。低压断路器还具有保护功能。

2.1.1.1 刀开关

刀开关又叫闸刀开关，是结构最简单、使用最广泛的一种低压开关电器。刀开关的种类很多，按活动刀片数分为单极、二极和三极，按闸刀的转换方向分有单掷的和双掷的，还有带熔断器的刀开关和带速断弹簧的刀开关等。

图 2-1 所示为瓷底胶盖闸刀开关的结构示意图。这是一种带熔断器的刀开关。这种开关广泛用于额定电压为交流 380V 或直流 440V，额定电流在 60A 以下的各种线路中，作为不频繁地接通或切断负载电路，并能起短路保护作用。也可用于 5.5kW 以下的三相电动机的不频繁直接启动和停车控制。

2.1.1.2 转换开关

转换开关是一种多挡位、多段式、控制多回路的主令电器，当操作手柄转动时，带动

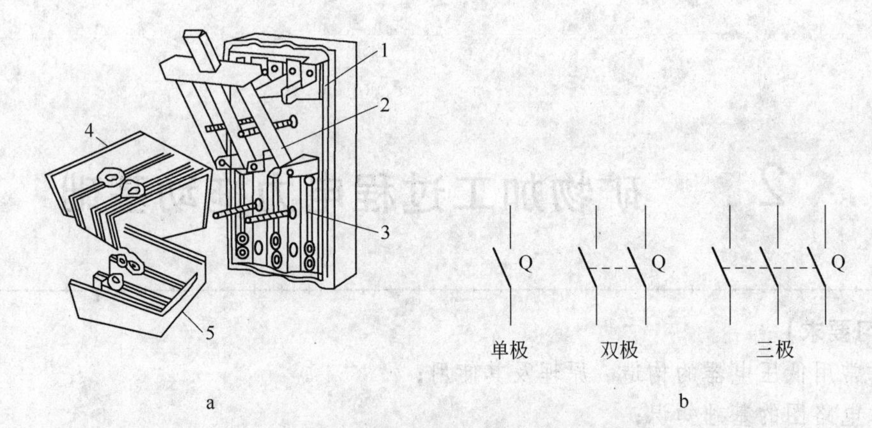

图 2-1 瓷底胶盖闸刀开关结构示意图

a—刀开关结构示意图；b—刀开关图形符号

1—触头；2—闸刀；3—熔丝；4—胶木盖；5—下胶木盖

开关内部的凸轮转动，从而使触点按规定顺序闭合或断开。它是由多组相同结构的触点组件叠装而成的多回路控制电器。它由操作机构、定位装置和触点三部分组成。触点为双断点桥式结构，动触点设计成自动调整式以保证短时的同步性。静触点装在触点座内。转换开关主要用于各种控制线路的转换、电压表、电流表的换相测量控制、配电装置线路的转换和遥控等。转换开关还可以用于直接控制小容量电动机的启动、调速和换向等。

常用的转换开关额定电压是交流 380V，220V，额定电流为 10A、25A、60A、100A 等，极数有 1、2、3、4 等多种。图 2-2 为转换开关结构示意图。

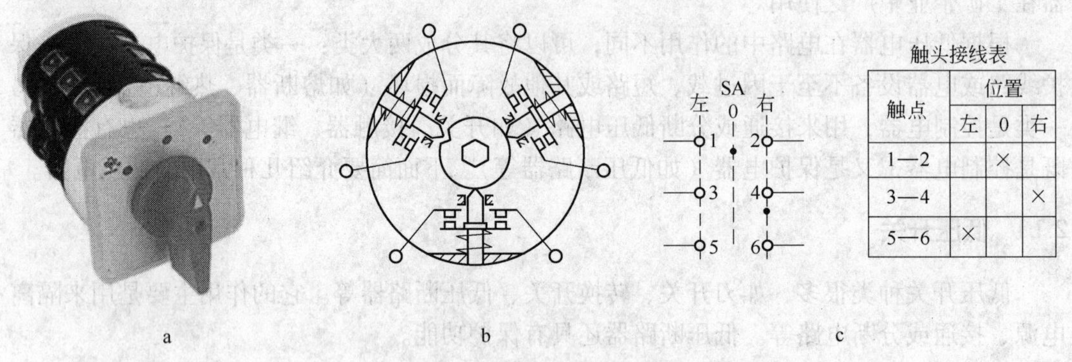

触头接线表

触点	位置		
	左	0	右
1—2		×	
3—4			×
5—6	×		

图 2-2 转换开关结构示意图

a—转换开关外形图；b—转换开关原理示意图；c—转换开关符号

2.1.1.3 按钮开关

按钮开关是一种结构简单、应用十分广泛的主令电器。一般情况下，它不直接控制主电路的通断，而在控制电路中发出手动“指令”去控制接触器、继电器等电器，再由它们去控制主电路，也可用来转换各种信号线路与电气联锁线路等。按钮的触头允许通过的电流很小，一般不超过 5A。

按钮开关的结构种类很多，可分为普通揿钮式、蘑菇头式、自锁式、自复位式、旋柄式、带指示灯式、带灯符号式及钥匙式等，有单钮、双钮、三钮及不同组合形式，一般是采用积木式结构，由按钮帽、复位弹簧、桥式触头和外壳等组成，通常做成复合式，有一对常闭触头和常开触头，有的产品可通过多个元件的串联增加触头对数。还有一种自持式按钮，按下后即可自动保持闭合位置，断电后才能打开。图 2-3 所示为各种按钮的实物图。

图 2-3 各种按钮实物图

为了标明各个按钮的作用，避免误操作，通常将按钮帽做成不同的颜色，以示区别，其颜色有红、绿、黑、黄、蓝、白等。如红色表示停止按钮，绿色表示启动按钮等。按钮开关的主要参数有形式及安装孔尺寸、触头数量及触头的电流容量，在产品说明书中都有详细说明。

按钮开关一般是由按钮帽、复位弹簧、动触头、静触头和外壳组成。按钮开关按用途和触头的结构不同分为停止按钮（常闭按钮）、启动按钮（常开按钮）及复合按钮（常开、常闭组合按钮）。图 2-4 所示为按钮的原理示意图。

常开按钮，手指未按下时，触头是断开的，见图 2-4 中的 3—4。当手指按下按钮帽时触头 3—4 被接通，而手指松开后，按钮在复位弹簧作用下自动复位。

常闭按钮：手指未按下时，触头是闭合的，见图 2-4 中 1—2。当手指按下时，触头 1-2 断开，当手指松开后，按钮在复位弹簧作用下复位闭合。

复合按钮，当手指未按下时，触头 1—2 是闭合的，3—4 是断开的。当手指按下时，触头 1—2 断开，3—4 闭合，而手指松开后，触头全部恢复原状。

图 2-4c 为按钮的图形符号和文字符号。

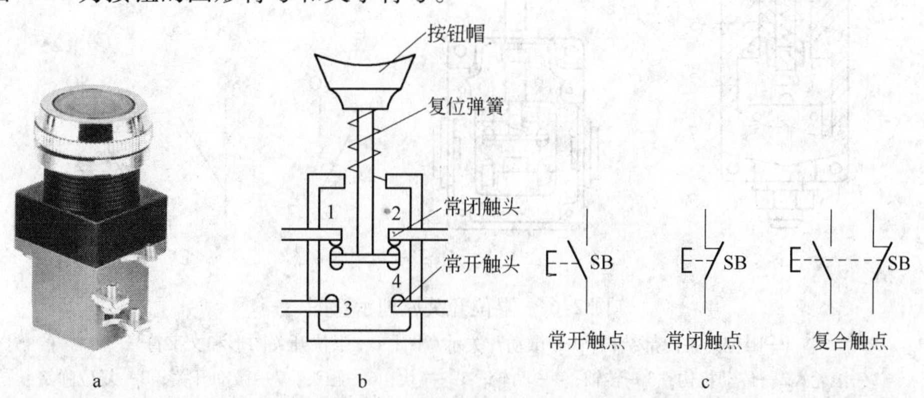

图 2-4 按钮原理图

a—外形图；b—结构示意图；c—转换开关图形和文字符号

2.1.1.4 限位开关

限位开关又称位置开关，是一种将机器信号转换为电气信号，以控制运动部件位置或行程的自动控制电器，是一种常用的小电流主令电器。

在电气控制系统中，位置开关的作用是实现顺序控制、定位控制和位置状态的检测。一类为以机械行程直接接触驱动，作为输入信号的行程开关和微动开关；另一类为以电磁信号（非接触式）作为输入动作信号的接近开关。其中最常见的是行程开关，它利用生产机械运动部件的碰撞使其触头动作来实现接通或分断控制电路，达到一定的控制目的。通常，这类开关被用来限制机械运动的位置或行程，使运动机械按一定位置或行程自动停止、反向运动、变速运动或自动往返运动等。图2-5 所示为各种限位开关实物图。

图 2-5　限位开关实物图

常用的限位开关动作原理如图 2-6 所示。当运动机械的挡铁压到位置开关的滚轮 1 上时，传动机构 2 连同转轴 3 一起转动，使凸轮 4 推动撞块 5，当撞块被压到一定位置时，推动微动开关 7 快速动作，使其常闭触头断开，常开触头闭合；当滚轮上的挡铁移开后，复位弹簧就使位置开关的各部分恢复到原始位置。这种单轮自动复位式位置开关是依靠本身的复位弹簧来复原的，在生产机械的自动控制中应用很广泛。

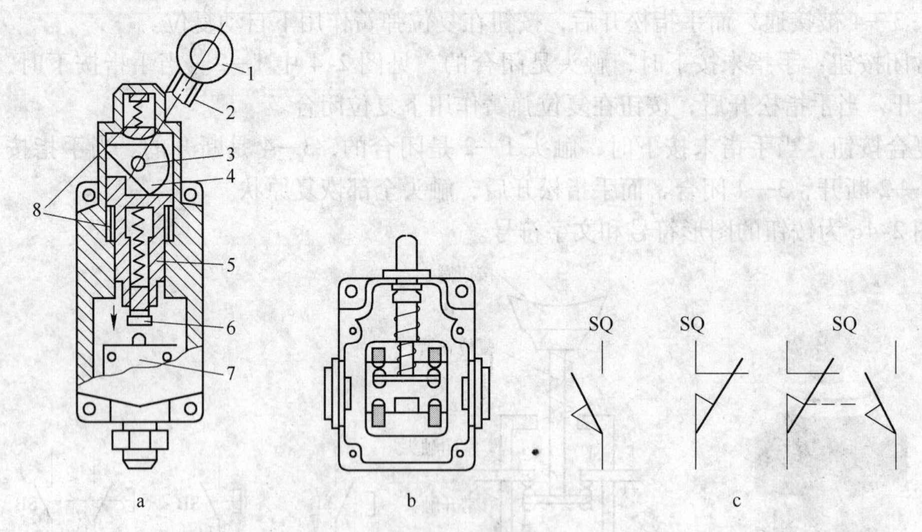

图 2-6　限位开关原理示意图

a—限位开关内部结构；b—微动开关示意图；c—限位开关图形和文字符号

1—滚轮；2—传动机构；3—转轴；4—凸轮；5—撞块；6—触头；7—微动开关；8—复位弹簧

2.1.1.5　接近开关

接近开关在控制电路中可供位置检测、行程控制、计数控制及检测金属物体的存在用。按作用原理区分，接近开关有高频振荡式 、电容式、感应电桥式、永久磁铁式和霍尔效应式等，其中以高频振荡式为最常用。后者又分电感式或电容式。图 2-7 为各种接近开关实物图。

图2-8所示为接近开关原理图。接近开关由LC元件组成的振荡回路于电源供电后产生高频振荡。当检测体尚远离开关检测面时，振荡回路通过检波、门限、输出等回路，使开关处于某种工作状态（常开型为“断”状态，常闭型为“通”状态）。当检测体接近检测面达一定距离时，维持回路振荡的条件被破坏，振荡停止，使开关改变原有工作状态（常开型为“通”状态，常闭型为“断”状态）。检测体再次远离检测面后，开关又重新恢复原有状态。这样，接近开关就完成了一次“开”、“关”动作。

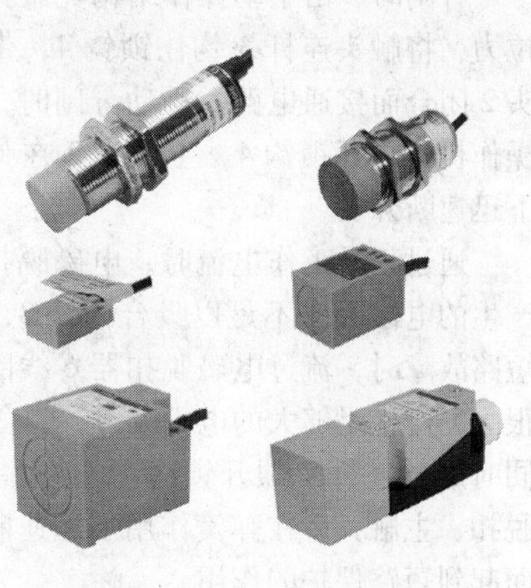

图2-7 接近开关实物图

接近开关具有工作可靠、灵敏度高、寿命长、功率损耗小、允许操作频率高的优点，并能适应较严酷的工作环境，故在自动化机床和自动化生产线中得到越来越广泛的应用。

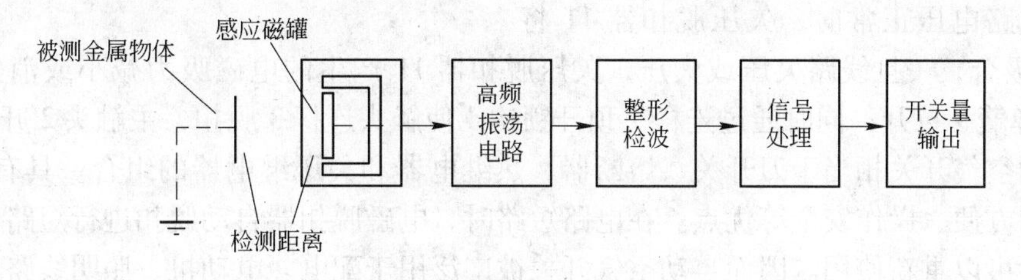

图2-8 接近开关原理图

2.1.1.6 自动开关

自动开关（又称低压断路器）是一种不仅可以接通和分断正常负荷电流和过负荷电流，还可以接通和分断短路电流的开关电器。低压断路器在电路中除起控制作用外，还具有一定的保护功能，如过负荷、短路、欠压和漏电保护等。低压断路器的分类方式很多，按使用类别分，有选择型（保护装置参数可调）和非选择型（保护装置参数不可调），按灭弧介质分，有空气式和真空式（目前国产多为空气式）。低压断路器容量范围很大，最小为4A，而最大可达5000A。图2-9所示为自动空气开关的实物图。

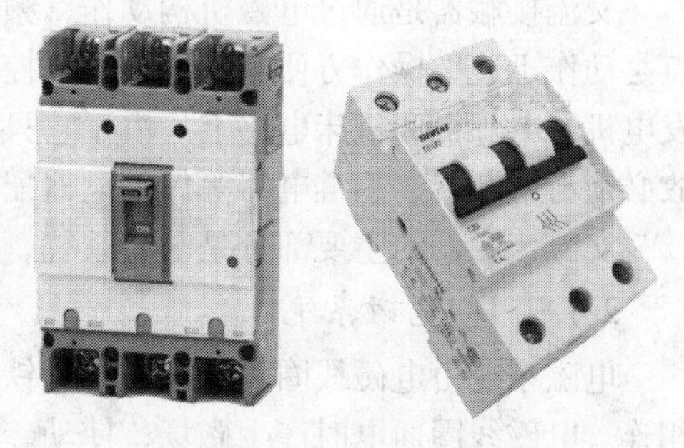

图2-9 自动空气开关实物图

图2-10为自动空气开关的原理示意图。它由触头系统、操作机构和保护装置组成。其主触头由耐弧合金（如银钨合金等）制成，采用灭弧栅片灭弧；操作机构较复杂，电路通断可用操作手柄操作，故障时由保护装置自动脱扣跳闸。各类自动空气开关的保护装置有所不同，一般由热脱扣器（过载保护）和电磁脱扣器（短路保护）两部分组成（称为复式脱扣）。有些在复式脱扣的基础上又加上了欠压保护装置。

合闸时，由手动操作结构克服弹簧 1 的拉力，将触头连杆 3 钩住锁钩 4，带动主触头 2 闭合而接通电路，手动分闸时，由手动操作机构顶开锁钩 4，主触头 2 在弹簧作用下迅速断开。

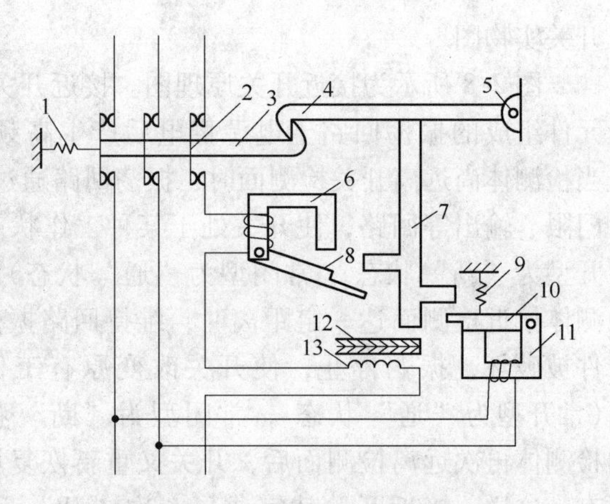

图 2-10　自动空气开关的原理图

1—弹簧；2—主触头；3—触头连杆；4—锁钩；5—轴；6—电流脱扣器；7—连杆；8，10—衔铁；9—弹簧；11—欠电压脱扣器；12—热继电器双金属片；13—热继电器发热元件

通过正常工作电流时，电磁脱扣器 6 所产生的电磁吸力不足以吸合衔铁 8，当发生短路故障时，流过电磁脱扣器 6 线圈的电流很大，产生足够大的电磁吸力，吸合衔铁 8，同时通过连杆 7 顶开锁钩 4，使触头连杆 3 脱扣，主触头 2 在弹簧作用下迅速断开，从而起到短路保护的作用。

当线路过载时，热脱扣器的热元件发热使双金属片弯曲，通过连杆 7 顶开锁钩 4，触头连杆 3 脱扣，主触头 2 断开。

在线路电压正常时，欠压脱扣器 11 将衔铁 10 吸合，一旦线路欠压或失压，欠压脱扣器 11 产生的电磁吸力减小或消失，衔铁 10 将被弹簧 9 拉开，同时通过连杆 7 顶开锁钩 4 使触头连杆 3 脱扣，主触头 2 开。

自动空气开关相当于刀开关、熔断器、热继电器和欠压继电器的组合。具有体积小、安装使用方便、操作安全等优点。在电路短路时，电磁脱扣器自动脱扣进行短路保护，故障排除后可以重新使用。因而自动空气开关被广泛用于配电、电动机、照明线路作短路和过载保护，也用作线路不频繁转换及不频繁启动的交流异步电动机的控制。

2.1.2　交流接触器

交流接触器是通过电磁机构动作，频繁地接通和分断主电路的远距离操纵电器。其优点是动作迅速、操作方便和便于远距离控制，所以广泛地应用于电动机、电热设备、小型发电机、电焊机和机床电路上。由于它只能接通和分断负荷电流，不具备短路保护作用，故必须与熔断器、热继电器等保护电器配合使用。

交流接触器的主要部分是电磁系统、触点系统和灭弧装置，其结构如图 2-11 所示。

2.1.2.1　电磁系统

电磁系统由电磁线圈、静铁芯、动铁芯（衔铁）等组成，其中动铁芯与动触点支架相连。电磁线圈通电时产生磁场，使动、静铁芯磁化而相互吸引，当动铁芯被吸引向静铁芯时，与动铁芯相连的动触点也被拉向静触点，令其闭合以接通电路。电磁线圈断电后，磁场消失，动铁芯在复位弹簧作用下，回到原位，牵动动触点与静触点分离，分断电路。

交流接触器的铁芯由硅钢片叠压而成，这样可减少交变磁通在铁芯中的涡流和磁滞损耗。在有交变电流通过电磁线圈时，线圈磁场对衔铁的吸引力也是交变的，当交流电流通过零值时，线圈磁通为零，对衔铁的吸引力也为零，衔铁在复位弹簧作用下将产生释放趋势，这就使动、静铁芯之间的吸引力随着交流电的变化而变化，从而产生振动和噪声，加速动、静铁芯接触面的磨损，引起接触不良，严重时导致金属触点烧蚀。为了消除这一弊

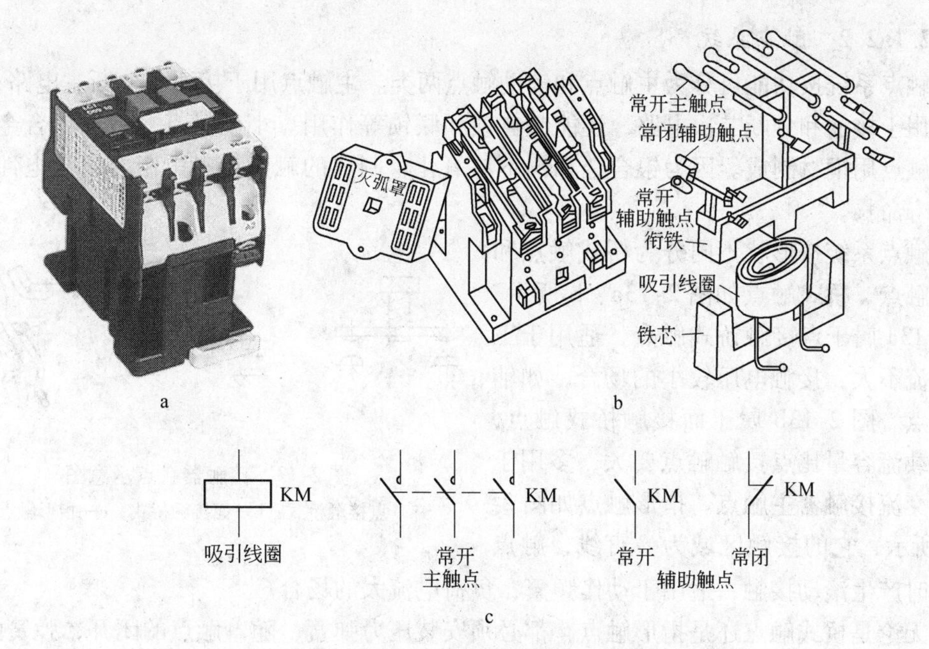

图 2-11 交流接触器

a—实物图；b—结构示意图；c—图形和文字符号

端，在铁芯柱端面的部分，嵌入一只铜环，名为短路环，如图 2-12 所示。该短路环相当于变压器二次绕组，在线圈通入交流电时，不仅线圈产生磁通，短路环中的感应电流也将产生磁通，短路环相当于纯电感电路，从纯电感电路的相似关系可知，线圈电流磁通与短路环感应电流磁通不同时为零，即电源输入的交流电流通过零值时，短路环感应电流不为零。此时，它的磁场对衔铁将起着吸引作用，从而克服了衔铁被释放的趋势，使衔铁在通电过程中总是处于吸合状态，明显减小了振动和噪声。所以短路环又叫减振环，通常由黄铜、康铜或镍铬合金制成。

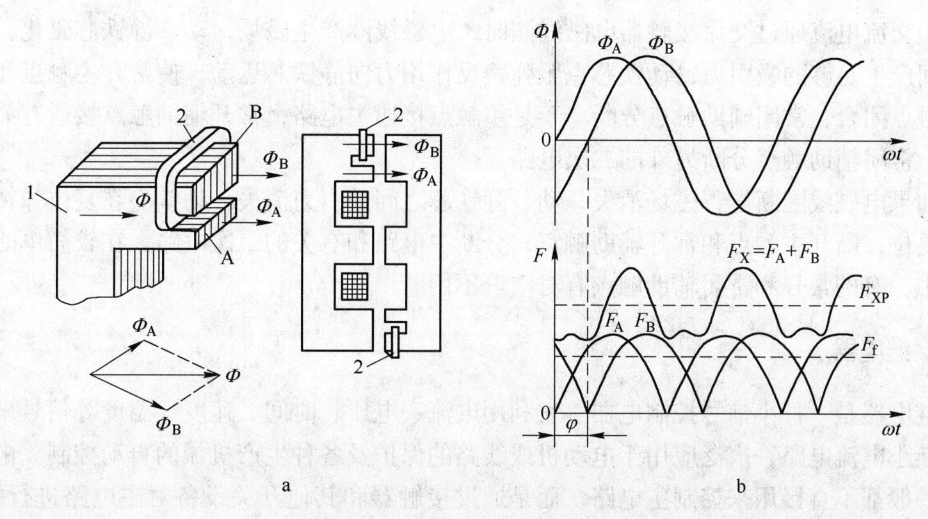

图 2-12 铁芯短路环原理图

a—铁芯加短路环原理图；b—磁通和电磁力变化曲线

2.1.2.2 触点系统

触点系统按功能可分为主触点和辅助触点两类。主触点用于接通和分断主电路；辅助触点用于接通和分断二次电路，还能起自锁和联锁等作用。小型触点一般用银合金制成，大型触点用铜材制成。因为银合金和铜不易氧化，制成的触点接触电阻小，导电性能好，使用寿命长。

触点系统按形状不同分为桥式触点和指形触点，桥式触点如图2-13a、b所示。图2-13a属于点接触桥式触点，适用于工作电流不大，接触电压较小的场合，如辅助触点。图2-13b属于面接触桥式触点，它的载流容量比点接触触点要大，多用于小型交流接触器主触点。指形触点如图2-13c所示，它的接触区域为一直线，触点闭合时产生滚动接触，适用于动作频繁，负荷电流大的场合。

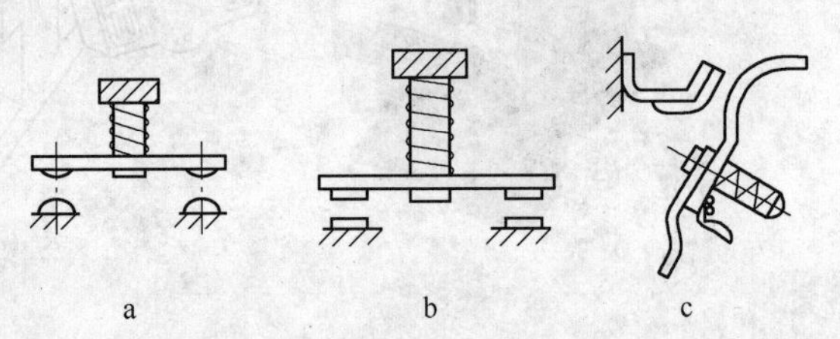

图2-13 接触器触点示意图
a—点接触桥式；b—面接触桥式；c—指形触点

无论是桥式触点还是指形触点，都必须安装压力弹簧，随着触点的闭开，弹簧的作用力将加大触点之间的接触压力，减小接触电阻，改善导电性能，还能消除有害振动。

2.1.2.3 灭弧装置

交流接触器在分断较大电流电路时，在动、静触点之间将产生较强的电弧，它不仅会烧伤触点、延长电路分断时间，严重时还会造成相间短路。因此在容量稍大的电气装置中，均加装了一定的灭弧装置用以熄灭电弧。

2.1.2.4 交流接触器的附件

交流接触器除上述三个主要部分外，还有外壳、传动机构、接线柱、反作用弹簧、复位弹簧、缓冲弹簧、触点压力弹簧等附件。

2.1.2.5 交流接触器的工作原理

当交流电流通过交流接触器电磁线圈时，电磁线圈产生磁场，动、静铁芯磁化，使二者之间产生足够的吸引力，动铁芯克服弹簧反作用力向静铁芯运动，使常开主触点和常开辅助触点闭合，常闭辅助触点分断。于是主触点接通主电路，常开辅助触点接通有关二次电路，常闭辅助触点分断另外的二次电路。

如果电磁线圈断电，磁场消失，动、静铁芯之间的引力消失，动铁心在复位弹簧的作用下复位，断开主触点和常开辅助触点，分断主电路和有关的二次电路。在较简单的控制电路中，有的常开和常闭辅助触点有时空着不用。

2.1.3 继电器

继电器是一种小信号控制电器。它利用电流、电压、时间、速度、温度等信号来接通和分断小电流电路，广泛应用于电动机或线路的保护及各种生产机械的自动控制。由于继电器一般都不直接用来控制主电路，而是通过接触器和其他开关设备对主电路进行控制，因此继电器载流容量小，不需灭弧装置。继电器有体积小、重量轻、结构简单等优点，但对其动作的灵敏度和准确性要求较高。

继电器和接触器的工作原理一样。主要区别在于接触器的主触头可通过大电流，而继电器的触头只能通过小电流。所以，继电器一般不用来直接控制主电路（而是通过控制接触器和其他开关设备对主电路进行间接控制）。

按继电器的工作原理或结构特征可以分为以下几类：

（1）电磁继电器。利用输入电路内电路在电磁铁铁芯与衔铁间产生的吸力作用而工作的一种电气继电器。

（2）固体继电器。指电子元件履行其功能而无机械运动构件的，输入和输出隔离的一种继电器。

（3）温度继电器。当外界温度达到给定值时而动作的继电器。

（4）舌簧继电器。利用密封在管内，具有触点簧片和衔铁磁路双重作用的舌簧动作来开、闭或转换线路的继电器。

（5）时间继电器。当加上或除去输入信号时，输出部分需延时或限时到规定时间才闭合或断开其被控线路的继电器。

（6）其他类型的继电器。如光继电器、声继电器、热继电器、仪表式继电器、霍尔效应继电器、差动继电器等。

2.1.3.1 电磁式继电器

电磁式继电器一般由铁芯、线圈、衔铁、触点簧片等组成。只要在线圈两端加上一定的电压，线圈中就会流过一定的电流，从而产生电磁效应，衔铁就会在电磁力吸引的作用下克服返回弹簧的拉力吸向铁芯，从而带动衔铁的动触点与静触点（常开触点）吸合。当线圈断电后，电磁的吸力也随之消失，衔铁就会在弹簧的反作用力下返回原来的位置，使动触点与原来的静触点（常闭触点）释放。这样吸合、释放，从而达到了在电路中的导通、切断的目的。对于继电器的“常开、常闭”触点，可以这样来区分：继电器线圈未通电时处于断开状态的静触点，称为“常开触点”；处于接通状态的静触点称为“常闭触点”。电磁继电器原理图见图 2-14。

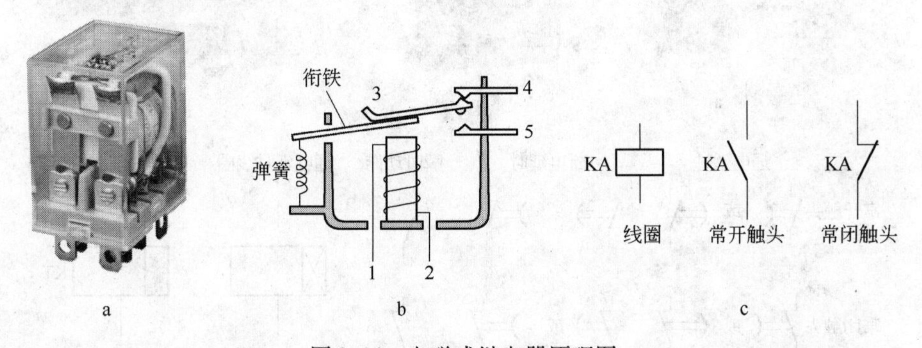

图 2-14 电磁式继电器原理图

a—实物图；b—原理示意图；c—图形和文字符号

1，2—线圈；3—动触点；4—静触点（常闭触点）；5—静触点（常开触点）

继电器有如下几种作用：

（1）扩大控制范围。多触点继电器控制信号达到某一定值时，可以按触点组的不同形式，同时开断、接通多路电路。

（2）放大。用一个很微小的控制量，可以控制很大功率的电路。

(3) 综合信号。当多个控制信号按规定的形式输入多绕组继电器时，经过比较综合，达到预定的控制效果。

(4) 自动控制。自动装置上的继电器与其他电器一起，可以组成程序控制线路，从而实现自动化运行。

继电器电磁线圈的电压规格有 AC380V、AC220V 或 DC220V、DV24V 等。

2.1.3.2 时间继电器

时间继电器是一种利用电磁原理或机械原理实现延时控制的自动开关装置。它的种类很多，有空气阻尼型、电动型、电子型等。

早期在交流电路中常采用空气阻尼型时间继电器，它是利用空气通过小孔节流的原理来获得延时动作的。它由电磁系统、延时机构和触点三部分组成。凡是继电器感测元件得到动作信号后，其执行元件（触头）要延迟一段时间才动作的继电器称为时间继电器。

目前最常用的为大规模集成电路型的时间继电器，它是利用阻容原理来实现延时动作。在交流电路中往往采用变压器来降压，集成电路作为核心器件，其输出采用小型电磁继电器，使得产品的性能及可靠性比早期的空气阻尼型时间继电器要好得多，产品的定时精度及可控性也提高很多。

随着单片机的普及，目前各厂家相继采用单片机为时间继电器的核心器件，而且产品的可控性及定时精度完全可以由软件来调整，所以未来的时间继电器将会完全由单片机来取代。

图 2-15 为时间继电器及图形符号，时间继电器的触点分为瞬时动作触点、通电延时触点和断电延时触点三类。

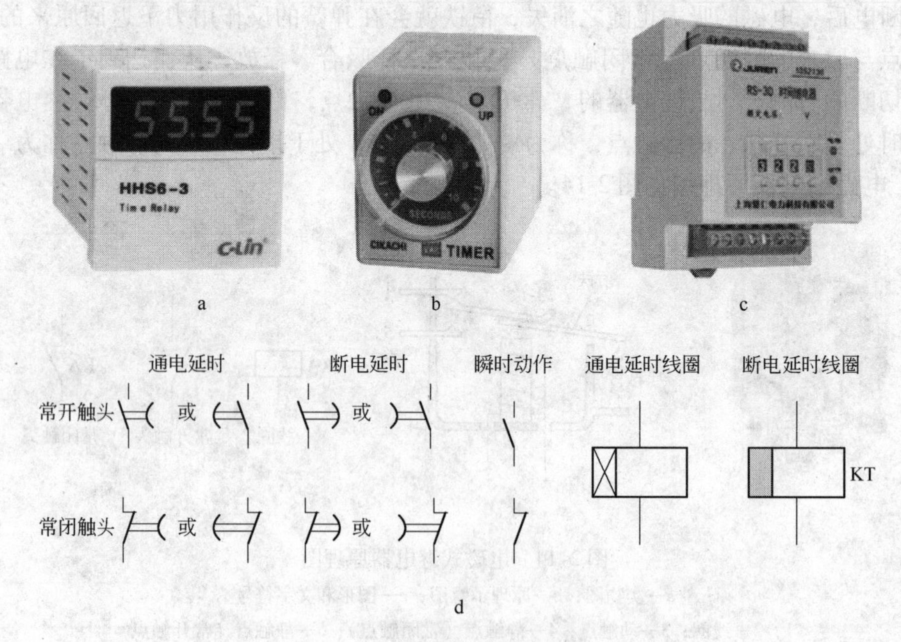

图 2-15 电子延时式时间继电器

a—数显式；b—指针式；c—轨道安装式；d—时间继电器图形和文字符号

2.1.3.3 热继电器

热继电器是对电动机和其他用电设备进行过载保护的控制电器。热继电器的外形如图

2-16a 所示，其主要部分由热元件、触点、动作机构、复位按钮和整定电流调节装置等组成。它的动作原理如图 2-16b 所示。热继电器的常闭触点串联在被保护的二次电路中，它的热元件由电阻值不高的电热丝或电阻片绕成，靠近热元件的双金属片是用两种热膨胀系数差异较大的金属薄片叠压在一起。热元件串联在电动机或其他用电设备的主电路中。如果电路或设备工作正常，通过热元件的电流未超过允许值，则热元件温度不高，不会使双金属片产生过大的弯曲，热继电器处于正常工作状态使线路导通。一旦电路过载，有较大电流通过热元件，热元件烤热双金属片，双金属片因上层膨胀系数小，下层膨胀系数大而向上弯曲，使扣板在弹簧拉力作用下带动绝缘牵引板，分断接入控制电路中的常闭触点，切断主电路，从而起过载保护作用。热继电器动作后，一般不能立即自动复位，待电流恢复正常、双金属片复原后，再按动复位按钮，才能使常闭触点回到闭合状态。

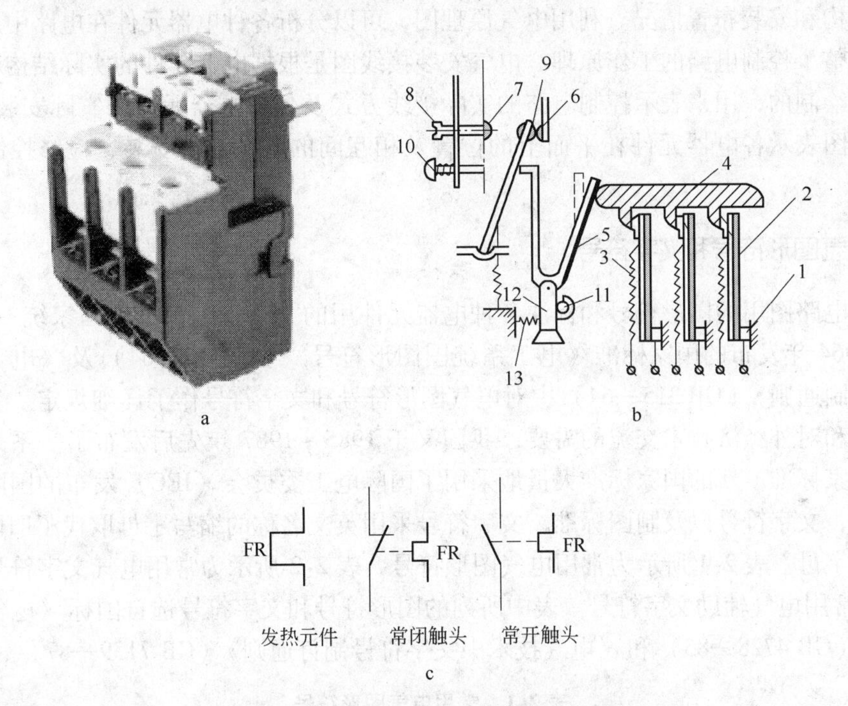

图 2-16 热继电器外形和动作原理图

a—实物图；b—原理图；c—图形和文字符号

1—壳体；2—主双金属片；3—加热元件；4—导板；5—补偿双金属片；6—静触头（常闭）；7—静触头（常开）；8—复位调节螺钉；9—动触头；10—复位按钮；11—凸轮；12—支持件；13—弹簧

热继电器在保护形式上分为二相保护式和三相保护式两类。二相保护式的热继电器内装有两个发热元件，分别串入三相电路中的两相。对于三相电压和三相负载平衡的电路，可用二相保护式热继电器；对于三相电源严重不平衡，或三相负载严重不对称的场合则不能使用，这种情况下只能用三相保护式热继电器。因三相保护式热继电器内装有三个热元件，分别串入三相电路中的每一相，其中任意一相过载，都将导致热继电器动作。

热继电器可以作过载保护但不能作短路保护，因其双金属片从升温到发生形变断开常闭触点有个时间过程，不可能在短路瞬时迅速分断电路。

热继电器的整定电流是指热继电器长期运行而不动作的最大电流。通常只要负载电流超过整定电流 1.2 倍，热继电器必须动作。整定电流的调整可通过旋转外壳上方的旋钮完成，旋钮上刻有整定电流标尺，作为调整时的依据。

2.2 电路图的基础知识

电气控制线路是用导线将电动机，控制和保护电器，检测仪表等电器元件连接起来，以实现某种控制要求的电路。将实际的控制电路用规定的符号按一定的要求绘在图纸上，即成为电路图。电路图有电气原理图和电气安装接线图及平面布置图三种。三种电路图虽然都是用规定的符号来描述实际电路，但其用途和绘制方法不同。电气原理图（用来表示控制电路的动作原理）是根据电器动作原理用展开图的形式绘制的，不考虑电器元件的实际结构和安装布置情况。利用电气原理图，可以分析各种电器元件在电路中所起的作用，以及整个控制电路的工作原理。电气安装接线图是根据电器元件的实际结构和安装布置情况来绘制的，用来表示控制电路的实际接线方式及各种电器元件的实际安装位置等。平面布置图表示各电器元件在平面上的位置及相互间的联系，供安装、检修控制电路时使用。

2.2.1 电气图形符号和文字符号

绘制电路图用的图形符号和标注各种电器元件用的文字符号都是由国家统一规定的。我国在 1964 年发布的国家标准《电工系统图图形符号》（GB312—64）及《电工设备文字符号编制通则》（GB 315—64）中对电气图形符号和文字符号作了详细规定。为了适应改革开放和对外经济技术交流的需要，我国又于 1985 ~ 1987 年先后发布了一系列新的电气符号国家标准。新的国家标准大量地采用了国际电工委员会（IEC）发布的国际通用的图形符号，文字符号以及制图标准。文字符号采用英文名称的缩写字母取代了旧国标中的汉语拼音字母。表 2-1 所示为常用电气图形符号，表 2-2 所示为常用电气文字符号，表 2-3 所示为常用电气辅助文字符号。表中所列的图形符号和文字符号选自国标《电气图用图形符号》（GB 4728—85）和《电气技术中文字符号制订通则》（GB 7159—87）。

表 2-1 常用电气图形符号

符号名称	图形符号	符号名称	图形符号
直流	—	接地一般符号	⏚
直流 若上面符号可能引起混乱，则用本符号	═	接机壳或接底板	形式 1 形式 2
交流	～	导线	—
交直流	≂	柔软导线	⌒⌒
正极	+	导线的连接	●
负极	—	端子 注：必要时圆圈可画成圆黑点	○

续表 2-1

符号名称	图形符号
可拆卸的端子	
预调电位器	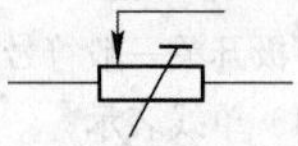
具有固定抽头的电阻	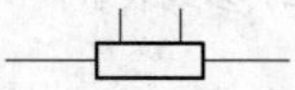
分流器	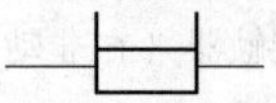
电容器一般符号 注：如果必须分辨同一电容器的电极时，弧形的极板表示：（1）在固定的纸介质和陶瓷介质电容器中表示外电极；（2）在可调和可变的电容器中表示动片电极；（3）在穿心电容器中表示低电位电极	优选形 
	其他形 
导线的交叉连接 （1）单线表示法； （2）多线表示法	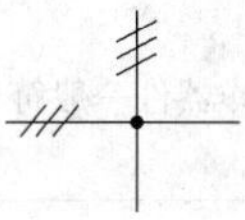
	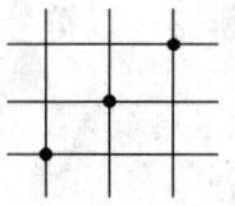
导线的不连接 （1）单线表示法； （2）多线表示法	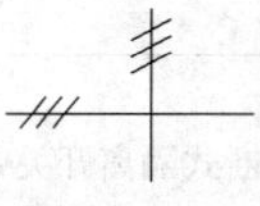
	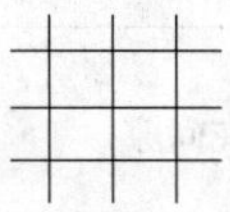
不需要示出电缆芯数的电缆终端头	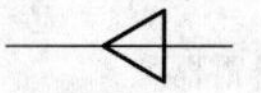
电阻器	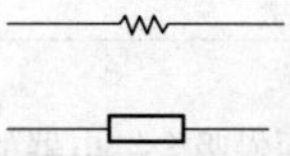
可变电阻器	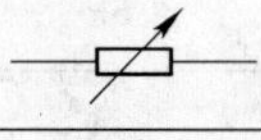
可调电阻器	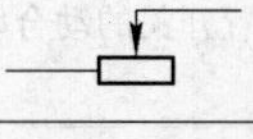
滑动触点电位器	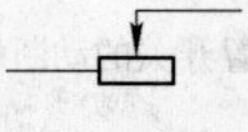

符号名称	图形符号
N 型沟道结型场效应半导体管	
P 型沟道结型场效应半导体管	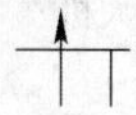
光电二极管	
光电池	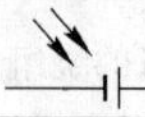
三极晶体闸流管	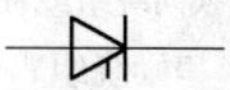
极性电容器	优选形 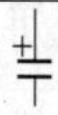 其他形 
可变电容器 可调电容器	优选形  其他形 
电感器	
带磁芯的电感器	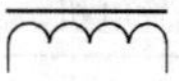
半导体二极管	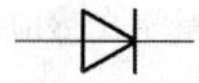
PNP 型半导体管	
NPN 型半导体管	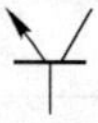
他励直流电动机	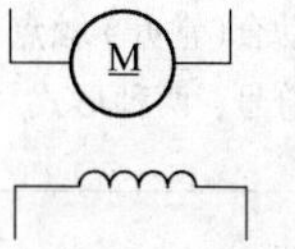
电抗器、扼流圈	
双绕组变压器	
电流互感器 脉冲变压器	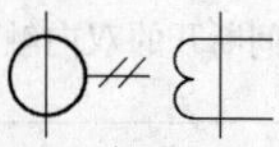
三相变压器 星形-三角形联结	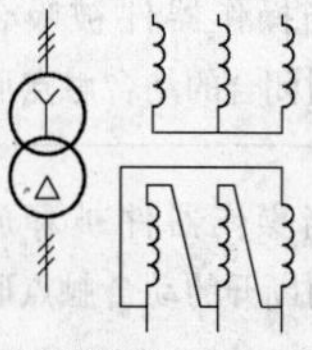

续表 2-1

符号名称	图形符号	符号名称	图形符号
电机扩大机		多极开关一般符号 (1) 单线表示; (2) 多线表示	
原电池或蓄电池		接触器（在非动作位置触点闭合）	
旋转电机的绕组 (1) 换向绕组或补偿绕组; (2) 串励绕组; (3) 并励或他励绕组		断路器	
集电环或换向器上的电刷 注：仅在必要时标出电刷		隔离开关	
旋转电机一般符号： 符号中的星号必须用下述字母代替：C 同步变流机；G 发电机；GS 同步发电机；M 电动机；MS 同步电动机；SM 伺服电机；TG 测速发电机	*	接触器（在非动作位置触点断开）	
三相鼠笼式感应电动机	M 3～	操作器件一般符号	
串励直流电动机	M	熔断器一般符号	
动合(常开)触点开关一般符号，两种形式		熔断式开关	
动断(常闭)触点		熔断式隔离开关	
先断后合的转换触点		火花间隙	
中间断开的双向触点		避雷器	
当操作器件被吸合时，延时闭合的动合触点形式		缓慢吸合继电器的线圈	
当操作器件被释放时，延时断开的动合触点形式		位置开关的动合触点	
		位置开关的动断触点	

续表 2-1

符号名称	图形符号	符号名称	图形符号
当操作器件被释放时，延时闭合的动断触点形式		电压表	V
当操作器件被吸合时，延时断开的动断触点形式		转速表	n
吸合时延时闭合和释放时延时断开的动合触点		力矩式自整角发送机	
带复位的手动开关（按钮）形式		灯 信号灯	
双向操作的行程开关		电喇叭	
热继电器的触点		信号发生器 波形发生器	G
手动开关		电流表	A
		脉冲宽度调制	
		放大器	

表 2-2 常用电气文字符号

名 称	文字符号（GB 7159—87）	名 称	文字符号（GB 7159—87）
分离元件放大器	A	电抗器	L
晶体管放大器	AD	电动机	M
集成电路放大器	AJ	直流电动机	MD
自整角机旋转变压器	B	交流电动机	MA
旋转变换器	BR	电流表	PA
电容器	C	电压表	PV
双(单)稳态元件	D	电阻器	R
热继电器	FR	控制开关	SA
熔断器	FU	选择开关	SA
旋转发电机	G	按钮开关	SB
同步发电机	GS	行程开关	SQ
异步发电机	GA	三极隔离开关	QS
蓄电池	GB	单极开关	Q
接触器	KM	刀开关	Q
继电器	KA	电流互感器	TA
时间继电器	KT	电力变压器	TM
电压互感器	TV	信号灯	HL
电磁铁	YA	发电机	G
电磁阀	YV	直流发电机	GD
电磁吸盘	YH	交流发电机	GA
接插器	X	半导体二极管	V
照明灯	EL		

表 2-3　常用电气辅助文字符号

名　称	文字符号	名　称	文字符号
交流	AC	直流	DC
自动	A AUT	接地	E
加速	ACC	快速	F
附加	ADD	反馈	FB
可调	ADJ	正，向前	FW
制动	B BRK	输入	IN
向后	BW	断开	OFF
控制	C	闭合	ON
延时（延迟）	D	输出	OUT
数字	D	启动	ST

2.2.2　电气原理图

电气原理图按作用的不同可分为主电路和控制电路两部分。主电路是由电源向设备（如电动机）供电的电路，包括电动机及其他低压电器（如电源开关、熔断路、接触器等）。主电路中通过的电流较大。控制电路是用来控制和保护检测主电路的，它包括继电器、接触器电磁线圈、触点、控制按钮等。控制电路中通过的电流较小。

2.2.2.1　电气原理图绘制的一般原则

（1）主电路用粗实线，垂直布置在图纸上方或左方。

（2）控制电路用细实线，水平布置在图纸的右方或下方。

（3）电路中所有部件及其电器的位置，按便于读图的位置来绘制，同一电器的不同部件(如接触器的触点与线圈)按其功能不同可以分别绘在不同的回路中。

（4）各种电器的可动作部分(如触点)都按未通电，未受外力作用时的状态绘出。

（5）所有电器元件均应按国标《电气图用图形符号》(GB 4728)所规定的符号绘出。

（6）同一电器不同部件(如接触器的触点和线圈)虽然可以绘在不同的电路中，但是应采用相同的文字符号加以标注，且应根据国标《电气技术中文字符号制定通则》(GB 7159)规定的符号来标注。

2.2.2.2　看电气原理图的步骤和方法

看电气原理图时应先看主电路，再看控制电路，并通过控制电路来分析主电路。下面介绍看主电路和控制电路的方法：

（1）看主电路。看主电路的顺序是由电动机至电源。一看电动机，主要看有几台电动机，是交流电动机还是直流电动机，是交流异步电动机还是同步电动机，其接线方式是星形(Y)还是三角形(△)，或者是星形—三角形(Y—△)接法（即星形启动，三角形运行），以及电动机有无特殊要求等。二看控制和保护电器，看主电路中用于控制电动机的各种控制电器（如接触器的主触点 、电源开关等）的类型及安装接线方式等。最后看电源，了解主电路电源的性质，是交流还是直流，电源电压值是多少伏等。

（2）看控制电路。看控制电路的顺序不同于主电路，是先看电源，再看控制电路中的电器元件。一看电源，也是要看清电源的性质，是交流还是直流，电源引自何处，以及电压等级等。二看控制电路中有哪些电器元件。并根据图中所标注的文字符号找清同一电器接在主电路和控制电路中的不同部件。

（3）根据控制电路分析主电路工作原理。整个控制电路是一条闭合回路，该闭合回路又由若干条支路组成，每条支路控制一台电动机或电动机的一个动作（如正转、反转等），各条支路之间又有一定的联系。分析电路工作原理时，一般从按钮开始，先按下控制回路中的启动按钮，有哪些支路有电流流过，这些支路中有哪些电器将得电工作，主电路将如何动作，再按下停止按钮，看控制电路和主电路又如何动作，最后分析电路中的各种保护电器的动作原理。

一般情况下，电动机是由接触器或继电器来控制，接触器或继电器的动作（吸合或释放）是由其电磁线圈控制，而电磁线圈的得电与失电又是由控制电路中的开关或按钮来控制的。因此，由开关或按钮→接触器或继电器→电动机是电力拖动控制中的最基本的形式。我们在分析电路原理图时应抓住这三个主要环节。

2.2.3 电气安装接线图

电气安装接线图是按电气元件的实际接线方式、位置及尺寸绘制的。它是电气工作人员安装，接线及维修的主要依据。安装接线图上每根导线都有相应的标号，且导线的两个端点都用该导线的标号标注。通过分析安装接线图上的回路标号，我们就能够搞清线路的走向、连接方式和各电器间所构成的回路。电气安装接线时，线路与线路之间，以及线路与电器之间的连接一般是通过接线端子板进行的。为了便于接线、查线和故障处理，每个接线端子都要有一定的标号。在电气安装接线图上，电器元件是按实际的安装位置绘出的，且在每个电器四周画一虚线框，以便分清各个电器。

看电气安装接线图步骤和看原理图相同，也是先看主电路，再看控制电路，但看图的方法有所不同。看安装接线图主电路是先从电源着手，沿导线经各种电器，最后看电动机。看控制电路要按支路来进行，对每条支路都从电源的一相开始，看沿导线经过哪些电器后回到另一相电源。但从安装接线图中不容易看清电路的工作原理，特别对于控制电路，有时很难分辨出支路来。因此，在看电气安装接线图时，必须对照原理图来看。这样不仅能够知道电器元件的安装位置和接线方式，还能够看清电器元件在电路中的作用及整个电路的工作原理。

安装接线图上所表示的电气连接一般并不表示实际走线途径，施工时由操作者根据经验选择最佳走线方式。

2.3 交流异步电动机的机械特性

2.3.1 三相异步电动机的原理

三相异步电动机主要由定子和转子构成。定子是静止不动的部分。转子是旋转部分。定子与转子之间有一定的气隙。

2.3.1.1　定子

定子由铁芯、绕组与机座三部分组成。定子铁芯是电动机磁路的一部分，它由0.5mm 的硅钢片叠压而成，片与片之间是绝缘的，以减少涡流损耗。定子铁芯的硅钢片的内圆冲有定子槽，槽中安放绕组，硅钢片铁芯在叠压后成为一个整体，固定于机座上。定子绕组是电动机的电路部分，由许多线圈连接而成，每个线圈有两个有效边，分别放在两个槽里。三相对称绕组 AX、BY、CZ 可连接成星形或三角形。机座主要用于固定与支撑定子铁芯。中小型异步电动机一般采用铸铁机座。根据不同的冷却方式，采用不同的机座形式。

2.3.1.2　转子

转子由铁芯与绕组组成。转子铁芯压装在转轴上，由硅钢片叠压而成。转子铁芯也是电动机磁路的一部分。转子铁芯、气隙与定子铁芯构成电动机的完整磁路。异步电动机转子绕组多采用鼠笼式，它是在转子铁芯槽里插入钢条，再将全部钢条两端焊在两个铜端环上而组成。小型鼠笼式转子绕组多用铝离心浇铸而成。这不仅是以铝代铜，而且制造也快。

异步电动机的转子绕组除了鼠笼式外，还有线绕式。线绕式转子绕组与定子绕组一样，由线圈组成绕组放入转子铁芯槽里，转子绕组一般是连接成星形的三相绕组。转子绕组组成的磁极数与定子相同。线绕式转子通过轴上的滑环和电刷在转子回路中接入外加电阻，用以改善启动性能与调节转速。

2.3.1.3　三相异步电动机的工作原理

三相异步电动机的工作原理是基于定子旋转磁场（定子绕组内三相电流所产生的合成磁场）和转子电流（转子绕组内的电流）的相互作用。

如图 2-17a 所示，当定子的对称三相绕组接到三相电源上时，绕组内将通过对称三相电流，并在空间产生旋转磁场，该磁场沿定子内圆周方向旋转。图 2-17b 所示为具有一对磁极的旋转磁场，所以拟想磁极位于定子铁芯内画有阴影线的部分。

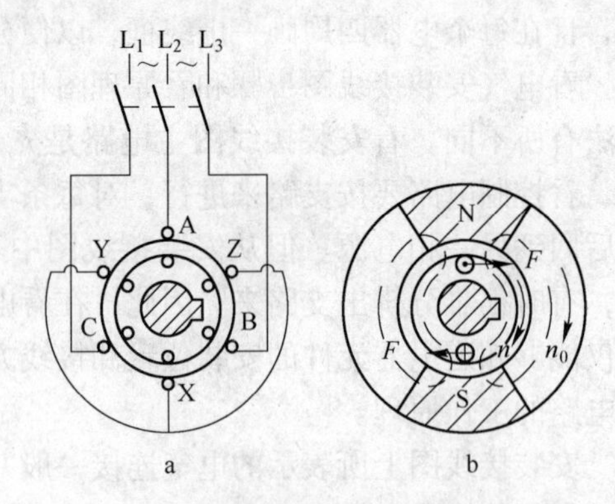

图 2-17　三相异步电动机的接线和工作原理图
a—定子绕组与电源的连接；b—工作原理

当磁场旋转时，转子绕组的导体切割磁通将产生感应电势 e_2。假设旋转磁场向顺时针方向旋转，则相当于转子导体向逆时针方向旋转切割磁通，根据右手定则，在 N 极下转子导体中感应电势的方向系由图面指向读者，而在 S 极下转子导体中感应电势方向则由读者指向图面。由于电势 e_2 的存在，转子绕组将产生转子电流 i_2。根据安培电磁力定律，转子电流与旋转磁场相互作用将产生电磁力 F（其方向由左手定则决定，这里假设 i_2 和 e_2 同相）。该力在转子的轴上形成电磁转矩，且转矩的作用方向与旋转磁场的旋转方向相同，转子受此转矩作用，便按旋转磁场的旋转方向旋转起来。但是，转子的旋转速度 n

（即电动机的转速）恒比旋转磁场的旋转速度 n_0（称为同步转速）为小，因为如果两种转速相等，转子和旋转磁场没有相对运动，转子导体不切割磁通，便不能感应出电势 e_2 和产生电流 i_2，也就没有电磁转矩，转子将不会继续旋转。因此，转子和旋转磁场之间的转速差是保证转子旋转的主要因素。

由于转子转速不等于同步转速，所以把这种电动机称为异步电动机，而把转速差（$n_0 - n$）与同步转速 n_0 的比值称为异步电动机的转差率，用 s 表示。

$$s = \frac{n_0 - n}{n} \tag{2-1}$$

转差率 s 是分析异步电动机运行情况的主要参数。

当转子旋转时，如果在轴上加有机械负载，则电动机输出机械能。从物理本质上来分析，异步电动机的运行和变压器相似，即电能从电源输入定子绕组（原绕组），通过电磁感应的形式，以旋转磁场作媒介，传送到转子绕组（副绕组），而转子中的电能通过电磁力的作用变换成机械能输出。由于在这种电动机中，转子电流的产生和电能的传递是基于电磁感应现象，所以异步电动机又称为感应电动机。

2.3.1.4 三相异步电动机的电磁转矩

电磁转矩 T（以下简称转矩）是三相异步电动机的最重要的物理量之一。它表征一台电动机拖动生产机械能力的大小。机械特性是它的主要特性。

从异步电动机的工作原理知道，异步电动机的电磁转矩是由于具有转子电流 I_2 的转子导体在磁场中受到电磁力 F 作用而产生的，因此电磁力转矩的大小与转子电流 I_2 及旋转磁场的每极磁通 Φ 成正比。

转子电路是一个交流电路，它不但有电阻，而且还有漏磁感抗存在，所以转子电流 I_2 与感应电动势 E_2 之间有一相位差，用 φ_2 表示。于是转子电流 I_2 可分解为有功分量 $I_2\cos\varphi_2$ 和无功分量 $I_2\sin\varphi_2$ 两部分。只有转子电流的有功分量 $I_2\cos\varphi_2$ 才能与旋转磁场相互作用而产生电磁转矩。也就是说，电动机的电磁转矩实际是与转子电流的有功分量 $I_2\cos\varphi_2$ 成正比。综上所述，异步电动机的电磁转矩表达式为

$$T = K_m \Phi I_2 \cos\varphi_2 \tag{2-2}$$

式中 K——仅与电动机结构有关的常数；

Φ——旋转磁场每极磁通；

I_2——转子电流；

$\cos\varphi_2$——转子回路的功率因数。

2.3.2 交流异步电动机的机械特性

三相异步电动机的机械特性曲线是指转子转速 n 随着电磁转矩 T 变化的关系曲线，即 $n = f(T)$ 曲线。它有固有机械特性和人为机械特性之分。

2.3.2.1 固有机械特性

异步电动机在额定电压和额定频率下，用规定的接线方式，定子与转子电路中不串联任何电阻或电抗时的机械特性称为固有（自然）机械特性。三相异步电动机的固有机械特性曲线如图 2-18 所示。从特性曲线上可以看出，其上有 4 个特殊点可以决定特性曲线的基本形状和异步电动机的运行性能，这 4 个特殊点如下：

(1) $T=0$，$n=n_0$ ($s=0$)，电动机处于理想工作状态，转速为理想空载转速 n_0。

(2) $T=T_N$，$n=n_N$ ($s=s_N$)，为电动机额定工作点，此时输出额定转矩。

(3) $T=T_{st}$，$n=0$ ($s=1$)，异步电动机的启动转矩 T_{st} 与每项绕组的电压 U、转子电阻 R_2 及转子电抗 X_{20} 有关。

(4) $T=T_{max}$，$n=n_m$ ($s=s_m$) 为电动机的临界工作点，最大转矩 T_{max} 的大小与定子每相绕组上所加电压 U 的平方成正比。

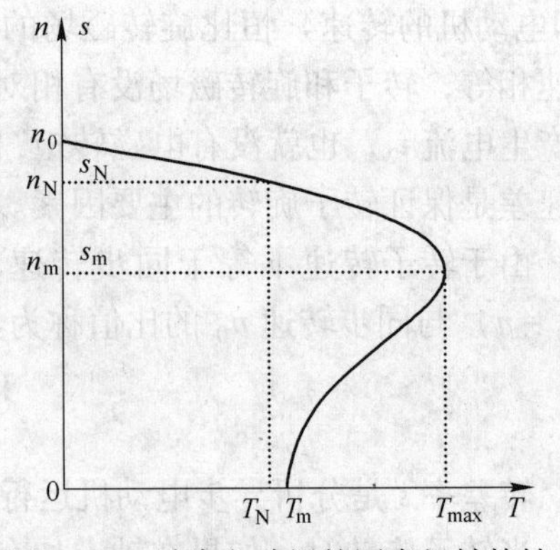

图 2-18 异步电动机的固有机械特性

2.3.2.2 人为机械特性

异步电动机的机械特性与电动机的参数有关，也与外加电源电压、电源频率有关，将相关参数人为地加以改变而获得的特性称为异步电动机的人为机械特性，即改变定子电压 U，定子电源频率 f，定子电路串入电阻或电抗，转子电路串入电阻或电抗等，都可得到异步电动机的人为机械特性。

A 降低电动机电源电压时的人为特性

电压 U 的变化对理想空载转速 n_0 不发生影响，但最大转矩 T 与 U 成正比，当降低定子电压时，n_0 不变，而 T 大大减小。在同一转差率情况下，人为特性与固有特性的转矩之比等于电压的平方之比。电压愈低，人为特性曲线愈往左移。由于异步电动机对电网电压的波动非常敏感，运行时，如电压降低太多，会大大降低它的过载能力与启动转矩，甚至使电动机发生带不动负载或者根本不能启动的现象。图 2-19 所示为改变电源电压的人为特性。

B 定子电路接入电阻或电抗时的人为特性

在电动机定子电路中外串电阻或电抗后，电动机端电压为电源电压减去定子外串电阻上或电抗上的压降，致使定子绕组相电压降低，这种情况下的人为特性与降低电源电压时的相似，如图 2-20 所示。图中实线 1 为降低电源电压的人为特性，虚线 2 为定子电路串入电阻 R_{1s} 或电抗 X_{1s} 的人为特性。从图 2-20 可看出，所不同的是定子串 R_{1s} 或 X_{1s} 后的最大转矩要比直接降低电源电压时的最大转矩大一些，这是因为随着转速的上升和启动电

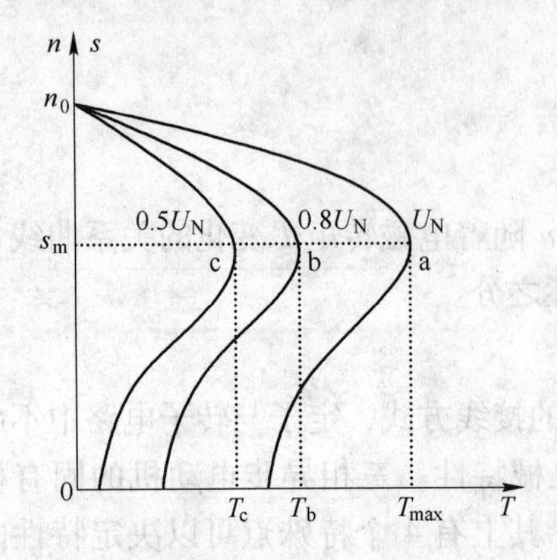

图 2-19 改变电源电压的人为特性

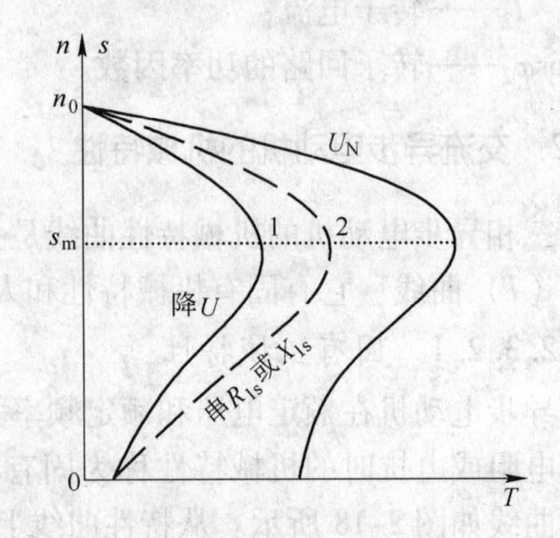

图 2-20 定子电路接入电阻或电抗时的人为特性

流的减小，在R_{1s}或X_{1s}上的压降减小，加到电动机定子绕组上的端电压自动增大，致使最大转矩大些；而降低电源电压的人为特性在整个启动过程中，定子绕组的端电压是恒定不变的。

C　改变定子电源频率时的人为特性

改变定子电源频率f对三相异步电动机机械特性如图2-21所示。随着频率的降低，理想空载转速n_0要减小，临界转差率要增大，启动转矩要增大，而最大转矩基本维持不变。

D　转子电路串入电阻时的人为特性

如图2-22所示，在三相绕线式异步电动机的转子电路中串入电阻R_2后，转子电路中的电阻为R_2+R_2'。R_2的串入对理想空载转速n_0和最大转矩没有影响，但临界转差率s_m随着R_2的增加而增大，此时的人为特性将是一根比固有特性较软的一条曲线。

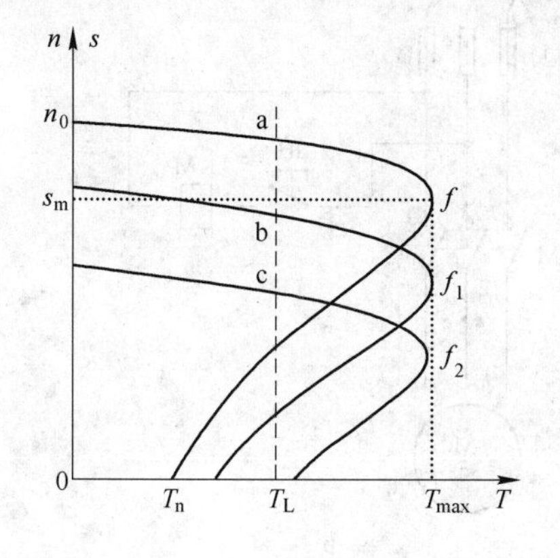

图2-21　改变电源频率的人为特性

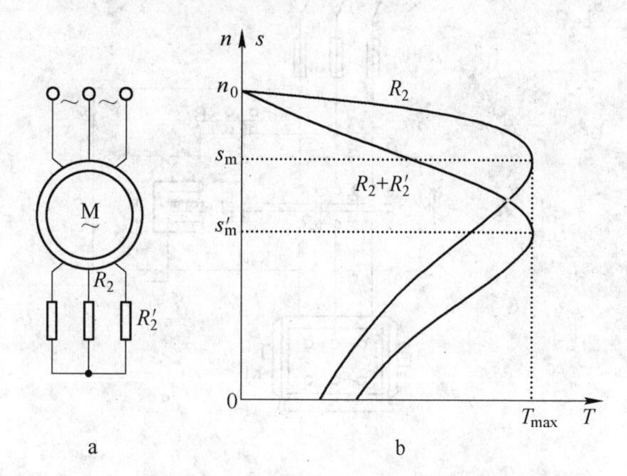

图2-22　转子串入电阻的人为特性
a—原理接线图；b—机械特性

2.4　三相鼠笼式异步电动机直接启动的控制

三相鼠笼式异步电动机一般使用在不需要调速的设备上，矿物加工企业中大多使用这种电动机。对鼠笼式电动机的控制包括对启动、正反转及停车的控制。鼠笼式电动机的启动有两种方法：一种是直接启动，又叫全压启动，另一种是降压启动。

直接启动仅限于小容量电动机，这是因为交流异步电动机在启动瞬间，定子绕组中流过的电流可达额定电流的4~7倍。容量较大的电动机若直接启动，很大的启动电流使线路产生过大的电压降，不仅影响同一线路上的其他负荷的正常工作，而且电动机本身绕组过热，使绝缘老化，使用寿命减少，甚至会烧毁电动机。所以，对较大容量的电机（通常在50kW以上）要采用降压启动。下面介绍小容量鼠笼式电动机直接启动的控制。

2.4.1　点动控制线路

如图2-23为鼠笼式异步电动机点动控制线路。380V交流电源经刀开关QS、熔断器FU、接触器KM的主触点，接至电动机M，组成主电路，按钮SB和接触器线圈串联组成控制电路。图 2-23a 为接线简图，该图非常直观，控制原理一目了然，但画图麻烦，一般采用图 2-23b 所示的原理图。该线路的工作原理如下：

启动时，合上电源开关 QS，此时接触器 KM 尚未动作，其主接触器未闭合，电动机不转。按下启动按钮 SB，控制电路接通，接触器 KM 线圈中有电流流过，衔铁吸合，带动主触点动作，接通主电路，电动机开始启动。

停车时，松开按钮 SB，控制电路断开，接触器 KM 线圈断电，衔铁在释放弹簧作用下释放，KM 的主触点断开，电动机停转。

这种点动控制电路用于频繁启动和停止的生产机械，如吊装设备用的行车、电动葫芦等。

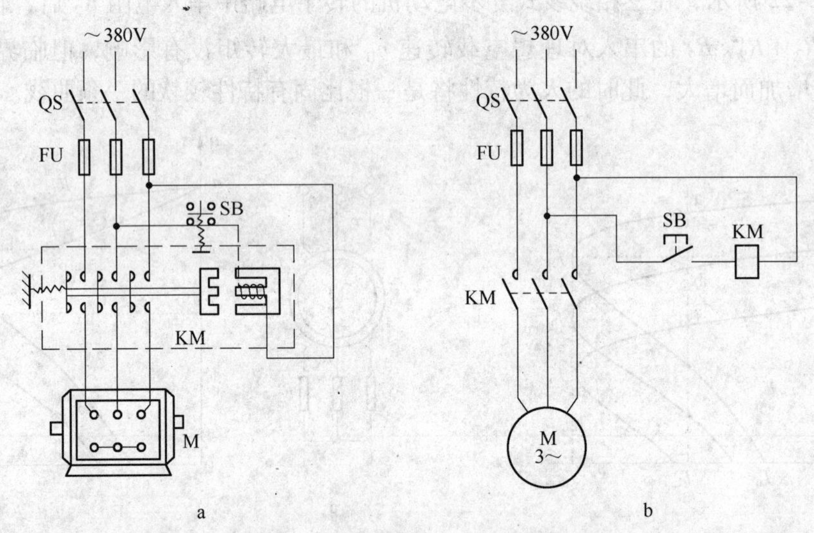

图 2-23　鼠笼式异步电动机点动控制

a—接线简图；b—原理图

2.4.2　具有自锁功能控制线路

图 2-24 所示为具有自锁功能的控制线路。该线路与图 2-23 所示的点动控制线路主电路部分相同，其控制电路中，在启动按钮（常开按钮）SB_2 两端并联接触器 KM 的一对常开辅助触点，控制电路中同时又串联了一个停止（常闭）按钮 SB_1。该电路的工作原理如下：

启动时，合上电源开关 QS，按下启动按钮 SB_2，控制电路接通，接触器 KM 线圈得电，其触点动作，主触点闭合，接通主电路，电动机启动，同时，常开辅助触点 KM 也闭合，将启动按钮 SB_2 两端短接，这时，即使松开 SB_2，控制电路仍然能通过 KM 的常开辅助触点形成回路，接触器继续保持吸合状态，电动机仍可连续运行下去。这种通过并联在启动按钮两端的接触器常开辅助触点来保持电动机连续运行的功能称为自锁，这对常开辅助触点称为接触器的自锁触点。

停车时，按下停止按钮 SB_1，控制电路断开，接触器 KM 的线圈失电，KM 主触点断开，电动机 M 停转，KM 常开辅助触点断开，解除自锁，为下次启动作准备。

这种线路不仅具有自锁功能，而且具有失压和欠压保护功能。当线圈电压下降到低于额定电压的 70% 时，接触器电磁线圈和铁芯所产生的电磁吸力不足以克服释放弹簧的反作用力而使衔铁释放，接触器主触点断开，电动机停转，保证了电动机不至于长时间工作于欠压状态而损坏。当由于某种原因使电源断电时，电动机停转，因接触器电磁线圈失电，主触点和常开辅助触点断开，这样即使电源再恢复送电，由于自锁触点已断开了控制电路，电动机不会自行启动，因此可以避免意外事故，保障操作人员和设备的安全。当需要启动时，可以重新按下启动按钮 SB_2。

图 2-24 线路中还具有短路保护功能。当电路某一部分发生短路故障时，很大的短路电流使串接在主电路中的熔断器 FU 迅速熔断而切断电源，从而可以有效地限制事故范围和降低事故的损坏程度。

2.4.3 具有过载保护的正转控制线路

图 2-24 所示线路虽具有欠压保护、失压保护和短路保护等多种功能，但许多生产机械因负荷不稳定，经常会造成电动机长时过载，若不采取相应的保护措施，将导致电动机绝缘老化、寿命下降，严重时会损坏电动机。图 2-25 所示线路为带有热继电器的电动机正转控制线路。热继电器 FR 用来进行过载保护。热继电器 FR 的热元件串接在电路中，其常闭触点串接在控制电路中，若电动机长时过载，过载电流使 FR 的双金属片弯曲并带动常闭触点动作，切断控制电路，使接触器 KM 线圈失电、主触点断开，切断主电路，电动机停转，从而起到过载保护的作用。

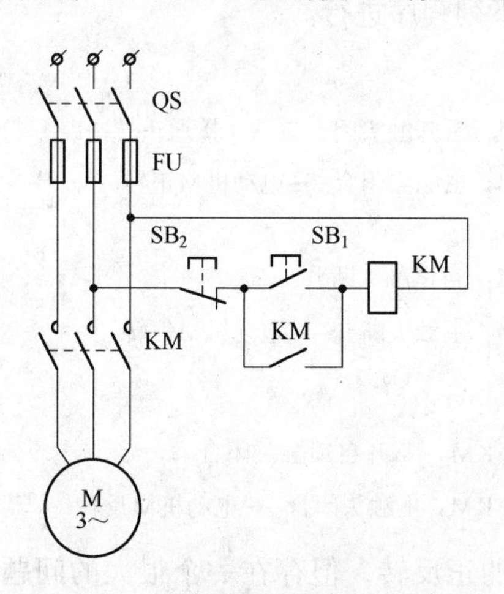

图 2-24 具有自锁功能的控制线路

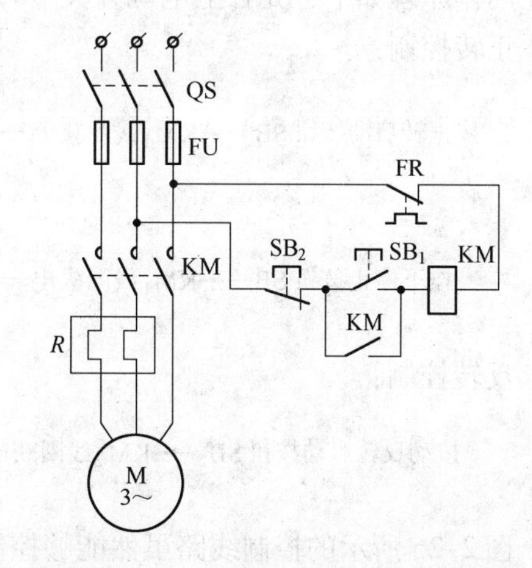

图 2-25 具有过载保护的正转控制线路

2.4.4 正反转控制

许多生产机械要求具有上下、左右、前后等相反方向的运动，这就要求电动机能够正反转。对于三相交流异步电动机，改变其定于绕组三相交流电的相序，定于绕组所产生的旋转磁场的方向也随之变化，因而可以通过改变供给定子绕组（三相交流电）的相序来使电动机反转。常用的正反转控制的方法有倒顺开关控制和接触器控制等。下面介绍用接触器控制电动机的正反转的控制线路。

2.4.4.1 接触器正反转控制线路

图 2-26 为接触器正反转控制线路。图中采用了两个接触器，即正转用的接触器 KM_1

和反转用的接触器 KM_2，它们分别由正转按钮 SB_1 和反转按钮 SB_2 控制。这两个接触器的主触头接线的相序不同，KM_1 按 U—V—W 相序接线，KM_2 则调了两相相序，按 W—V—U 相序接线，所以当两个接触器分别工作时，电动机的旋转方向不一样。

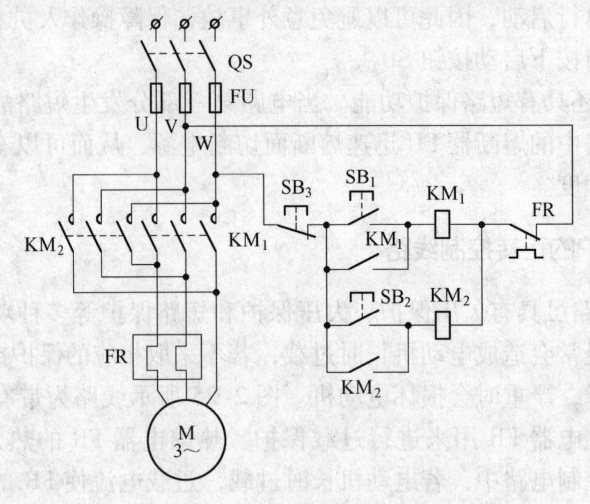

图 2-26　接触器正反转控制线路

动作原理如下：先合上电源开关 QS，然后按下列程序进行。

正转控制：

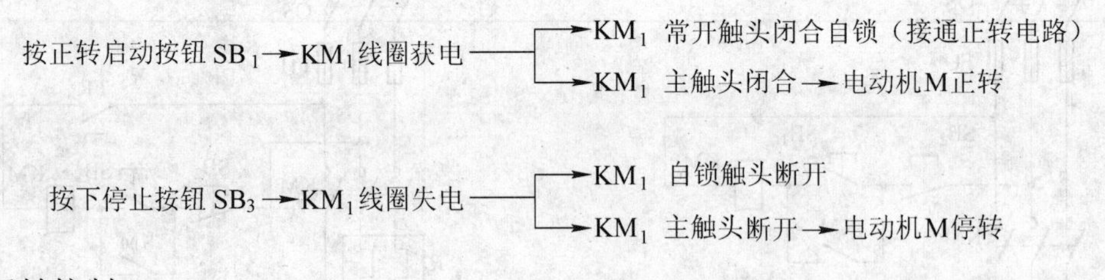

反转控制：

按动反转启动按钮 SB_2→KM_2线圈获电—→KM_2 常开自锁触头闭合；→KM_2 主触头闭合→电动机M反转

图 2-26 所示的控制线路虽然能够控制电动机的正反转，但存在一个很大的问题，就是当司机误操作同时按下 SB_1 和 SB_2，或在电动机正转期间按下 SB_2，或在电动机反转期间按下 SB_1 时，都会使正反转接触器 KM_1 和 KM_2 线圈同时得电，两组主触点同时闭合，可导致主电路相间短路。因此，要求正反转接触器 KM_1 和 KM_2 不能同时得电，正反转工作时必须有联锁关系。

利用两只控制电器的常闭触头（一般是接触器的常闭触头、按钮的常闭触头）使一个电路工作，而另一个电路绝对不能工作的相互制约的作用就称为联锁或互锁。实现联锁作用的触头称为联锁触头。与联锁触头相联系的这一部分线路又称联锁控制线路或联锁控制环节。

2.4.4.2　接触器联锁的正反转控制线路

为了避免前述缺点，可利用两只接触器的常闭辅助触头 KM_1 和 KM_2（如图 2-27 所示）串联接到对方接触器线圈所在的支路里，即 KM_1 的常闭触头串于 KM_2 线圈所在支路，KM_2 常闭

触头串于 KM_1 线圈所在支路。这样，当正转接触器线圈 KM_1 通电时，串联在反转接触器线圈 KM_2 支路中的 KM_1 常闭触头断开，从而切断了 KM_2 支路，这时即使按下反转启动按钮 SB_2，反转接触器 KM_2 线圈也不会通电。同理，在反转接触器 KM_1 通电时，即使按下正转启动按钮 SB_1，线圈 KM_1 也不会通电，这样就能保证不致发生电源线间短路的事故。图 2-27 所示线路的动作原理如下：先合上电源开关 QS，然后按下列程序进行。

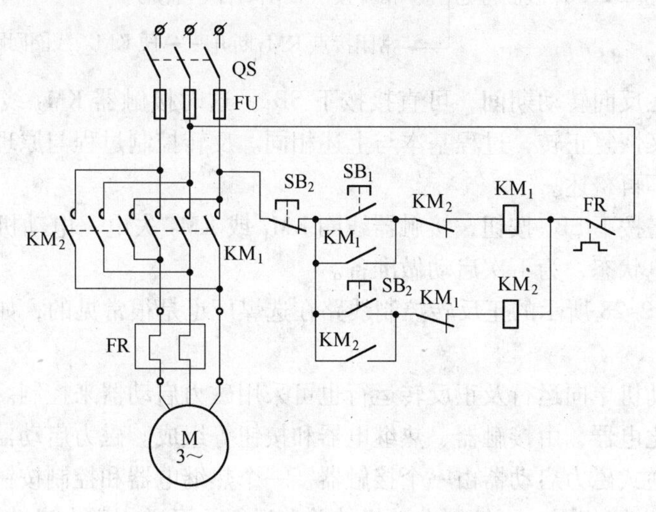

图 2-27 接触器联锁的正反转控制线路

正转控制：

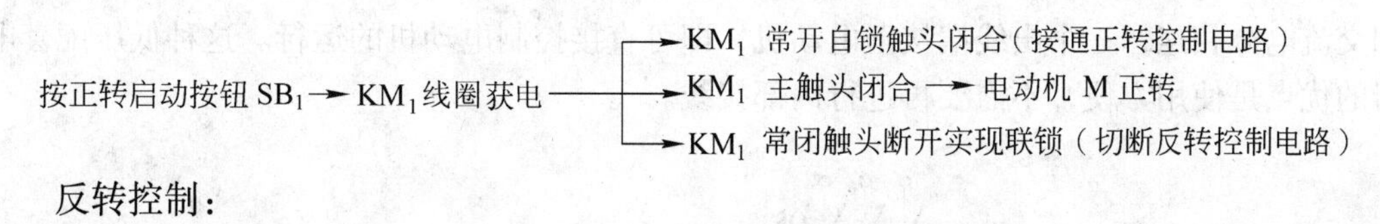

反转控制：

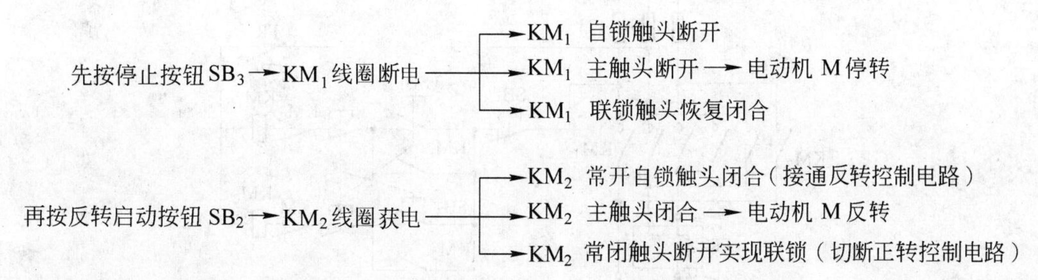

这种接触器联锁正反转控制线路也存在一个缺点：如需要电动机从一个旋转方向改变为另一个旋转方向时，必须首先按下停止按钮 SB_3，然后再按下另一方向的启动按钮。假如不先按下停止按钮，因联锁作用就不能改变旋转方向。这就是说，要使电动机改变旋转方向，需要按动两个按钮，就这一点，对于频繁改变运转方向的电动机来说很不方便。

2.4.4.3 按钮、接触器双重联锁的正反转控制线路

图 2-28 所示的双重联锁的正反转控制线路克服了图 2-27 的缺点，它除利用接触器 KM_1 和 KM_2 的常闭触点联锁外，还用正反转按钮进行联锁。图中正反转启动按钮均为复合按钮，在操作时，常开触点和常闭触点并不同时动作，而是常闭触点先断开，常开触点才闭合。其动作原

理基本与图 2-27 线路相似。首先合上电源开关 QS，然后按下列程序进行。

正转控制：

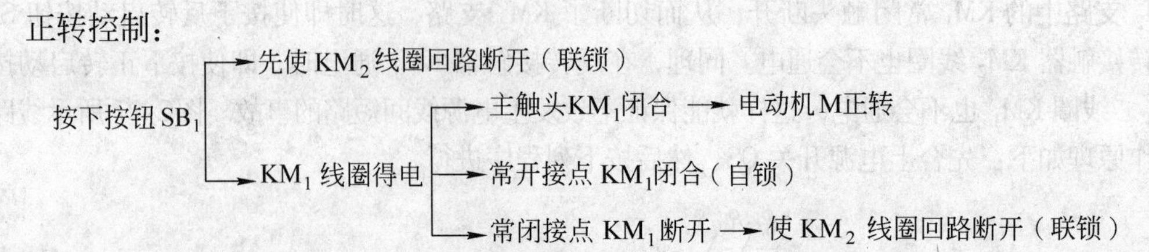

若电动机处在反向转动期间，可直接按下 SB_1，这时接触器 KM_2 线圈失电，KM_1 线圈得电，电动机又恢复正转，过程基本与上述相同。反转控制过程与原理和正转控制过程完全相同，这里不再赘述。

停车时，只需按下 SB_3 按钮，接触器线圈 KM_1 或 KM_2 失电，电动机停止运行，所有开关触头恢复失电状态，为下次启动做准备。

图 2-27 和图 2-28 所示的正反转控制线路在选煤厂也是很常见的，如胶带运输机等设备的控制等。

交流异步电动机单向运行及正反转运行也可采用磁力启动器来控制。磁力启动器是一种低压配套自动化电器，由接触器、热继电器和按钮等组成。磁力启动器有不可逆式和可逆式两类。不可逆式磁力启动器由一个接触器、一个热继电器和控制按钮组成。其内部接线和图 2-28 所示电路相同，可控制电动机的单向运行。可逆式磁力启动器由两个接触器、一个热继电器和控制按钮等组成。其内部接线和图 2-28 所示电路相同，用来控制电动机的正反转运行。磁力启动器有三个进线端和三个出线端，使用时，只需将三个进线端与三相交流电源相连，三个出线端接至电动机，即可直接控制电动机的运行。这种低压配套电器的优点是使用方便，不需要再进行内部接线。

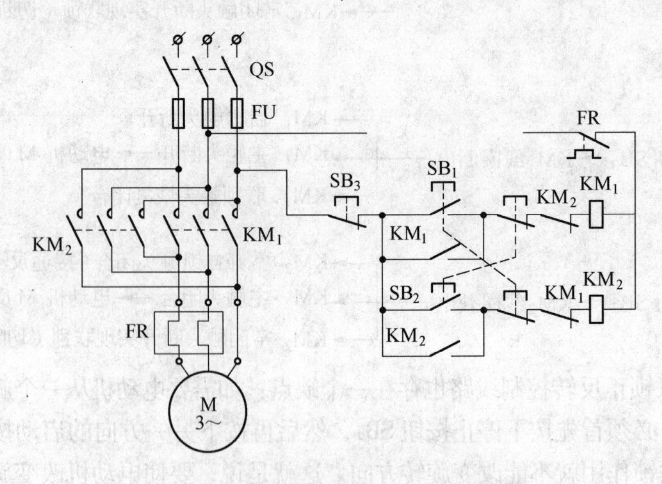

图 2-28　双重联锁的正反转控制线路

2.5 电动机控制的几个常用环节

各种生产机械由于工作要求的不同，对电力拖动系统的要求也不同，电动机控制电路也不同。但有许多控制环节是各种电路都必须具备的，如短路保护、过载保护等，也有些环节是控制电路中经常出现的。下面我们对几种常用的控制环节来进行分析。

2.5.1 多地控制

有些生产要求不仅能够就地操作，而且能够远距离操作，或者能在多处对其进行操作，这时就要用多地控制环节。实现多地控制很简单，只要将若干个安装在不同地点的停止按钮串联，启动按钮并联，按动任何一个停止按钮都可以控制停车，按动任何一个启动按钮都可以启动电动机，这样就达到了多地控制的目的。图2-29所示电路为对某台电动机（设备）进行两地控制的线路，SB_1 和 SB_2 为就地控制按钮，SB_3 和 SB_4 为远程控制按钮，其中停止按钮 SB_1 和 SB_3 串联，启动按钮 SB_2 和 SB_4 并联。

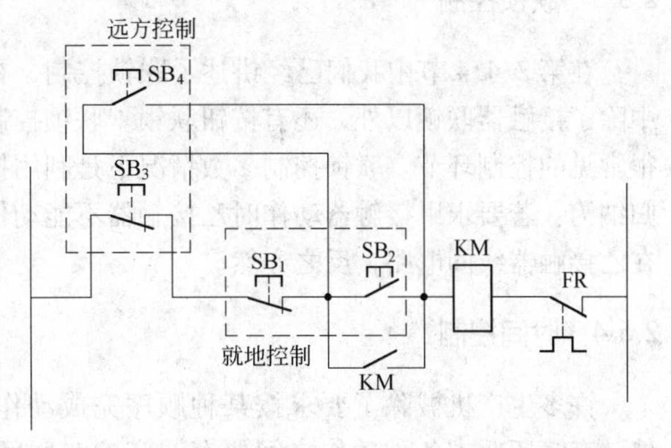

图2-29 两地控制线路

2.5.2 顺序控制

选煤生产中许多工艺环节需要生产机械按一定的先后顺序来动作，如要求全厂设备逆煤流方向启动，顺煤流方向停车，这就要求对拖动这些生产设备的电动机进行顺序控制。

顺序控制原则可以归纳为：若要求甲接触器动作后乙接触器才能动作，则需要把甲接触器的常开辅助触点串接在乙接触器线圈电路中。图2-30a所示为两台电动机顺序启动控制电路，要求电动机 M_1 启动后电动机 M_2 才能启动。图中把接触器 KM_1 的常开辅助触点串接在接触器 KM_2 的线圈电路中，这样在电动机 M_1 未启动（KM_1 未动作）时，即使按下 SB_4，由于串接在 KM_2 线圈回路中的 KM_1 的常开辅助触点是断开的，KM_2 线圈也不会得电，电动机 M_2 不会启动。只有当 KM_1 得电，电动机 M_1 启动后，再按下 SB_4，KM_2 线圈才能得电，M_2 才能启动。这样就可以保证电动机 M_1，M_2 始终能够按先后顺序启动。

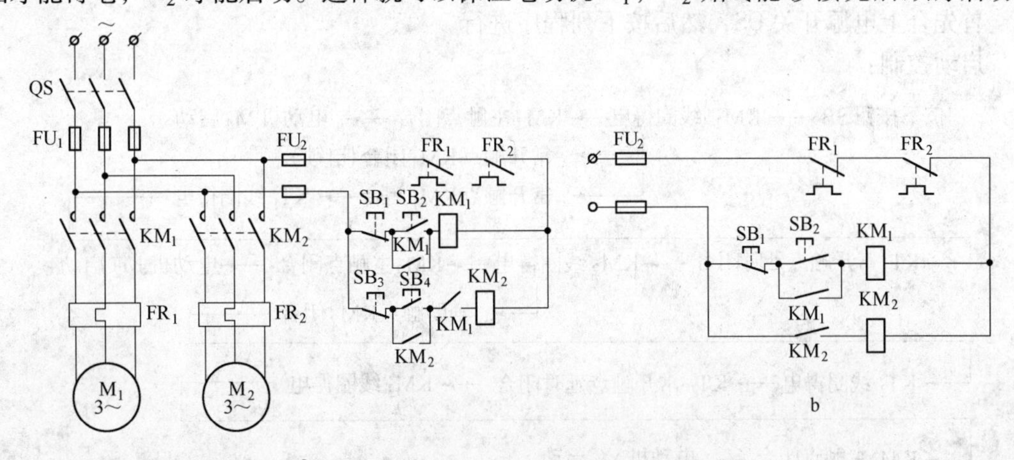

图2-30 两台电动机的顺序控制线路

如果把 KM_2 线圈电路中 SB_3、SB_4 及自锁触点除掉，只用一个启动按钮 SB_2 和一个停止按钮 SB_1 即可自动控制两台电动机 M_1、M_2 的顺序启动和停止。如图 2-30b 所示，当按下 SB_2 时，KM_1 线圈得电，电动机 M_1 启动，同时串在 KM_2 线圈电路中的 KM_1 的常开辅助触点闭合，KM_2 线圈得电，电动机 M_2 自行启动。

2.5.3　联锁控制

在第 2.4.4 节中我们已经讲述了联锁控制，在图 2-27 中用到了接触器联锁。图 2-28 中除了接触器联锁以外，还有按钮联锁。联锁控制在以后的电路中还将大量出现，是一种很常见的控制环节。联锁控制多数情况下是利用接触器联锁。接触器联锁的控制原则可以归纳为：若要求甲接触器动作时乙接触器不能动作，则需将甲接触器的常闭辅助触点串接在乙接触器线圈电路，反之亦然。

2.5.4　时间控制

许多生产机械除了要求按某种顺序完成动作外，有时还要求各种动作之间要有一定的时间间隔，这就要用到时间控制。时间控制是利用时间继电器来实现的，时间继电器在接到控制信号以后，其触点并不立即动作，而延时一段时间后动作，接通或断开相应的控制电路。根据生产机械的要求不同，可以选择不同延时的时间继电器来控制。下面以图 2-31 所示电路为例来分析时间控制。

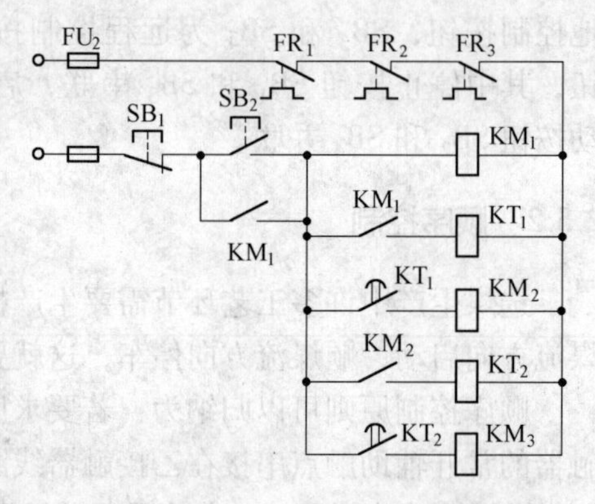

图 2-31　三台电动机顺序延时控制线路

该电路为三台电动机按一定时间间隔顺序启动的控制电路，要求电动机 M_1 启动后延时 n_1s 后电动机 M_2 才启动，M_2 启动后延时 n_2s，电动机 M_3 启动。接触器 KM_1、KM_2、KM_3，分别控制电动机 M_1、M_2、M_3。时间继电器 KT_1 和 KT_2，用于 M_1 和 M_2、M_2 和 M_3 之间的延时控制。电路工作原理如下：

首先合上电源开关 QS，然后按下列程序进行。

启动控制：

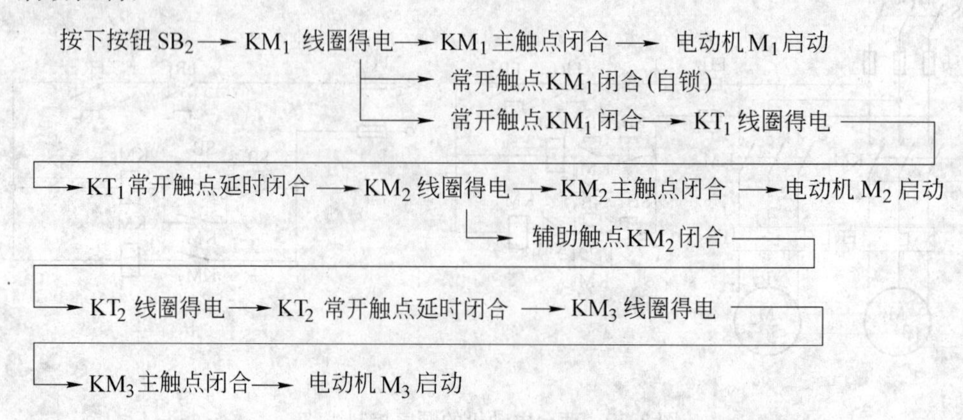

2.5.5 位置控制

生产中常需要控制某些机械运动的行程或终端位置，实现自动停止，或实现整个加工过程的自动往返等。这种控制生产机械运动行程和位置的方法称为位置控制。这种控制方法就是利用位置开关与生产机械运动部件上的挡铁碰撞而使位置开关触头动作，达到接通或断开电路来控制生产机械的运动部件自动停止或行程位置。

图 2-32 所示为某工作台自动往返控制线路。为了使电动机的正反控制与工作台的左、右运动相配合，在控制线路中设置了四个位置开关 SQ_1、SQ_2、SQ_3、SQ_4，并把它安装在工作台需限制的位置上。当工作台运动到所限位置时，位置开关动作，自动换接电动机正反转控制电路，通过机械传动机构使工作台自动往返运动。

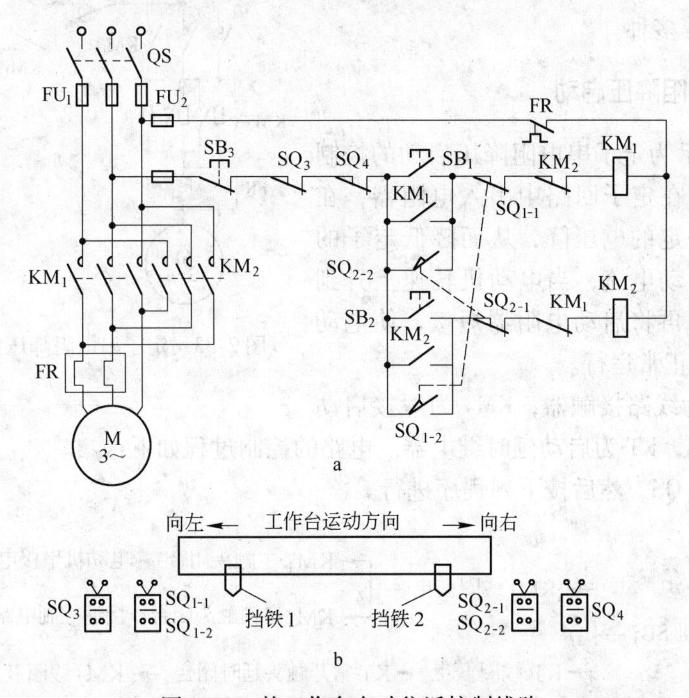

图 2-32 某工作台自动往返控制线路

控制线路动作原理如下：

按下启动按钮 SB_1，接触器 KM_1 线圈获电动作，电动机正转启动，通过机械传动装置拖动工作台向左运动。当工作台运动到一定位置时，挡铁 1 碰撞位置开关 SQ_1 使常闭触头 SQ_{1-1}断开，接触器 KM_1 线圈断电释放，电动机断电停转。与此同时，位置开关 SQ_1 的常开触头 SQ_{1-2}闭合，使接触器 KM_2 获电动作，进而电动机反转，拖动工作台向右运动。同时位置开关 SQ_1 复原，为下次正转作准备，由于这时接触器 KM_1 的常开辅助触头已经闭合自锁，故电动机继续拖动工作台向右运动。当工作台向右运动到一定位置时，挡铁 2 碰撞位置开关 SQ_2，使常闭触头 SQ_{2-1}断开，接触器 KM_2 线圈断电释放，电动机断电停转，与此同时，位置开关 SQ_2 的常开触头 SQ_{2-2}闭合，使接触器 KM_1 线圈再次获电动作，电动机又开始正转。如此循环往复，使工作台在预定的行程内自动往返。

图 2-32 中位置开关 SQ_3 和 SQ_4 安装在工作台往返运动的极限位置上，起终端保护作

用，以防位置开关 SQ_1 和 SQ_2 失灵，致使工作台继续运动不止而造成事故。

需要停车时，按下 SB_3 即可。

2.6 鼠笼式电动机的降压启动

对于较大容量的鼠笼式电动机，为了降低其启动电流，必须采用降压启动。电动机降压启动就是在电动机启动时将定子端电压降低，待启动过程结束后再将定子端电压恢复为额定电压。降压启动的方法有：定子串电阻降压启动，定子串自耦变压器启动和星形-三角形（Y－△）启动等多种。

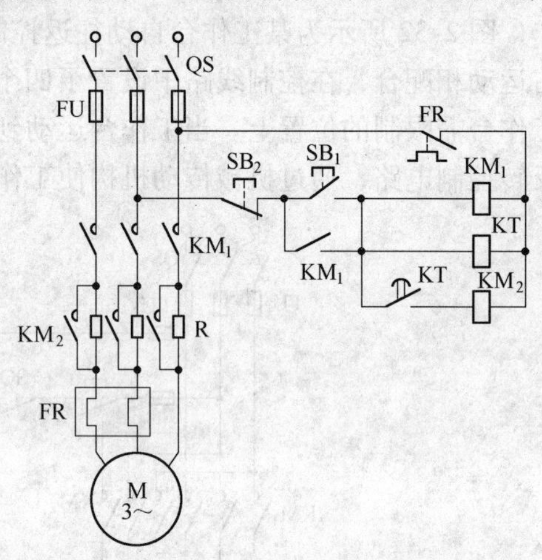

图 2-33 定子串电阻降压启动控制线路

2.6.1 定子串电阻降压启动

图 2-33 所示为定子串电阻降压启动的控制电路。启动时，在定子回路中串入电阻器，在电阻器上产生一定的电压降，从而降低定子的端电压，减少启动电流，当电动机转速上升到一定数值以后，再将启动电阻器短接，使电动机在额定电压下正常运行。

图中 KM_1 为线路接触器，KM_2 为短接启动电阻 R 的接触器，KT 为启动延时继电器。电路的控制过程如下：

先合上开关 QS，然后按下列程序进行。

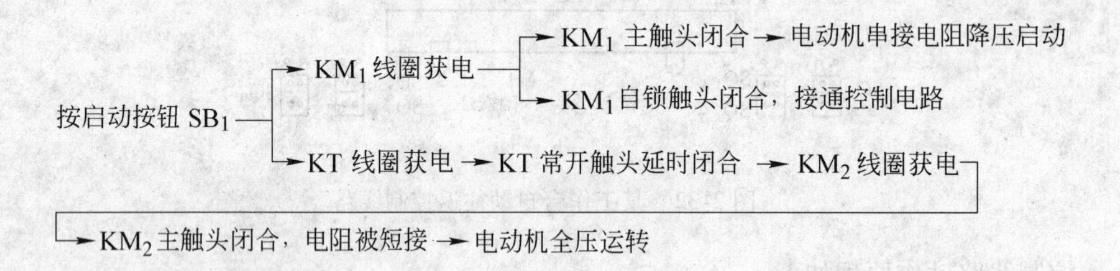

停止时，按下 SB_2 即可实现。

这种定子串电阻降压启动的优点是结构简单、造价低、动作可靠，缺点是电阻上功率损耗大。通常用于控制中小容量且不常开停的电动机。

2.6.2 定子串自耦变压器降压启动

定子串自耦变压器降压启动的控制线路如图 2-34 所示。这种启动电路和定子串电阻降压启动原理相同，所不同的是电动机启动时定子绕组端电压为自耦变压器的二次电压，启动结束后甩掉自耦变压器，电动机在额定电压下正常运转。

图 2-34 中 KM_1 为启动接触器，KM_2 为运行接触器，KT 为启动延时继电器。启动时，先合上电源开关 QS，按下启动按钮 SB_1，时间继电器 KT 线圈得电。当通过 KT 常开接点

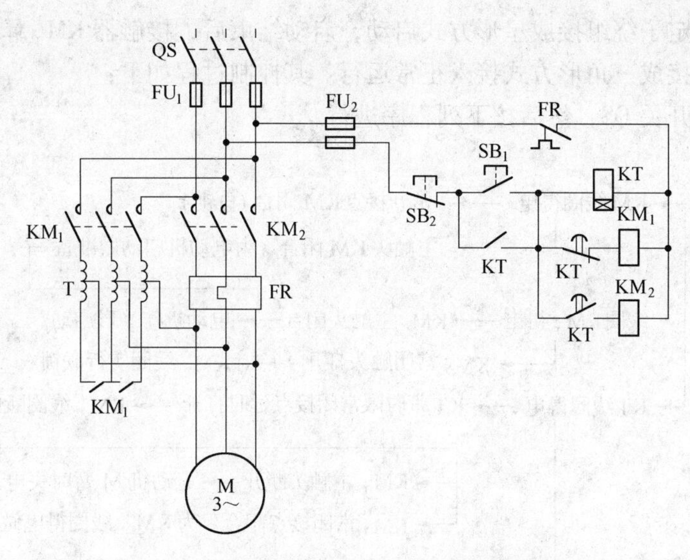

图 2-34 定子串自耦变压器启动控制线路

自锁，KM_1 线圈得电后，KM_1 触点闭合，电动机 M 串自耦变压器启动。当时间继电器 KT 到达预先整定的延时值时，一方面其延时常闭触点断开，KM_1 线圈失电，自耦变压器被切断；另一方面，时间继电器 KT 的延时常开触点闭合，接通接触器 KM_2 线圈电路。KM_2 主触点闭合，电动机定子绕组直接与电源相连，投入正常运行。

这种启动方法和定子串电阻相比，在同样的启动转矩下，对电网的电流冲击小，功率损耗小，但自耦变压器结构较电阻复杂，造价高。这种电路用于容量较大的鼠笼式异步电动机的启动。

2.6.3 星形-三角形启动

星形-三角形（Y－△）启动适用于正常运行时定子绕组为三角形接线的电动机。在启动时，将定子绕组接成星形，以降低每相绕组的电压，启动结束后，再将定子绕组恢复为三角形接线。定子绕组接成星形方式启动，每相绕组电压只有三角形接线时的$\frac{\sqrt{3}}{3}$倍。这种启动方式可以有效地限制启动电流，但其启动转矩较小，只有三角形接线直接启动时的$\frac{1}{\sqrt{3}}$，因而只适于空载或轻载启动的场合。

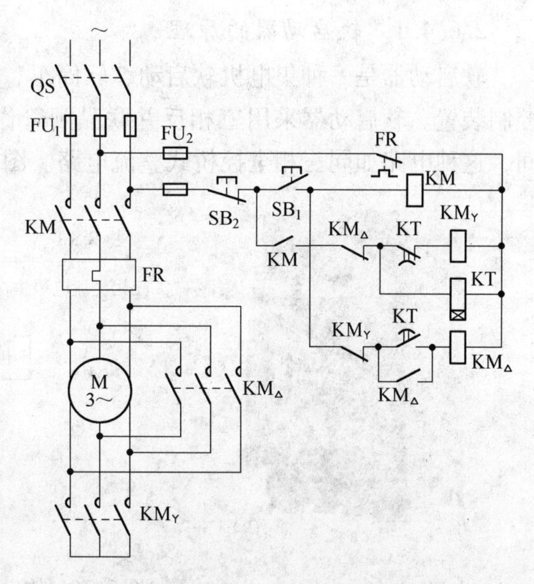

图 2-35 星形-三角形启动控制线路

星形-三角形降压启动控制线路如图 2-35 所示。接触器 $KM_\triangle$ 和 KM_Y 用来控制三相定子绕组的接线方式。接触器 KM 和 KM_Y

得电时，电动机定子绕组接成星形方式启动，启动结束后，接触器 KM_Y 释放，$KM_\triangle$ 吸合，电动机定子绕组接成三角形方式接入正常运行。其控制过程如下：

先合上电源开关 QS，然后按下列程序进行。

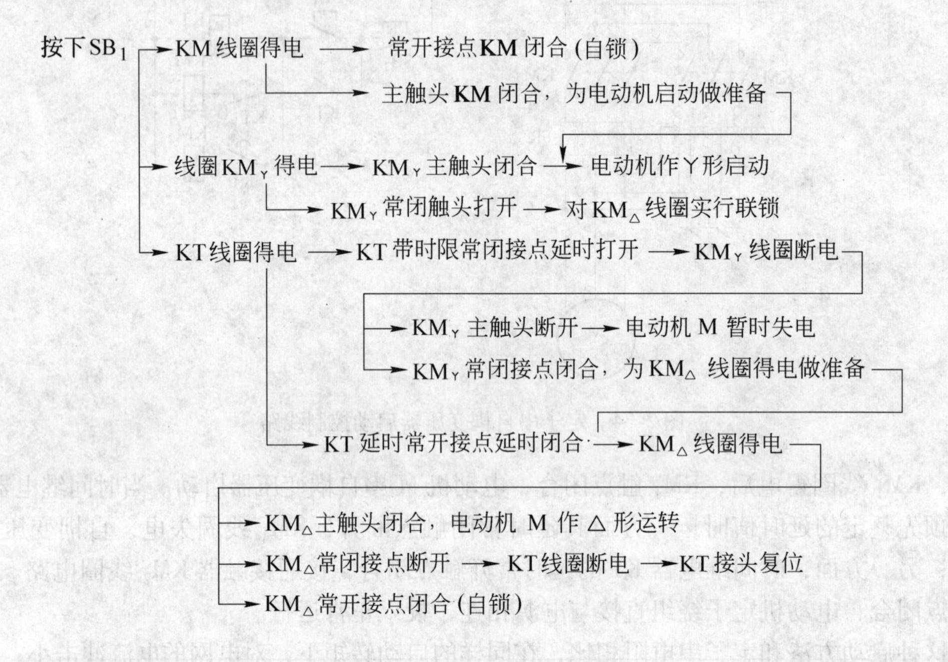

对于功率在 125kW 以下的鼠笼式异步电动机，可直接选用配套的星形-三角形启动器来进行降压启动控制。常用的星形-三角形启动器有 QX3 等系列，可根据电动机的容量来选择。

2.6.4 软启动器控制

2.6.4.1 软启动器的原理

软启动器是一种集电机软启动、软停车、轻载节能和多种保护功能于一体的新型电机控制装置。软启动器采用三相反并联晶闸管作为调压器，将其接入电源和电动机定子之间，这种电路如同三相全控桥式整流电路。图 2-36 所示为软启动器的原理图。

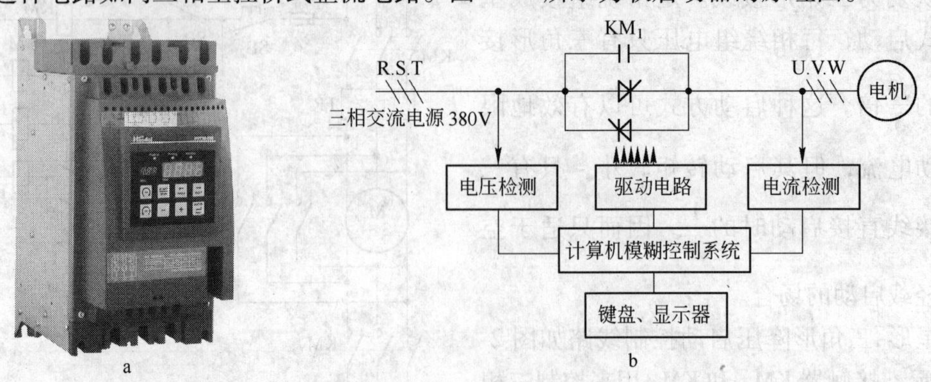

图 2-36 软启动器示意图
a—软启动器外形；b—软启动器原理图

使用软启动器启动电动机时，晶闸管的输出电压逐渐增加，电动机逐渐加速，直到晶闸管全导通，电动机工作在额定电压的机械特性上，实现平滑启动，降低启动电流，避免启动过流跳闸。待电机达到额定转数时，启动过程结束，软启动器自动用旁路接触器取代已完成任务的晶闸管，为电动机正常运转提供额定电压，以降低晶闸管的热损耗，延长软启动器的使用寿命，提高其工作效率，又使电网避免了谐波污染。软启动器同时还提供软停车功能，软停车与软启动过程相反，电压逐渐降低，转数逐渐下降到零，避免自由停车引起的转矩冲击。

2.6.4.2 软启动器保护功能

软启动器保护功能主要有：

(1) 过载保护功能：软启动器引进了电流控制环，因而随时跟踪检测电机电流的变化状况。通过增加过载电流的设定和反时限控制模式，实现了过载保护功能，使电机过载时，关断晶闸管并发出报警信号。

(2) 缺相保护功能：工作时，软启动器随时检测三相线电流的变化，一旦发生断流，即可作出缺相保护反应。

(3) 过热保护功能：通过软启动器内部热继电器检测晶闸管散热器的温度，一旦散热器温度超过允许值后自动关断晶闸管，并发出报警信号。

(4) 其他功能：通过电子电路的组合，还可在系统中实现其他种种联锁保护。

2.6.4.3 软启动器控制电路

图2-37所示为一软启动控制电路原理图，图中选择开关K转至直接启动方式时，按下启动按钮SB_1，这时KM_1、KM_3接通控制电动机直接启动。当选择开关K转至软启动方式时，按下启动按钮SB_1，则KM_1得电，由软启动控制器控制电动机按一定程序启动，启动结束后软启动器控制KM_2接通，将软启动器切成，电动机进入正常运行状态。

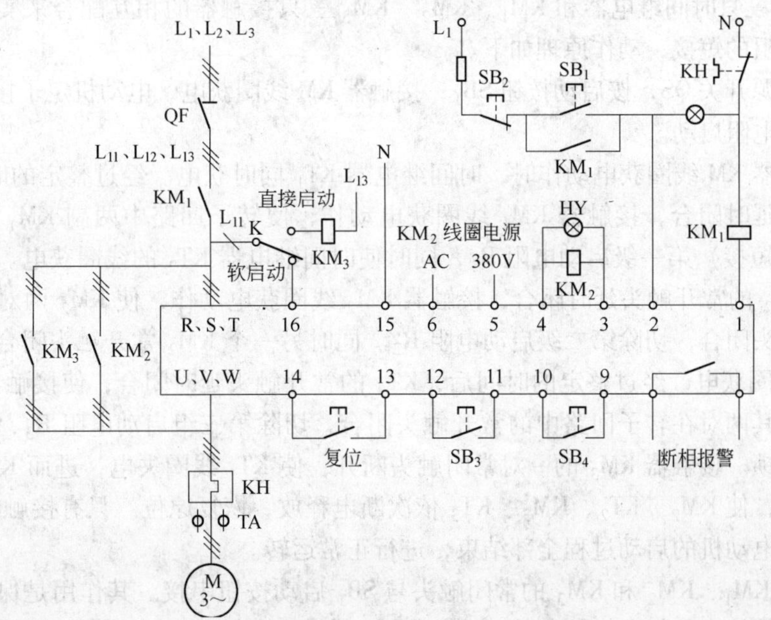

图2-37 软启动控制电路原理图

2.7 绕线式异步电动机的启动控制

鼠笼式异步电动机采用降低绕组端电压的方法启动，可以减小启动电流，但也同时降低了启动转矩。对需要重载启动的生产机械，采用这种电动机就不能满足生产要求，这时可采用绕线式异步电动机。

绕线式异步电动机的转子结构不同于鼠笼式异步电动机，其转子由三相转子绕组和转子铁芯组成。三相转子绕组接在固定转轴上的三个相互绝缘的滑环上，通过滑环上的电刷可以把三相转子绕组线头引出。绕线式异步电动机的启动是在转子绕组回路串接适当电阻或电抗器来降低启动电流。绕线式异步电动机的启动电流

$$I_g \approx \frac{U_1}{\sqrt{r_L^2 + X_{L0}^2}}$$

式中 U_1——定子端电压；

r_L——转子每相绕组电阻；

X_{L0}——转子每相绕组的感抗。

当转子绕组串入电阻或电抗器时，r_L或 X_{L0}增加，启动电流下降。这种方法的定子端电压保持不变，可以保证电动机有较大的启动转矩。

2.7.1 转子串电阻启动

转子串电阻启动，是在电动机启动时通过电刷和滑环在三相转子绕组中串入对称三相电阻，启动过程中随电动机转速的升高逐步切除电阻，启动结束后，将转子绕组短接。

图 2-38 所示为绕线式异步电动机自动启动控制线路，这个控制线路是依靠 KT_1、KT_2、KT_3，三只时间继电器和 KM_1、KM_2、KM_3 三只接触器的相互配合来实现转子回路三段启动电阻的短接，动作原理如下。

合上电源开关QS，按启动按钮SB_1，接触器KM线圈获电，电动机定子接通电源，转子串接全部电阻启动。

当接触器KM线圈获电动作时，时间继电器 KT_1 同时获电。经过整定的时间后，KT_1 的常开触头延时闭合，接触器 KM_1 线圈获电动作，使转子回路中两副 KM_1 常开触头闭合，切除（短接）第一级启动电阻 R_1，同时使时间继电器 KT_2 的线圈获电。经过整定的时间后，KT_2 的常开触头延时闭合，接触器 KM_2 线圈获电动作，使 KM_2 两对在转子回路中的常开触头闭合，切除第二级启动电阻 R_2。同时另一个 KM_2 常开触头闭合，使时间继电器 KT_3 线圈获电，经过整定的时间后，KT_3 的常开触头延时闭合，使接触器 KM_3 线圈获电动作，其两对在转子回路中的常开触头闭合，切除第三组启动电阻 R_3，另一对常开触头闭合自锁。接触器 KM_3 的一对常闭触头断开，使 KT_1 线圈失电，进而 KT_1 的常开触头瞬时断开，使 KM_2、KT_2、KM_3、KT_3 依次断电释放，恢复原位。只有接触器 KM_3 保持工作状态，电动机的启动过程全部结束，进行正常运转。

接触器 KM_1、KM_2 和 KM_3 的常闭触头与 SB_1 启动按钮串接，其作用是保证电动机在转子回路全部接入外加电阻的条件下才能启动。如果接触器 KM_1、KM_2 及 KM_3 中任何一组触头因焊住或机械故障而没有释放时，启动电阻就没有全部接入转子回路里，启动电流

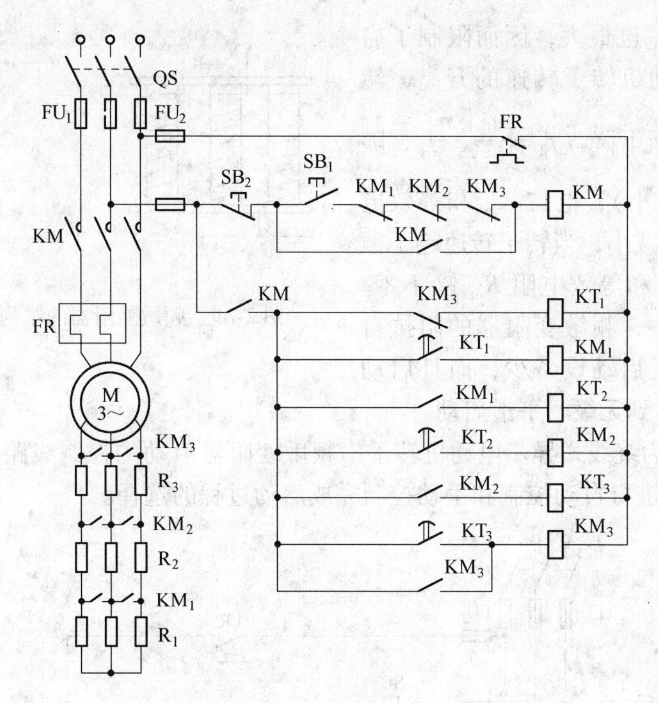

图 2-38 绕线式异步电动机自动启动控制线路

就超过规定的值。因此，接触器 KM_1、KM_2 及 KM_3 的常闭触头只要有一个没恢复闭合时，电动机就不可能接通电源直接启动。在线路中，只有接触器 KM 和 KM_3 长期通电，而 KM_1、KM_2、KT_1、KT_2、KT_3 只是在启动阶段短时通电。

这种控制线路中的启动电阻还可用来调速。当电动机需要降低转速时，在转子绕组中串入相应的电阻即可。因此，这种启动控制电路多用于需要调速的设备。

采用转子串电阻启动，具有启动电流小，启动转矩大，允许在重负荷下启动等优点，但采用这种方式启动所用电器元件多，结构复杂造价高，维修量大，且电阻上电能耗损大，目前已逐步被变频调速器控制取代。

2.7.2 转子串频敏变阻器启动

转子串电阻启动方法在启动过程中由于逐段切除电阻，电流和转矩都会有突变，且控制线路复杂，使用电器较多，因此，近年来在工矿企业中广泛采用转子串频敏变阻器启动代替转子串电阻启动。

频敏变阻器是一种阻抗值随频率变化的特殊电抗器。它由铁芯和绕组两部分组成，其铁芯是用几十毫米厚的铸铁板或钢板叠成的。铁芯中的涡流损耗很大，涡流损耗可用一个等效电阻 R_m 来反映。由于涡流损耗与频率的平方成正比，所以等效电阻 R_m 也随频率而变化，故称为频敏变阻器。频敏变阻器的三相绕组可接成星形或三角形。图 2-39 所示为频敏变阻器的结构示意图和等效电路。

频敏电阻器采用图 2-39 中 b 图来等效，R_b 为绕组本身电阻，R_m 为涡流损耗等效电阻，X_m 为绕组电抗，R_m 和 X_m 都随频率的变化而变化。把频敏变阻器串入转子绕组，当电动机启动开始时，转子绕组中电流频率 f_2 等于定子电流频率 f_1，此时频率 f_2 最大，电抗

X_m 和等效电阻 R_m 也最大，因而限制了启动电流。随着电动机转子转速的升高，转子电流频率 f_2 逐渐下降（$f_2 = \frac{n_0 - n}{n} f_1$，随着 n 的增加，f_2 减小），电抗 X_m 和等效电阻 R_m 也随之自动减小，当转子转速趋于额定值时，电抗 X_m 和等效电阻 R_m 趋于零。在整个启动过程中，频敏变阻器的阻抗自动减小。这样不仅启动设备少，而且启动速度平稳，可以达到无级、平滑启动。

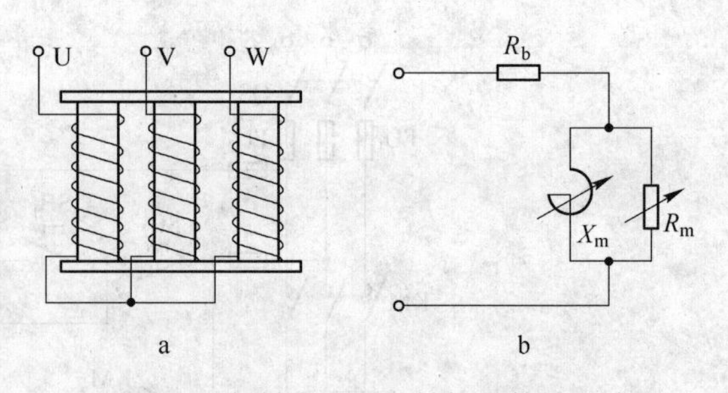

图 2-39　频敏变阻器的结构和等效电路

图 2-40 所示为绕线式异步电动机转子串频敏变阻器启动的控制线路。该线路可以利用转换开关 SA 来进行自动控制和手动控制完成启动过程的选择。

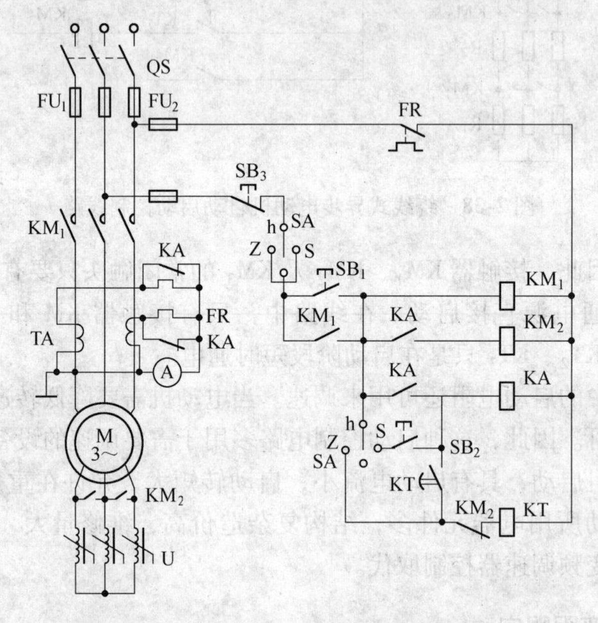

图 2-40　转子串频敏变阻器启动控制线路

采用自动控制时，将转换开关 SA 拨到自动位置（即 Z 位置），时间继电器 KT 将起作用。然后按下启动按钮 SB_1，接触器 KM_1 线圈获电动作，其三副主触头闭合使电动机接通电源启动，转子回路中的频敏变阻器产生作用，一对常开辅助触头闭合自锁。与此同时，时间继电器 KT 线圈获电动作，经过整定的时间后，KT 的常开触头延时闭合，中间继电器 KA 线圈获电，KA 常开触头闭合，使接触器 KM_2 线圈获电动作，KM_2 主触头闭合，将频敏变阻器短接，启动完毕。启动过程中，中间继电器 KA 不带电，故 KA 的两对常闭触头将热继电器 FR 的发热元件短接，以免因启动过程较长而使热继电器过热产生误动作。启动结束后，中间继电器 KA 的线圈获电动作，其两对常闭触头断开，热继电器 FR 的发热元件又接入主电路工作。图中 TA 为电流互感器，它的作用是将主电路中的很大实际电流变换成较小电流，串于热继电器热元件反映过载程度。

频敏变阻器具有结构简单，材料和加工要求低、启动性能好、使用寿命长、维护方便等优点，从而得到广泛应用。

2.7.3 转子串水电阻启动

水电阻是指利用电解液的阻值特性，通过调节极板间距离来实现电机的软启动或者调速。水电阻的基本原理是靠溶解在水中的电解质（$NaHCO_3$）离子导电，电解质充满于两个平面极板之间，构成一个电容状的导电体，自身无感性元件，故与频敏、电抗器等启动设备相比，有提高电动机的功率因数、节能降耗的功能。水电阻串入电动机定子回路以后，不仅能改变电动机的转差率 S，达到调速的目的，还能增加电动机启动时的转矩，减小启动电流。具有平滑无级调速，并可使转速达到额定转速。水阻调速器是以改变串入电机转子回路的水电阻来调节电机转速的，电阻越大，电机转速越低；电阻为零，电机达到全速。为了克服调速过程中水电阻过热现象，可增加循环冷却装置。

水电阻优点：

（1）作电动机启动之用，水阻软启动器具有启动电流小，启动平稳等优点；

（2）可用于大中型绕线异步电动机调速，调速比可达2∶1，与变频调速、可控硅串级调速相比更经济可靠实用，且维护简单；

水电阻缺点：

（1）通过调节极板距离改变电阻，精度和灵敏度低；

（2）需要经常加水；

（3）环境温度变化对启动特性有影响，温度变化比较大的地方一般需要加装空调。

在选煤厂中可用于大型水泵、磨机的软启动。图2-41所示为转子串水电阻启动电路原理图。

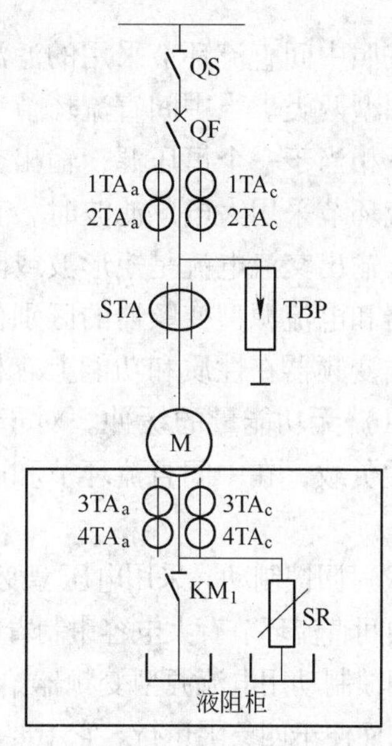

图2-41 转子串水电阻启动控制原理图

2.8 交流电动机的变频调速

2.8.1 变频调速的原理

由交流异步电动机同步转速公式

$$n_0 = \frac{60f}{p} \tag{2-3}$$

式中 n_0——旋转磁场的转速，通常称为同步转速；

f——电流的频率；

p——旋转磁场的磁极对数。

可知，当频率 f 连续可调时，电动机的同步转速 n_0 也连续可调。又因为异步电动机的转子转速 n_M 总是比同步转速 n_0 略低一些，所以当 n_0 连续可调时，n_M 也连续可调。

异步电动机变压变频调速系统，必须具备能同时控制电压幅值和频率的交流电源，而电网提供的是恒压恒频（CVCF）的电源，必须通过变压变频（VVVF）装置来获得变压变频的电源。变频器主要由主回路相控制回路两部分组成，按其主电路的拓扑结构，变频器可分为交-直-交变频器（也称间接变频器）和交-交变频器（也称直接变频器），如图2-42所示。

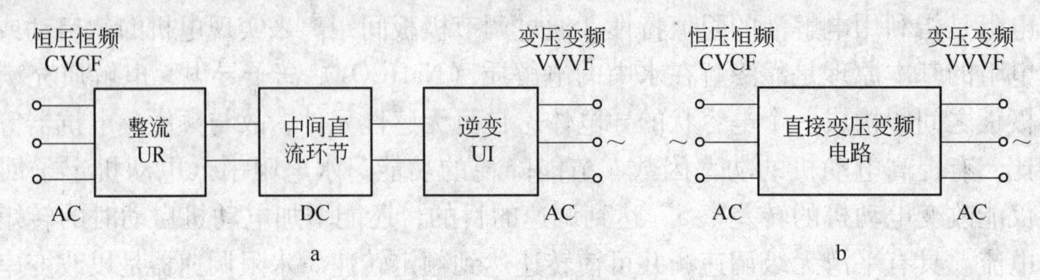

图2-42 变频器结构示意图

a—交-直-交变频器主电路结构；b—交-交变频器主电路结构

按照中间直流环节采用的滤波器种类的不同，交-直-交变频器又可以分成电压源型和电流源型两类。当中间直流环节采用大电容滤波时，直流回路中电压波形比较平直，理想情况下相当于一个恒压源，输出交流电压是矩形波或阶梯波，称为电压源型变频器；当中间直流环节采用大电感滤波时，直流回路中电流波形比较平直，理想情况下相当于一个恒流源，输出交流电流是矩形波或阶梯波，称为电流源型变频器。从主电路上看，电压源型变频器和电流源型变频器的区别仅在于中间直流环节滤波器的种类不同。可是这一区别却使两类变频器在性质和功能上有相当大的差异，主要表现如下：

(1) 无功能量的缓冲。对于变压变频调速系统来说，变频器的负载是异步电动机，属感性负载，在中间直流环节和电动机之间，除了有功功率的传送外，还存在无功功率的交换。

(2) 回馈制动。采用电压型变频器的调速系统要实现回馈制动和四象限运行比较困难，因为其中间直流环节有大电容钳制着电压，使之无法迅速返回，而且电流也不能反向，所以无法实现回馈制动用电流源型变频器给异步电动机供电的调速系统的显著特点是容易实现回馈制动，从而便于四象限运行。它主要适用于需要制动和经常正反转的机械。

(3) 调速时的动态响应。由于交-直-交电流源型变频器的直流电压可以迅速改变，所以调节系统的动态响应较快，而电压源型变压变频调速系统的动态响应相对较慢。

(4) 适用范围。电压源型变频器属于恒压源，电压控制相应慢，所以适合于作为多台电机同步运行时的供电电源，而且不要求快速加减速的场合。电流源型变频器属于恒流源，系统对负载电流变化的反应迟缓，因而适用于单台电机的转动，但可以满足快速启、制动和可逆运行的要求。

2.8.2 变频器的控制电路

变频器的外形如图2-43所示，其端子及接线原理如图2-44所示。

图2-43 变频器外形图

在选煤厂中变频器主要用途为：

(1) 实现大功率设备（如胶带输送机等）的软启动控

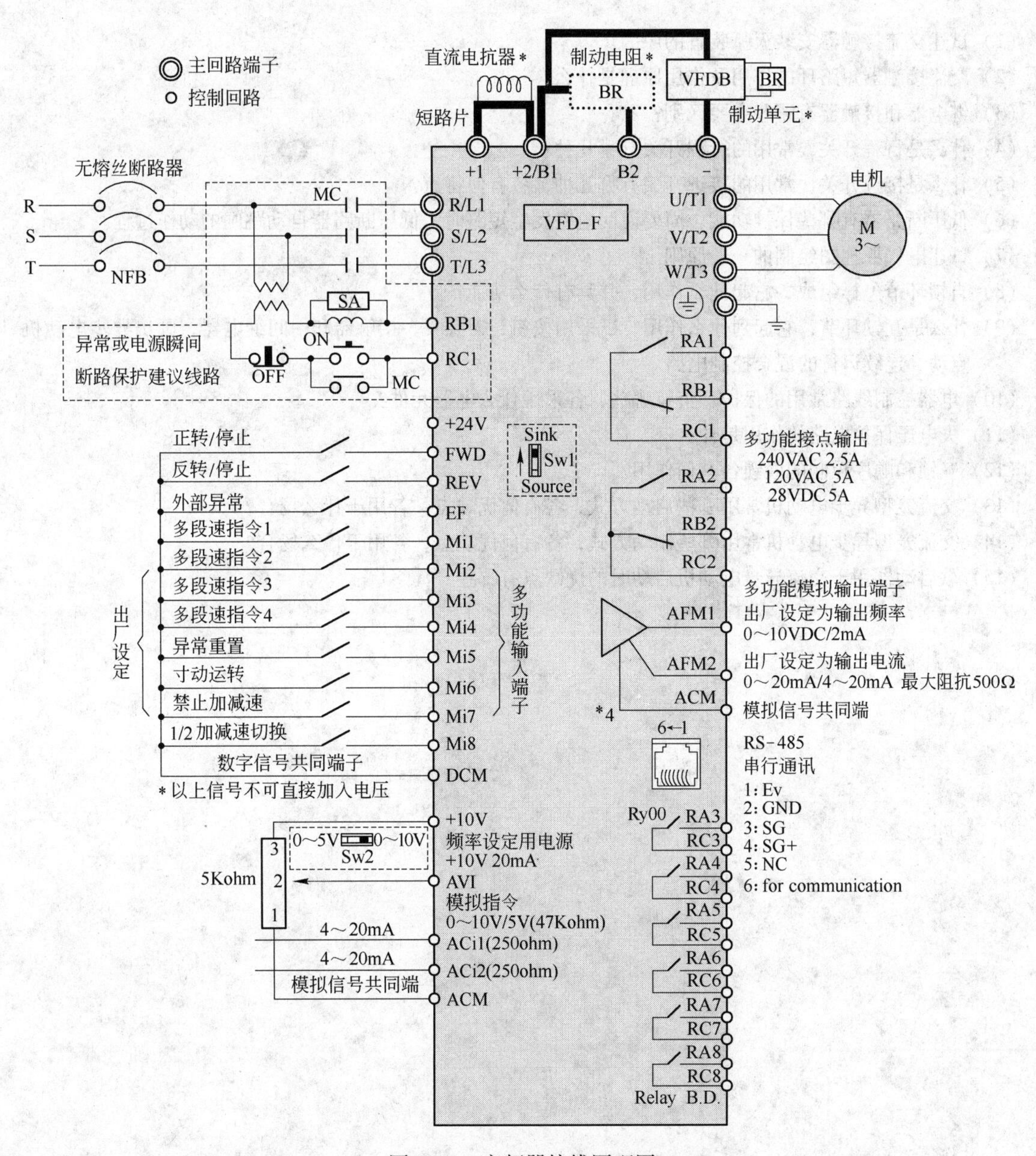

图 2-44 变频器接线原理图

制，较少大功率设备直接启动对电网的冲击和对机械设备的冲击；

（2）对于需要变速的设备进行变频调速，可以实现无级调速；

（3）它具备多种信号输入输出端口，接收和输出模拟信号、数字信号、电流、电压信号，便于实现设备和工艺过程的自动控制；

（4）使用变频器可以优化电动机及机械设备（如风机等）的运行状况，实现节能。

思 考 题

(1) 试述交流接触器安装灭弧装置的原因。

(2) 交流接触器短路环的作用及作用原理是什么?

(3) 继电器和接触器有哪些主要区别?

(4) 什么是行程开关，常用的行程开关有哪几种?

(5) 什么是接近开关，常用的接近开关有哪几种，各有何特点?

(6) 低压断路器有哪些保护功能，简要说明电路发生短路时，低压断路器自动跳闸的动作过程。

(7) 试述电气原理图绘制的一般原则。

(8) 自锁环节怎样组成，它起什么作用，并具有什么功能?

(9) 什么是互锁环节，它起到什么作用，试采用按钮、刀开关、接触器和中间继电器，画出异步电动机点动、连续运行的混合控制电路。

(10) 电器控制线路常用的保护环节有哪些，各采用什么电器元件?

(11) 失电压保护电路的作用是什么?

(12) 互锁和顺序控制的联锁各有何作用?

(13) 交流笼型异步电动机常用哪些启动方式，各有何优缺点，各用于什么场合?

(14) 交流笼型异步电动机常用哪些制动方式，各有何优缺点，各用于什么场合?

(15) 软启动器用于交流异步电动机启动时的优缺点有哪些?

3 计算机控制技术基础

【本章学习要求】

(1) 了解计算机控制发展的概况及控制系统的特点、分类；
(2) 熟悉计算机控制系统的信号流程及控制系统组成；
(3) 熟悉计算机控制过程设计的原则、方法及过程；
(4) 熟悉过程控制系统的组成、分类、性能指标及被控对象的特性；
(5) 掌握常用的控制算法。

计算机具有运算速度快、精度高、存储量大、编程灵活、通信能力强等特点，已经成为各种工业过程控制中不可或缺的控制工具，矿物加工过程的控制也不例外。

一般地，由被控过程和常规仪表所组成的控制系统称为常规控制系统；而由被控过程和计算机所组成的控制系统则称为计算机控制系统。计算机控制技术是计算机、自动控制理论、自动化仪表等项技术紧密结合的产物。计算机为现代控制理论的应用提供了有力的工具；自动化仪表也发展到了以各种形式的计算机为核心的智能仪表阶段。利用计算机快速强大的数值计算、逻辑判断等信息加工能力，计算机控制系统可以实现比常规控制更复杂、更全面的控制方案。同时，计算机在工业控制领域的应用过程中，提出了一系列理论与工程上的问题，又进一步推动了计算机技术的发展，出现了各种专门用于工业现场的计算机。总之，计算机技术与控制技术的结合，有力地推动了过程控制技术的发展，大大扩展了控制技术在工业生产中的应用范围，特别是使复杂的、大规模的自动化系统发展到了一个崭新的阶段。

典型的计算机控制有直接数字控制（Direct Digital Control，简称 DDC）、集散控制系统或分散控制系统（Distributed Control System，简称 DCS）、现场总线控制系统（Field Control System，简称 FCS）、可编程控制器系统（Programmable Controller System，简称 PCS）。其中，直接数字控制是计算机控制技术的基础。

本章在概述计算机控制的基础上，围绕直接数字控制介绍微型计算机控制的硬件、软件、应用等基础技术。

3.1 计算机控制概述

3.1.1 计算机控制的发展概况

世界上第一台电子计算机于 1946 年问世。到 20 世纪 50 年代初，就出现了把计算机作为控制部件的思想，并首先应用在导弹、飞机等军事控制上。但由于当时的计算机体积大、可靠性差、成本高、耗电多，所以不可能广泛应用。

又经历了几年研究后，20 世纪 50 年代末，有了计算机控制系统，并在工业生产中投入运行。1956 年初 Tomson Ramo Woolrige 航空公司采用 RW－300 计算机，为 Texas 州 Port Arthur 炼油厂研制了一套聚合装置的计算机控制系统，该系统被视为世界上第一套应用于工业生产的过程计算机控制系统。该系统在 1959 年正式投入运行，控制了 26 个流量、72 个温度、3 个压力和 2 个成分。

计算机控制的发展，大致经历了 6 个发展阶段。

第一阶段为开创期（20 世纪 40 年代末期至 50 年代末期）。控制理论处在经典控制理论形成和发展时期；计算机处于电子管计算机时期。这个时期的计算机运算速度慢、价格昂贵、体积大、可靠性差。1958 年前后，计算机的平均无故障时间（Mean Time Between Failures，简称 MTBF）为 50～100h。计算机在控制系统中的作用为数据处理、为操作者提供指导（如通过打印告诉操作人员系统的设定值），简称为操作指导控制系统。

第二阶段为直接数字控制时期（20 世纪 50 年代末期至 60 年代初期）。控制理论发展到现代控制理论阶段；计算机处于以晶体管诞生为标志的第二代时期，计算机运算速度加快，可靠性提高。

1962 年，英国的帝国化学工业公司利用计算机完全取代了原来的模拟控制设备，计算机的数据采集量为 244 个，控制 129 个阀门。模拟技术直接被数字技术代替，而系统的功能不变，称为直接数字控制，简称 DDC。该系统采用 Ferranti Argus 计算机，MTBF 约为 1000h。

这一时期，DDC 系统取得了显著的进步，促进了对采样周期、控制算法及可靠性等计算机控制理论问题的广泛研究。

第三个阶段为小型计算机控制时期（20 世纪 60 年代末期至 70 年代初期）。这正是以采用中小规模集成电路（Medium Scale Integration，简称 MSI）为标志的第三代计算机时期，计算机技术取得了重大发展，运行速度加快、体积变小、工作更可靠，而且价格更便宜，MTBF 提高到约 2000h。到了 20 世纪 60 年代后期，出现了专用于工业控制的小型计算机。由于小型计算机的出现，过程控制计算机的台数从 1970 年的约 5000 台上升到 1975 年的约 5 万台，五年中约增长了 10 倍。

第四个阶段为微型计算机控制时期（20 世纪 70 年代末期至 80 年代初期）。1972 年，生产出采用大规模集成电路（Very Large Scale Integration，简称 VLSI）的微型计算机，使得计算机控制技术进入一个崭新的阶段。微型计算机的最大优点是运算速度快、可靠性高、价格便宜且体积很小，显示技术和通信技术也进一步提高，为集散控制提供了硬件基础。计算机控制从传统的集中控制系统革新为分散控制系统。1975 年，世界上几个主要的计算机和仪表制造厂几乎同时生产出 DCS。例如美国 Honeywell 公司的 TDCS－2000，日本横河公司的 CENTUM 等。

第五个阶段为数字控制广泛应用时期（20 世纪 80 年代）。20 世纪 80 年代，是计算机从第四代进入第五代的过渡时期，其标志为采用超大规模集成电路（Super Large Scale Integration，简称 SLSI）技术，计算机向着超小型化、软件固化和控制智能化方向发展。相比与前一时期 DCS 的基本控制器一般在 8 个回路以上，20 世纪 80 年代中期出现了只控制 1～2 个回路的数字控制器。用数字技术实现控制，成为一般技术。建立在计算机控制上的控制系统，几乎应用到所有控制领域，过程控制、制造业、交通运输业、娱乐业、汽车电子器件、光盘播放器、录像机、家用电器等各个领域都在广泛使用。

第六个阶段为集散控制时期，或分散式控制时期（20 世纪 90 年代至今）。这时，计算机发展正处在第五代计算机时期，网络化和智能模块正以惊人的速度发展着。微处理器（Microprocessor）的发展，深刻影响着计算机控制的发展与应用。

汽车电子器件的发展，导致了被称为单片机的微控制器（Microcontroller）计算机，是一个带有模数转换器、数模转换器、寄存器及与其他设备连接接口的标准计算机芯片。

20 世纪 90 年代，以微处理器和微型计算机为核心的集散控制系统在世界范围内得到研究、开发和普及。计算控制系统在系统配置上，采用组态方式，软件功能丰富、通用性强，使用十分灵活，可以满足不同类型不同规模工厂的要求。

综上所述，经历了半个多世纪的发展，计算机控制理论已经逐步形成，计算机控制系统的分析和设计方法日益完善。随着时间的推移，计算机控制技术业已并还将为科学技术的发展和现代化建设发挥出不可估量的作用。

3.1.2 计算机控制系统的特点

当系统中传递的信号为时间连续信号时，称为连续时间系统（简称连续系统）。而当系统中传递的信号为时间离散信号时，称为离散时间系统（简称离散系统）。如果离散信号的幅值经量化，成为时间和取值都离散的数字信号，则相应的系统称为数字系统。计算机控制系统利用计算机来完成控制任务，是典型的数字控制系统。与连续系统相比较，计算机控制系统具有以下几个特点：

（1）程序控制。计算机控制的控制规律由程序实现。而连续控制系统的控制规律通过电的（也可能涉及气的和液压的）器件实现，如电阻、电容、运算放大器、集成电路等。由程序实现控制规律必然带来丰富的灵活性。要改变控制规律，只要改变控制程序就可以了。而且，可以利用计算机强大的计算、逻辑判断、记忆、信息传递能力，实现那些连续控制很难实现甚至无法实现的更为复杂的控制规律，如非线性控制、逻辑控制、自适应控制、自学习控制及智能控制等。

（2）数字控制。出入计算机的信息都是离散信号，但是，涉及生产过程的过程变量与状态变量以及输出变量往往是连续的。所以，计算机控制系统中有采样、量化、保持等信号变换技术。落实到硬件上，就是需要将模拟量转换成数字量的 A/D 转换器，以及将数字量转换成模拟量的 D/A 转换器，当然还需要一些其他的辅助电路。

计算机控制的控制过程一般可以简单归纳为三个步骤：1）实时数据采集，对被控参数的连续信号进行实时采集，得到数字信号并输入计算机。2）实时决策控制，对采集到的表征被控参数的信号进行分析，并按已确定的控制规律，决定进一步的控制行为。3）实时控制输出，将数字形式的控制决策变换为可以直接输出到执行器的控制信号（对于非模拟形式的执行器，虽然不需要数字信号到模拟信号的转换，但仍需要一定的处理，如信号隔离），在线、实时地实施控制。这三个步骤不断重复，就能使整个系统按照一定的性能指标连续工作。这种循环过程的一次进行称为控制周期。

（3）实时计算控制。计算机对控制规律的计算过程必须与外界世界的时间相协调，即计算机必须在一个控制周期内完成一个控制步的计算量，下一个控制步的计算又必须在下一个控制周期内完成，只有这样，计算机对信号的输入以及计算机输出的信号才能与生产过程“合拍”，不能慢，也不能快。所以，实时是指系统中信号的输入、运算和输出都要在极短的时间内完成，并能根据生产工况的变换及时地进行处理。工业计算机一般都配有实时时钟。

(4) 综合控制。计算机作为控制系统的指挥中心，可以充分发挥其逻辑判断功能、软件功能和分时本领，实现多变量、多回路、多对象、多工况、变参数、自适应与人工智能等方面的综合控制。

(5) 易于实现管控一体化。采用计算机控制可实现控制信息的全数字化，易于建立集成企业经营管理、生产管理和过程控制于一体的管控一体化系统。即建立集成了生产过程控制系统、生产执行系统和企业资源管理系统的综合自动化系统。

当然，由于增加保持器，产生滞后特性，同时重现信号过程中会有信息丢失，再加上软件误差和处理不当，可能会影响系统的性能，因此，计算机控制必须考虑接口、采样周期、量化误差等实际问题。

3.1.3 计算机控制系统的分类

计算机控制系统的分类方法很多，可以按照控制方式简单地分为开环控制系统与闭环控制系统。也可以按照控制规律的不同，分为程序与顺序控制（给定值是时间的预知函数或针对开关量的控制）、比例积分微分控制（计算机的输出信号为包含输入信号的比例、积分、微分的函数）、最少拍控制（通常用在数字随动系统中，要求系统在尽可能短的时间内完成调节过程）、复杂规律的控制（包括串级控制、前馈控制、纯滞后补偿控制、多变量解耦控制、最优控制、自适应控制、自学习控制等）、智能控制等。

按照控制系统中计算机应用的特点和计算机参与控制的方法，即按功能及结构分类，可以分为数据采集与处理系统、操作指导控制系统、直接数字控制系统、监督计算机控制系统、分级控制系统、集散控制系统等从简单到复杂的6类系统。这种分类方法主要针对调节生产过程参数的以模拟量为主的控制。

为适应大规模的、连续的现代化生产而产生的顺序控制是计算机控制的另一大类型。所以，从技术角度和结构特点上，现阶段，计算机控制也常常分为直接数字控制、集散控制系统或分散控制系统、现场总线控制系统、可编程控制器系统等几种主要的典型类型。

下面介绍根据功能及结构划分的6类计算机控制系统。

3.1.3.1 数据采集与处理系统

数据采集与处理系统，也就是数据采集系统（Data Acquisition System ，简称DAS），是计算机应用于生产过程最早、最基本的一种类型，也是其他计算机控制系统的基础，如图3-1所示。系统的主要功能是对过程参数进行采集、处理、显示、记录和报警。可以利用这些采集到的过程输入输出数据，建立或完善被控对象的数学模型。数据采集系统中，计算机不直接参加对过程的控制，对生产过程不产生直接影响。

3.1.3.2 操作指导控制系统

操作指导控制（Operation Guide Control，简称OGC）系统，是基于数据采集系统的一种开环结构，如图3-2所示。计算机根据采集到的数据以及工艺要求，综合大量累积数据

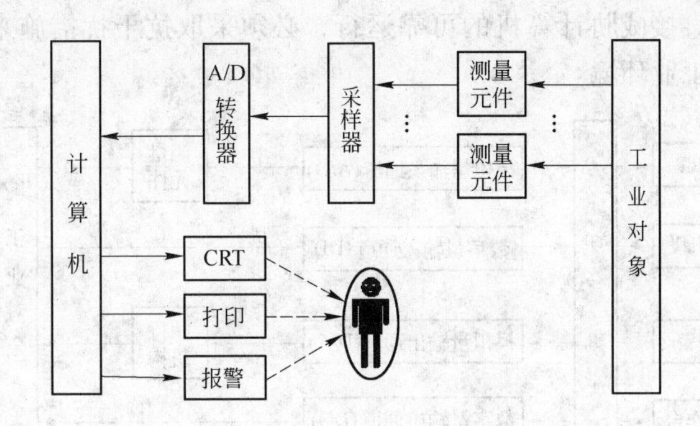

图 3-1　数据采集与处理系统

与实时参数值，分析计算出最优的操作参数，但并不直接用于控制，而是显示或打印出来，操作人员据此改变控制仪表的给定值或操作执行仪表。操作指导控制系统具有结构简单、控制灵活、安全的优点。缺点是由人工操作，速度受到限制，相当于模拟仪表控制系统的手动和半自动工作状态，可以用于计算机控制系统设置的初级阶段，或试验、调试场合。

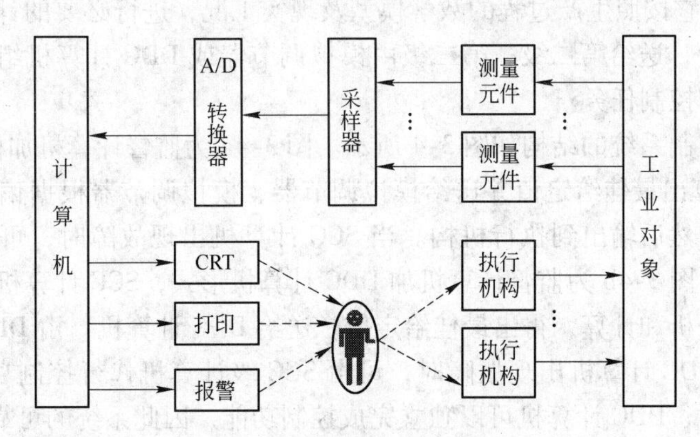

图 3-2　操作指导控制系统

严格地讲，操作指导控制系统还不是自动控制系统，它由“人”手动发出控制命令。但是由于采集了系统的足够信息，操作人员能及时而客观地了解对象的状况，而且比较容易实现；通过手动发出控制命令的方式，安全性强，因此，在实际生产和生活中，操作指导控制系统是很常见的。

3.1.3.3　直接数字控制系统

直接数字控制（Direct Digital Control，简称 DDC）系统，如图 3-3 所示。计算机首先通过模拟量输入通道（A/D）和开关量输入通道（DI）实时采集生产过程数据，然后按照一定的控制规律进行运算，最后发出控制信息，并通过模拟量输出通道（D/A）和开关量输出通道（DO）直接控制生产，使各个被控量达到预定要求。直接数字控制系统属于计算机闭环控制系统，是计算机在工业控制中最典型、最普遍的一种应用方式。

直接数字控制中的计算机直接承担控制任务，所以要求 DDC 计算机实时性好、可靠性高和适应性强。好的实时性能够保证计算机不失时机地完成所有功能。工业现场的环境恶劣，干扰频繁，直接威胁计算机的可靠运行，必须采取抗干扰措施来提高系统的可靠性，使之适应各种工业环境。

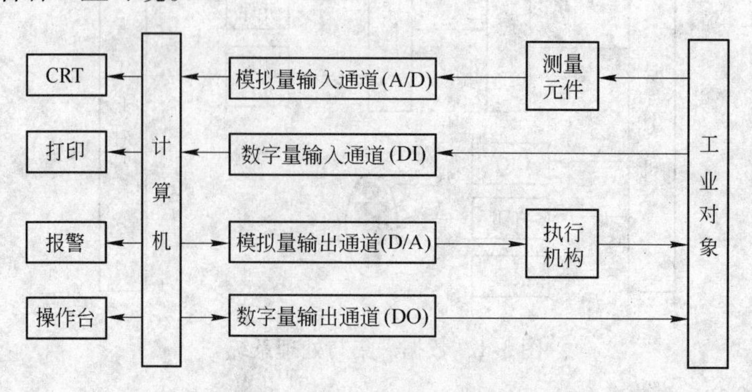

图 3-3 直接数字控制系统

3.1.3.4 监督计算机控制系统

监督计算机控制（Supervisory Computer Control，简称 SCC）系统，是操作指导控制系统和直接数字控制系统的综合与发展，通常采用两级结构，第一级为监督计算机（简写为 SCC 计算机），它按照生产过程的数学模型及现实工况，进行必要的计算，给出最佳给定值或最优控制量，送给第二级；第二级由模拟调节器或 DDC 计算机组成，具体实施由 SCC 计算机下达的控制任务。

监督计算机控制系统的结构如图 3-4 所示。图 3-4a 为监督计算机加模拟调节器形式，由 SCC 计算机计算出最佳给定值并送给模拟调节器，模拟调节器根据偏差按照控制规律计算出控制命令，然后输出到执行机构。当 SCC 计算机出现故障时，可由模拟调节器独立完成控制任务。图 3-4b 为监督计算机加 DDC 计算机形式，SCC 计算机，完成车间或工段一级的最优化分析和计算，得出最佳给定值，送给 DDC 计算机，由 DDC 计算机直接控制生产过程。当 DDC 计算机出现故障时，可由 SCC 级计算机代行控制功能；当然，SCC 计算机出现故障时，DDC 计算机可以独立完成控制功能，因此系统的可靠性大大提高。

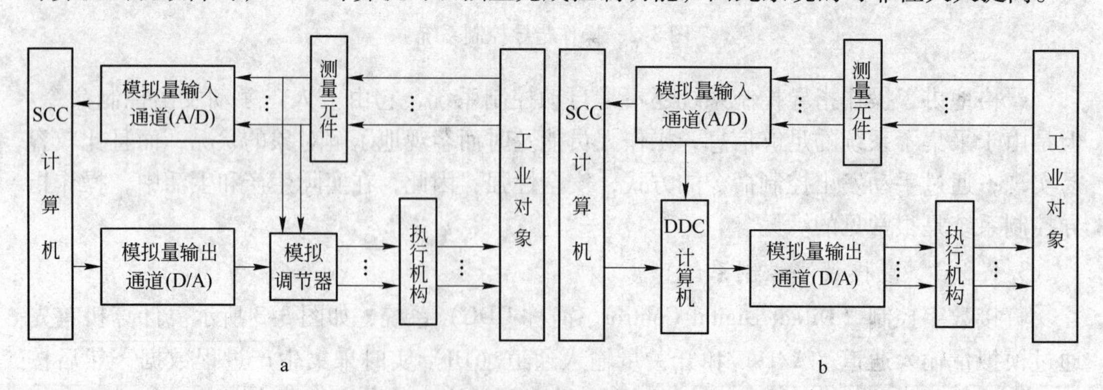

图 3-4 监督计算机控制系统

a—SCC + 模拟调节器控制系统；b—SCC + DDC 控制系统

DDC 计算机直接承担控制任务，要求可靠性高、抗干扰性强、并能独立工作，配置不用太高；SCC 计算机承担高级控制与管理任务，信息存储量大，计算任务繁重，一般选用高性能微机或小型机。

3.1.3.5 分级控制系统

监督控制系统发展到更高一级，就出现了分级控制系统，由直接数字控制、计算机监督控制、集中控制计算机和经营管理计算机四个层次组成，见图3-5。第一级为现场级(DDC)，是过程或装置的控制级，直接承担控制任务，直接与现场连接。第二级为监督控制级（SCC），一般属于车间一级，通过DDC采集的过程数据，以及它本身直接采集到的过程或其他信息，再根据工厂下达的指令，进行优化控制。第三级是集中监控计算机，一般属于工厂级，承担制定生产计划，进行人员调配、库房管理，以及工资管理等，并且还完成上一级下达的任务，以及上报SCC级和DDC级的情况。第四级是经营管理级，一般属于企业级，除了复杂管理生产过程控制，还承担收集经济信息、制定长期规划、销售计划，完成企业的总调度等任务，也负责向主管部门报送数据。

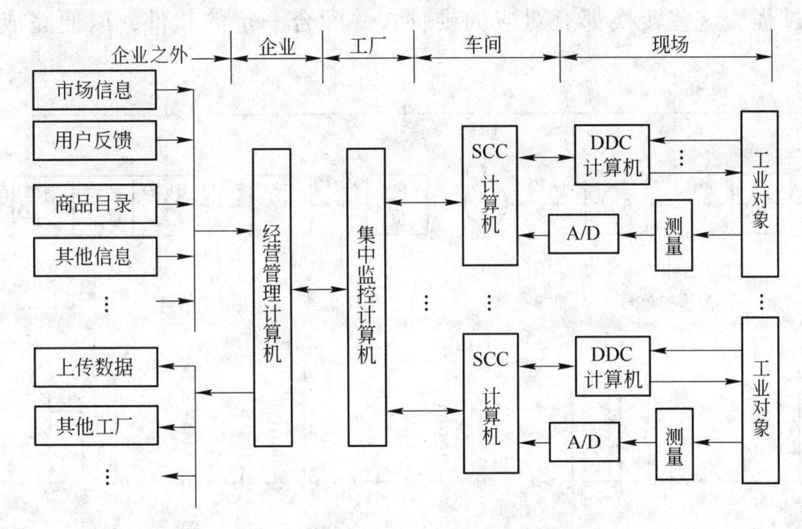

图3-5 分级计算机控制系统

分级控制系统要解决的是一个工厂、一个公司企业或更大范围的总任务的合理配置问题，是一个不仅涉及工程技术，而且还可能包括社会经济、环境生态、行政管理等领域的工程大系统，其基础理论是大系统理论。

3.1.3.6 集散控制系统

集散控制系统也称为分散控制系统（Distributed Control System，简称DCS）或分布式控制系统，但“集散”二字更能体现其本质含义及体系结构。集散控制系统从20世纪70年代中期诞生至今，已经更换了三代。新一代DCS即现场总线控制系统（Field bus Control System，简称FCS）。集散控制系统实现了地理位置和功能上分散的控制，又通过高速数据通道，把分散的信息集中起来进行监视和管理，是综合数据采集、过程控制、生产管理的新型控制模式，可以实现复杂的控制规律。

集散控制系统以微处理器、微型机技术为核心，集成了控制（Control）技术、计算机（Computer）技术、通信（Communication）技术和屏幕显示（Cathode Ray Tube，即CRT）技术，简称“4C”技术。集散控制系统有几个明显特点，分别是采用分级递阶结构（现场控制层+最优控制层+自适应控制层）、采用微机智能技术（自适应、自诊断、自检测等）、采用典型的局部网络和采用高可靠性技术等。

集散控制系统是过程计算机控制领域的主流系统，现已广泛应用于石油、化工、发电、矿业、轻工、制药、建材等工业的自动化中。

3.1.4　计算机控制系统的信号流程

工业过程计算机控制中的被控对象大部分是连续的生产过程，其参数（如流量、温度、物位、压力、成分等）以模拟量为主，这些参数的检测装置及控制它们的执行器也以模拟量为主，而计算机是数字设备，只能够接受和输出数字信号。因此，计算机和被控生产过程之间存在信号的相互转换，从被控对象开始，这些信号依次为模拟信号、离散模拟信号、数字信号、量化模拟信号，最后的量化模拟信号送往执行器，又回到了生产对象。这些信号的转换关系见图3-6。计算机控制系统的工作过程，也就是信号的采集、处理和输出的过程。这些转换都有对应的硬件，并配合一定的软件，以便完成整个控制任务。

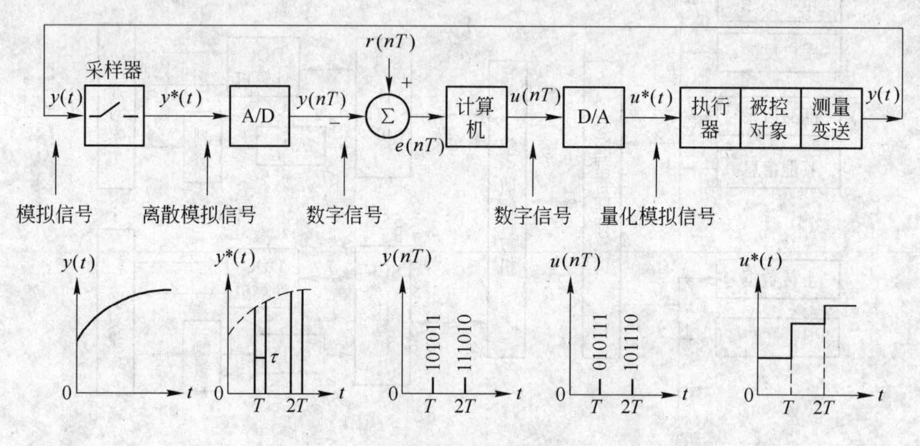

图3-6　计算机控制系统的信号流程

模拟信号 $y(t)$ 是时间和幅值上都连续的信号，是来自生产对象的流量、物位等物理参数的检测仪器仪表的信号。离散模拟信号 $y^*(t)$ 是时间上离散而幅值上连续的信号，是模拟信号 $y(t)$ 按一定采样周期（一般用 T 表示）在 0，$1T$，$2T$，…，nT 时刻采样后得到的序列信号。实现采样的器件称为采样器或采样开关。数字信号 $y(nT)$ 是时间上离散，且幅值上离散量化的信号，是由 $y^*(t)$ 的幅值量化后得到的。这时，被控对象的信息已经可以直接进入计算机进行处理了。计算机按某种控制规律（用程序实现）进行运算后得到送往执行器的控制信号 $u(nT)$，因此 $u(nT)$ 自然是数字信号。

量化模拟信号 $u^*(t)$ 是时间上连续，而幅值上连续量化的信号，是数字信号 $u(nT)$ 按序列顺序 0，$1T$，$2T$，…，nT 零阶保持、幅值连续量化（即，与量化的过程相反）后得到的，可以直接送往接收模拟信号的执行器。零阶保持的原理是将当前采样时刻 nT 的值 $u(nT)$ 简单地保持到下一采样时刻 $(n+1)T$，这样就能由时间上离散的信号得到时间上连续的信号，参见图3-7。

上述信号中，由模拟信号 $y(t)$ 到数字信号 $y(nT)$ 的转换通过模拟量到数字量的转换电路实现，模拟量用符号 A 表示，数字量用符号 D 表示，模拟量向数字量的转换可以

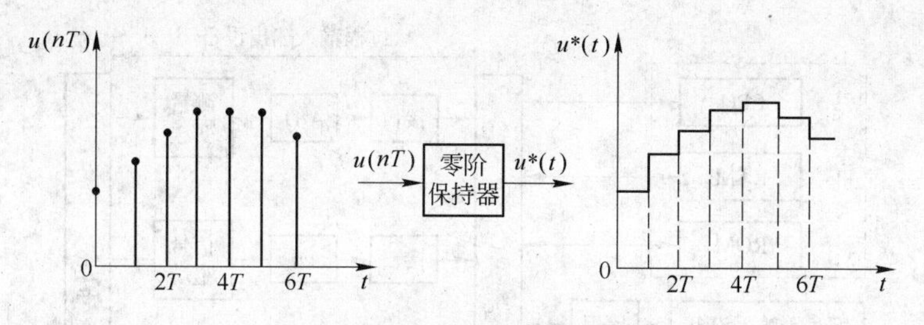

图 3-7 信号的零阶保持

简记为 A/D 转换；用于 A/D 转换的电路称为 A/D 转换器。由数字信号 $u(nT)$ 到量化模拟信号 $u^*(t)$ 的转换通过数字量到模拟量的转换电路实现，数字量向模拟量的转换可以简记为 D/A 转换；用于 D/A 转换的电路称为 D/A 转换器。A/D 转换器与 D/A 转换器是连接被控对象与计算机的桥梁，是计算机控制系统的重要组成部分。

3.1.5 计算机控制系统的组成

如前所述，目前生产过程中应用的计算机控制系统种类很多。但是，直接数字控制系统是其他复杂计算机控制系统（如 SCC、DCS、FCS，甚至 PCS）的基础和有机组成部分。图 3-8 所示为只控制一个被控参量的直接数字控制系统，该图示意了计算机控制系统的典型结构及各部分之间的联系。一个生产过程计算机控制系统，包括生产过程与计算机系统两部分，计算机系统部分包括普通意义上的微型计算机及 A/D 转换器与 D/A 转换器。虽然，设置给定值与计算偏差实际上包括在计算机内部，但为延续常规控制系统的结构表达形式，一般都把这个环节单独画出来。生产过程部分包括被控对象、测量变送装置和执行器，在过程控制中这三部分被称为广义对象。

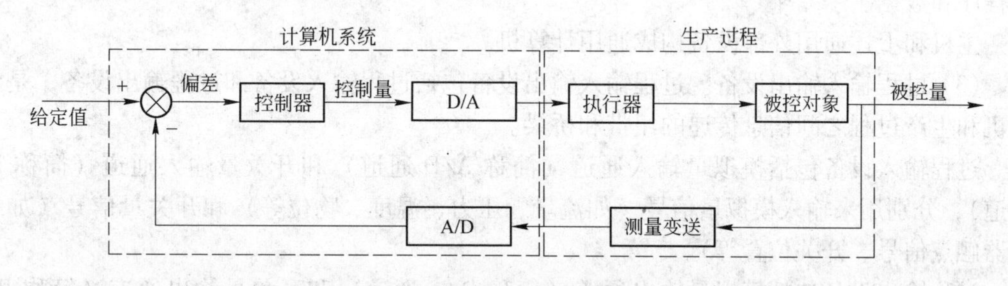

图 3-8 计算机控制系统的典型结构

在分析计算机控制系统组成时，往往把计算机系统部分，以及广义对象之外的控制装置和设施（如操作台）作为重点。所以，此处以计算机系统部分为核心，把计算机控制系统分为硬件和软件两部分。

3.1.5.1 硬件组成

计算机控制系统的硬件主要由计算机（含主机、外部设备）、过程输入输出设备、人机联系设备和通信设备等组成，如图 3-9 所示。

（1）主机。主机由中央处理器（CPU）和内部存储器（RAM、ROM）组成，是整个控制系统的核心。主机根据过程输入设备送来的实时反映生产过程工况的各种信息，以及预定的控制算法，自动地进行信息处理和运算，选定相应的控制策略，并及时通过过程输

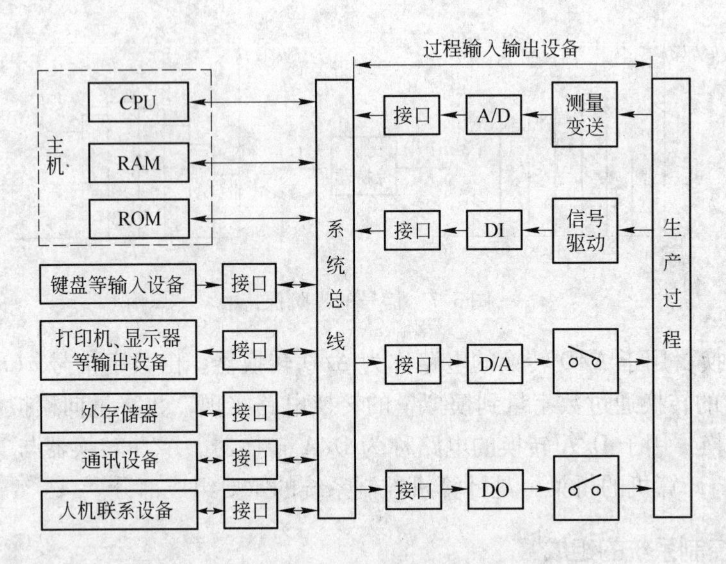

图 3-9　计算机控制系统的硬件组成框图

出设备向生产过程发送控制命令。

（2）外部设备。常用的外部设备按功能可以分为三类：输入设备，输出设备，外存储器。

常用的输入设备是键盘、鼠标，用来输入程序、数据和操作命令。

常用的输出设备是显示器、打印机、绘图仪等，它们以字符、曲线、表格和图形等形式来反映生产过程工况和控制信息。

常用的外存储器是磁盘、光盘、磁带等，外存储器兼有输入和输出两种功能，用来存放程序和数据。

主机和上述通用外部设备构成通用计算机。

（3）过程输入输出设备。过程输入输出设备包括过程输入设备和过程输出设备，是计算机和生产过程之间信息传递的纽带和桥梁。

过程输入设备包括模拟量输入通道（简称 A/D 通道）和开关量输入通道（简称 DI 通道），分别用来输入模拟量信号（如流量、压力、温度、物位等）和开关量信号（如继电器触点信号、开关位置等）。

过程输出设备包括模拟量输出通道（简称 D/A 通道）和开关量输出通道（简称 DO 通道），分别用来输出送往模拟执行器的模拟量信号和开关量信号或数字量信号（如送给步进电机的信号）。

（4）人机联系设备。人机联系设备是实现操作员和计算机之间信息交换的设备，也称为人机接口。包括通用计算机系统中的显示器、键盘鼠标，更包括控制系统专用的显示面板或操作台、记录仪等。人机联系设备的作用主要有显示生产过程的状况，供生产操作人员操纵控制系统，显示操作结果等。

（5）通信设备。通信设备是实现不同地理位置和不同功能的计算机之间或设备之间信息交换的设备。较大规模的控制系统，对生产过程的控制和管理任务复杂，往往需要几台或几十台计算机才能完成，这时，就需要把多台计算机或设备连接起来，构成通信网络。DCS、FCS、中型以上的 PCS，甚至 SCC，都包含有通信设备。

3.1.5.2 软件组成

硬件系统提供了控制的物质基础，但是，把人的思维和知识用于控制过程，就必须在硬件的基础上加软件。软件是各种程序的总称。软件的优劣不仅关系到硬件功能的发挥，而且也关系到计算机对生产的控制品质和管理水平。计算机控制系统的软件通常分为两大类：系统软件和应用软件，见图3-10。

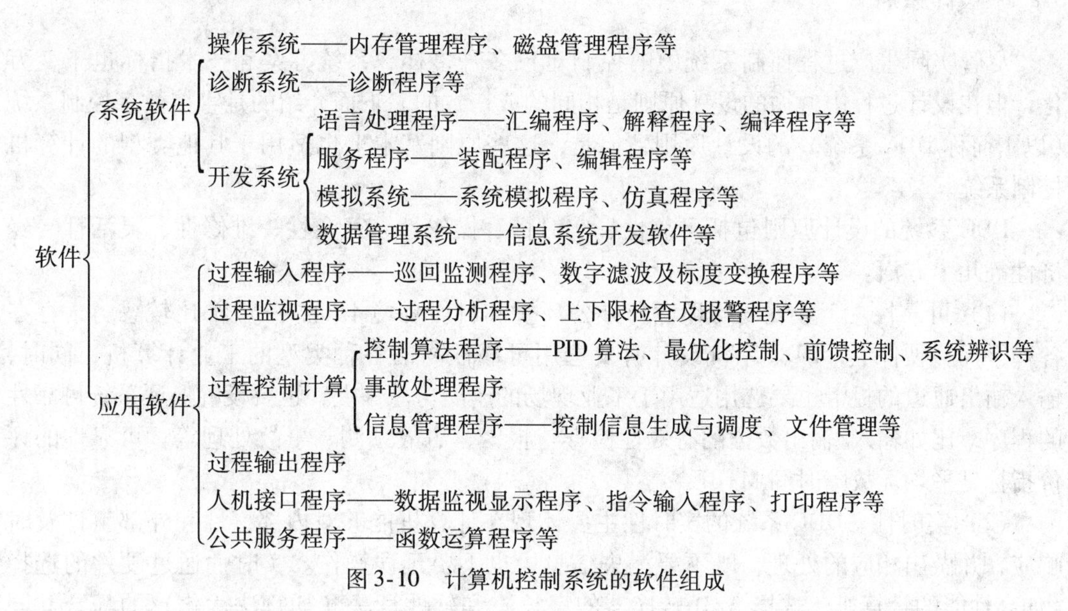

图3-10 计算机控制系统的软件组成

应用软件是系统设计人员针对某个生产系统而编制的专用的控制和管理程序。随着控制系统的变化，应用软件的结构和体系也大不相同。其中过程控制计算程序是核心，是控制算法的具体实现，而控制算法是以经典或现代控制理论为基础的。过程输入程序、过程输出程序分别用于输入通道和输出通道，提供运算数据并执行控制命令。

必须指出，应用软件的质量直接影响系统的控制品质和管理质量，是整个控制系统的指挥中心。

还要注意，计算机控制系统是用于实际生产的系统，其中的计算机必须实时地对生产过程进行控制和管理。实时性作为评价计算机控制系统的重要指标之一，不仅取决于硬件的性能指标，而且更主要地依赖于系统软件和应用软件，尤其是数据处理算法和控制算法。

3.2 计算机控制系统的应用

前面介绍了计算机控制技术的理论部分，本节结合计算机控制系统基础的直接数字控制系统简要介绍计算机控制技术的应用。

微型计算机控制系统的应用包括设计和开发两部分内容。设计是指制定计算机控制系统的总体方案，而开发是指具体实现一个控制系统的完整过程。设计一个计算机控制系统，需要计算机的软硬件、现场检测仪表和执行器，以及控制理论、设计规范等多个方面的知识。要求设计者不仅要有专业知识，而且还要有实践经验，并且熟悉被控对象或生产过程。因此，往往需要工艺人员、控制人员、设备人员的密切协作配合。计算机控制系统的开发，是一个系统工程，分为可行性研究、初步设计、详细设计、系统开发、安装调试、投运、维护等阶段，应把计算机控制系统的应用看作一个“从生到死”的有生命的过程。

3.2.1　设计原则

尽管实际生产过程控制系统中的控制对象多种多样，系统方案和技术指标也千变万化，但在设计过程中遵循的设计原则是相同的或一致的。下面介绍的是直接数字控制系统（以下简称 DDC 系统）的设计原则，但是，这些原则基本上也适用于其他类型的计算机控制系统。

DDC 系统的设计原则包括可靠性、实时性、操作性、冗余性、维修性、灵活性、经济性等几个方面。

（1）可靠性。工业现场的环境与办公环境和科研环境不同，一般都比较恶劣，存在各种干扰。硬件上，DDC 系统设计时要选用可靠性高的各种类型的工业计算机，同时，输入输出通道的板卡也要选用适用于工业现场的产品。软件上，也要设置保证系统可靠性的程序，比如输入/输出数据的有效性检查与报警、事故预测、事故处理等。可靠性的评价指标是平均无故障时间 MTBF。

（2）实时性。DDC 系统的实时性主要体现在计算机能够对内部事件和外部事件及时响应，并做出相应的处理，既不要漏失信息，也不要延误操作。实时性通过硬件的选择（如高性能的计算机、选择 A/D 转换器的字长）和软件算法（如算法优化）的配合共同实现。对于数据采集、控制规律运算、过程状态监视等定时事件，要保证在一个控制周期内完成。对于事故、报警等随机事件，要根据轻重缓急设计优先级别，及时显示和处理。

（3）操作性。DDC 系统的操作性体现在系统的人机界面上，即把系统的信息传给人，以及把人的操作传给系统的软硬件组件。人机界面体现在软件上，主要指系统软件呈现在显示器上的画面、打印功能；体现在硬件上主要是操作台，另外显示面板、键盘和鼠标的操作要通过软硬件配合完成。强的操作性要求系统操作简单、形象直观、图文并茂、容易学习和掌握。计算机画面设计要考虑现场操作人员的知识背景，例如，显示画面可以设计成模拟仪表盘面的模样。

（4）冗余性。为预防计算机故障，DDC 系统最好设计后备装置。对于特殊的过程和对象，可以设计两台计算机，互为备用地执行控制任务，称为双机备份或冗余系统。也可以选用具有控制功能的回路调节器作为备份。冗余性需要统筹考虑安全性和经济性。

（5）维修性。DDC 系统的维修性体现在容易查找故障、容易排除故障。硬件上，可以选择符合国际标准或国家标准的板卡或模块结构或外置式的板卡，以便检查和更换。软件上，计算机系统要配置诊断程序，以便自动查找故障。维修性的评价指标是平均维修时间 MTTR（Mean Time To Repair）。

（6）灵活性。DDC 系统的灵活性与系统的维修性、扩展性有关。硬件上，可以选择积木式结构，并在计算机插槽个数、模拟量输入输出通道数、数字量输入输出点数上留有余量。软件上，遵循结构化程序设计方法和图形界面程序设计技术，比如把常用算法设计成子程序，再如把画面单元设计成控件。也可以采用功能较强（如支持二次开发）的组态软件，灵活“搭建”出系统的应用软件。

（7）经济性。采用计算机控制生产过程的目的之一就是提高生产和管理的经济效益。DDC系统设计时要充分考虑性能价格比，不要盲目追求高性能、高速度，“够用”即可。同时要缩短开发周期，并要求系统的软硬件设计有一定的预见性，保证系统在尽量长的时间内满足生产和市场的需要。更重要的是，不仅要考虑当前的、短期的经济性，还要考虑环境因素等长远经济性。

3.2.2 设计方法

DDC系统出现较早、使用广泛，已经总结出一系列科学的设计方法，常用的方法有规范化设计方法、结构化设计方法。

3.2.2.1 规范化设计方法

规范化设计方法包括技术标准化和文档规格化，这样使系统的开发人员或现场使用系统的人员或其他接触到该系统的人能够有章可循、有案可查，从而保证系统的顺利设计开发、有效使用与维护，或为后来者提供经验。

技术标准化指在设计、制图和制造加工中尽量采用国际和国家或行业的有关标准或规范，如总线标准、通信标准、软件标准、机械标准等。文档规格化是指设计中编写一系列的技术文件时，文字、表格和图形要规范化。

3.2.2.2 结构化设计方法

结构化设计方法是把系统分解成多个既相对独立又相互联系的单元部件，首先纵向分解，然后横向分解。对DDC系统，首先分解为硬件与软件两部分，然后再对硬件和软件按功能分解成多个模块。

硬件结构化体现在电气部分和机械部分的分解。对于IPC，电气部分可以分解成主控单元、输入输出单元和人机联系单元，其中主控单元又可细分为主板、硬盘、光驱等，输入输出单元又可细分为模拟量输入、模拟量输出、数字量输入、数字量输出等板卡，人机联系单元又可细分为操作台、显示器、键盘、鼠标、打印机等，而机械部分可分解为机箱、机架等。

软件结构化体现在系统软件和应用软件的分解。系统软件可以按功能分成几个大的模块，各模块再进一步按子功能细分成子模块，这样逐层分解，直到程序模块，然后再逐行编写代码实现这些程序模块。之后，再自底至顶把这些程序模块组织起来，构成整个软件部分，实现采集、监视和控制的全部功能。

3.2.3 开发过程

DDC系统的开发应该按照系统工程的理论进行，按顺序可分为可行性研究、初步设计、详细设计、系统开发、安装调试、投运、维护等几个阶段。

（1）可行性研究。根据生产过程或设备的控制要求，确定模拟量输入输出通道的数量与数字量输入输出点的数量，以及控制回路和控制功能，进行市场调研，确定系统规模，写出包括系统方案在内的可行性研究报告，并聘请专家进行论证和审查。

（2）初步设计。根据可行性研究报告，确定硬件和软件的基本配置，主要包括：检测装置、执行器等现场仪表的种类和数量、计算机的硬、软件（含系统软件、开发工具及其他应用软件）配置、输入输出通道等，最后要总结成初步设计文件。注意在初步设计阶段就应该遵循有关设计规范，以方便后续设计工作的顺利进行。

（3）详细设计。根据可行性研究报告和初步设计文件，配合工艺、电气、设备等专业进行系统的详细设计，按有关规范和标准完成设计图纸和文件，主要包括：设计说明书、管道仪表设备图（Pipe Instrument Device，简称 PID）、现场仪表数据清单、输入输出通道设计表、控制回路原理图、现场仪表供电图和（或）供气图、现场仪表位置图、材料图与安装图、现场电缆布置图、控制室布置图与供电图等。

（4）系统开发。根据详细设计图纸和文件，完成计算机系统的硬件开发和软件开发，并模拟现场的输入信号，进行硬、软件的初步调试和测试。系统开发还包括操作台、控制柜的制作和调试。系统开发一般在实验室等非现场环境中进行。

（5）安装调试。首先根据详细设计图纸和文件，完成现场仪表的安装与电缆铺设、控制室的建设、控制柜与操作台的安装、计算机系统及其外设的安装等任务，为系统调试做好一切准备。系统的所有硬件安装完毕并能正常通电后，运行软件并依次调试输入通道、输出通道、控制回路、操作显示、打印报表等，直至整个系统硬件、软件全部工作正常并符合系统功能要求。

（6）投运。即投入运行，将计算机控制系统与生产线全部连接起来，监控程序在线运行，边生产边调试，必要时再进一步完善某些功能，直到整个系统达到设计要求。

（7）维护。DDC 系统投运完毕后，系统的维护工作就开始了。系统维护可以简单理解为为维护控制系统的长期、安全运行而开展的所有工作。系统维护是伴随一个过程控制系统“从生到死”的长期工作。

3.2.4 控制系统的逻辑结构和物理结构

计算机控制系统设计中的系统结构实际上是逻辑结构，它与计算机控制系统开发结果中的系统物理结构有时是一一对应的，有时又不完全一致，这主要取决于系统开发时所选择的自动化装置的具体形式。

3.3 过程控制的基本原理

过程控制是针对以连续性物流为主要特征的生产过程中，流量、压力、温度、物位、成分等参数的自动检测和控制。通过在生产设备、装置或管道上配置自动化装置，部分或全部地替代现场工作人员的手动操作，使生产过程在不同程度上自动地进行。这种通过自动化装置来控制生产过程，使其在没有人直接参与的情况下，自动地按照预定规律变化的综合性技术称为生产过程自动化，简称过程控制（Process Control）。

过程控制在石油化工、电力、矿业、轻工、机械制造等各个工业部门都广泛应用。其基本原理是相同的和一致的，只是应用到具体生产过程时的控制方法和策略有所不同。

3.3.1 生产过程对控制的要求

工业生产对过程控制的要求是多方面的，随着工业技术的不断进步，生产过程对控制的要求也愈来愈高。全自动的、无人参与的生产过程是过程控制的终极目标。目前，生产过程对控制的要求可以归结为以下三个方面：

（1）安全性：指在整个生产运行过程中，能够及时预测、监视、控制和防止事故，以确保生产设备和操作人员的安全。安全性是对控制的最重要和最基本要求，需要采取自动检测、故障诊断、报警、连锁保护、容错等技术和措施。

（2）稳定性：指在工业生产环境发生变化或受到随机因素的干扰时，生产过程仍能不间断地、平稳地运行，并保证产品的质量符合要求。稳定性是对控制的主要要求，需要针对过程特征和干扰特点，设计不同的控制算法（也称控制规律）。

（3）经济性：指在保证生产安全和产品质量的前提下，以最小的投资，最低的能耗和成本，使生产装置在高效率运行中获得最大的经济收益。随着市场竞争的日益加剧，经济性成为对控制的必然要求。

过程控制的任务就是在了解、掌握工艺流程和生产过程的各种特性的基础上，根据工艺提出的要求，应用控制理论对过程控制系统进行分析、设计，并采用相应的自动化装置和适宜的控制策略实现对生产过程的控制，最终达到优质、高产、低耗的控制目标。

过程控制意义在于，保证生产的安全和稳定、降低生产成本和能耗、提高产品的质量和产量、改善劳动条件、提高设备的使用效率、提高经济效益等多个方面，同时，对促进文明生产与科技进步，对提高企业的市场竞争力也具有十分重要的意义。现在，自动化装置已经成为大型生产设备和装置不可分割的组成部分，没有自动控制系统，大型生产过程就无法正常运行。生产过程自动化的程度已经成为衡量矿物加工企业现代化水平的一个重要标志。

3.3.2 过程控制系统的组成

如前所述，过程控制就是借助自动化装置，使生产对象或过程在没有人直接参与的情况下，自动地按照某种预定的规律变化。此时，由生产对象或过程以及对其工作状态进行自动调节的自动化装置一起组成过程控制系统。下面，通过一个简单例子来分析控制系统的组成。

图 3-11 所示为浮选机液位人工控制示意图。浮选工艺要求浮选槽中煤浆的液位保持稳定。当浮选入料流量波动，引起煤浆液位不符合规定的高度时，操作司机会观察当前液位，并与规定的液位高度相比较，然后进行判断。当发现当前液位高度高于规定高度时，操作司机会开大泄放调节阀以增加泄放量，使液位下降；反之，当发现当前液位高度低于规定高度时，会减小泄放阀门开度，以使液位升高，从而达到稳定液位的目的。

分析浮选司机控制液位的过程，司机通过眼睛观察液位，并送入大脑进行比较、判断，然后由大脑发出“指令”，控制手去调节泄放调节阀的开度，这是人工控制的过程。如果用自动化装置代替人工进行控制，同样也需要观察、比较与判断，根据判断结果改变调节阀开度等几个环节，所采用的自动化装置分别称为检测装置、控制器（也称为调节器）、执行器，这些装置与浮选机一起就构成了浮选液位自动控制系统，如图 3-12 所示。

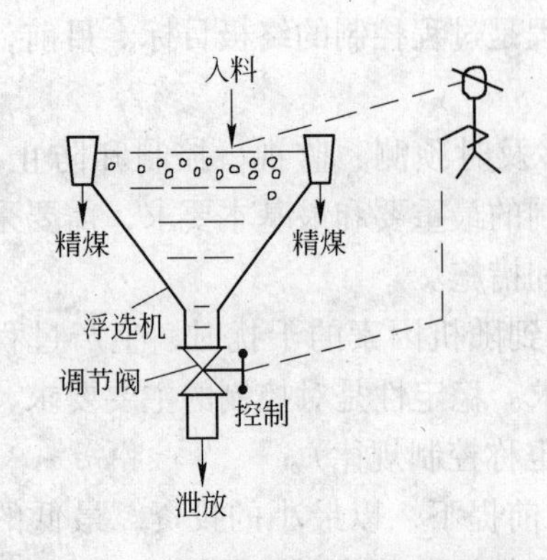

图 3-11　浮选机液位人工控制示意图

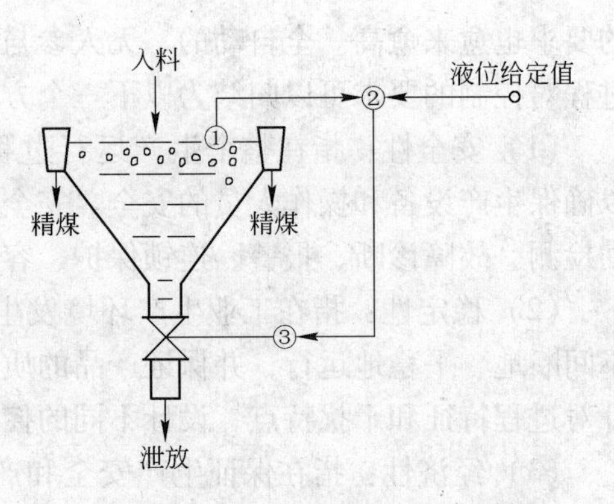

图 3-12　浮选机液位自动控制系统

1—液位计；2—调节器；3—电动执行机构

其中，液位计作为检测装置，用于测量浮选槽液位高度，代替人工控制中司机用眼观察液位。调节器作为控制器，代替人脑对液位高低进行比较判断，将液位计测出的液位与预先设定的液位给定值进行比较，根据当前液位与液位给定值之间的偏差，输出相应的控制命令。电动阀（由电动执行机构和阀组成）作为执行器，代替人手的操作动作，根据控制器输出的控制信号，改变阀门的开度，以改变泄放量。

由以上例子，可以总结出过程控制系统的组成。一般地，一个过程控制系统有以下几个组成部分：

（1）被控对象：指需要控制和调节的设备/装置或生产过程，可简称对象，如图 3-12 中的浮选机。当需要控制的工艺参数只有一个时，生产设备与被控对象是对应的；当一个设备或过程中需要控制的参数不止一个时，被控对象就不再与整个生产设备相对应，而是设备的某一组成部分，甚至是一段输送物料的管道。

（2）检测装置：指测量被控对象中的参数（如上例中液位）的大小，并将其转换成相应的输出信号的装置。如图 3-12 中的液位计。因为许多工业参数测量时，待测参数经感受器得到的量不是电量，为了便于与控制器连接和信号远传，往往要把这个非电量转换成电信号（或其他统一的标准信号），所以检测装置中往往会包含变送环节，此时，检测装置又被称为测量、变送装置。

（3）控制器：指把检测装置得到的检测量与给定量之间的偏差信号变换成相应的控制信号的装置。控制器的任务是输出与偏差信号（大小、方向、变化情况）呈某种关系（这种关系称为控制规律，或调节规律）的调节信号，以控制执行器完成相应的动作。实际的控制器有多种形式，可以是单元仪表，也可以是专用的或通用的计算机。

（4）执行器：指具体完成控制任务的装置，如图 3-12 中的电动阀，通过改变泄放量来改变浮选槽的液位。

（5）给定装置与比较环节：给定装置的作用是用来提供一个与被控量要求值（称为给定值）相对应的电信号（或其他标准信号）。控制系统的给定可以分为内部给定和外部给定两种。内部给定是由控制器内部产生相应的电信号，外部给定则是手动给定信号或由上级控制装置传送来的信号。

比较环节的作用是将给定值与检测装置检测的被控量进行比较，并将两者的偏差送入控制器，以便利用偏差值来调节被控量。

需要指出，当使用计算机或单元仪表作为控制器时，可以不需要给定装置和比较环节，在控制器中直接设定给定值，并且由控制器完成比较运算。所以许多控制系统中看不到单独的给定装置，也看不到单独的比较环节。

所以，可以认为，过程控制系统是由被控对象、检测装置、控制器和执行器四个相互作用的环节组成的系统。图3-12所示自动控制系统中，浮选机为被控对象，液位计为检测装置，调节器为控制器，电动阀为执行器。没有单独的给定环节和比较环节，这两个环节的功能由调节器完成。

在研究自动控制系统时，为了能清楚地表达一个控制系统中各个组成环节及各环节之间的相互影响和信号联系，以便对控制系统进行分析和研究，一般都采用方块图来表示控制系统的组成。在不同的文献中，方块图也称为方框图或框图。典型的单闭环控制系统方块图见图3-13。

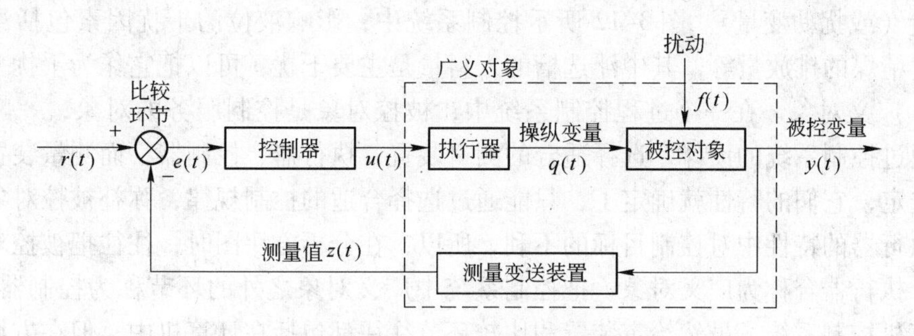

图3-13 单闭环过程控制系统方框图

$r(t)$—给定值，也称为设定值；$z(t)$—测量值；$e(t)$—偏差，$e(t)=r(t)-z(t)$；$u(t)$—控制器输出；$y(t)$—被控变量；$q(t)$—操纵变量；$f(t)$—干扰变量

方块图中，组成控制系统的组成环节用方块来表示，两个方块之间用一条有方向（用箭头表示）的线连接起来，表示方块之间的信号联系，一个方块的带离开箭头连线表示该环节的输出信号，而一个方块的带指向箭头连线表示该环节的输入信号，连线上的符号表示信号的名称。

下面解释方块图中的几个术语：

（1）被控变量。被控对象中需要控制（保持在一定值或按预定规律变化）的物理量称为被控变量。图3-12所示控制系统中，浮选机为被控对象，浮选槽内煤浆的液位为被控变量。被控变量也可简称为被控量。被控变量的选择要根据控制目标来进行，一般是过程的某个工艺参数如产物的数量或质量，也可以是密切影响工艺参数的某个物理量。

（2）操纵变量与操纵介质。受到执行器的操纵，借以使被控变量保持设定值（或按某种预定规律变化）的物料量或能量称为操纵变量。能量往往也由流量来体现。用来实现控制作用的物料（承载操纵变量的物料）称为操纵介质（或操纵剂）。图3-12所示控制系统中，通过改变泄放量来改变浮选槽内煤浆的液位，所以煤浆的泄放量为操纵变量，煤浆为操纵介质。这个例子中，操纵变量与被控变量是同一种物料。许多情况下，操纵变量与被控变量是不同的物料，如锅炉加热控制系统中，被控变量是锅炉内被加热水的液位或温度，而操纵介质是使锅炉加热的煤气，操纵变量是煤气供给量。

（3）给定值与测量值。按照生产工艺的要求，希望被控变量所要达到或保持的数值称为给定值。给定值也称为设定值。图3-12所示控制系统中，需要稳定的浮选槽液位高度为给定值。控制系统中，由测量装置测得的某时刻被控变量的实际值（或当前值）称为测量值。测量值是测量装置的输出信号。图3-12所示控制系统中，液位计测得的当前液位高度为测量值。

（4）偏差。给定值与测量值（被控变量实际值）之差称为偏差。严格意义上，被控变量的实际值与测量值是不可能相等的，但在实际生产中只能得到测量值，用它来代替实际值。通过减少测量装置的测量误差可以使测量值更接近被控变量的实际值。

（5）干扰与干扰变量。除操纵变量之外，能够影响被控变量的因素还有很多，选定操纵变量之后，作用在被控对象上并使被控变量发生变化的因素都称为干扰（或扰动）。控制系统的任务就是不断地克服干扰对被控变量的影响，使被控变量保持在某个值。一个被控对象的干扰往往不止一个，用于表示主要干扰作用或综合干扰作用大小的物理量称为干扰变量（或扰动变量）。图3-12所示控制系统中，影响液位的干扰因素包括浮选槽的入料量、精煤的排放量等，其中浮选槽的入料量是主要干扰，可以把它作为干扰变量。

（6）广义对象。在一个过程控制系统中，被控对象是控制服务的对象，一般是确定的。要通过控制系统的设计，选择适合的测量装置、执行器、控制器，而测量装置与执行器一经选定，它们的特性就确定了，只能通过选择合适的控制规律，弥补被控对象、测量装置、执行器的特性中对控制目标的不利，所以，在分析方块图时，往往把被控对象、测量装置、执行器合称为广义对象。把控制系统中广义对象之外的环节称为控制器。注意，对于计算机控制系统，虽然给定装置和比较环节往往都包括在计算机中，但在方块图中仍然画出来。

（7）反馈。方块图中，每个环节的信息流向都是单向的，由输入端流向输出端。控制系统中，被控变量经过检测装置的测量和变送后，又返回到系统的输入端，与给定值进行比较，这种把系统（或环节）的输出信号直接或经过一些环节重新返回到输入端的方法称为反馈。与反馈相对应的是正馈（或顺馈）。

反馈又分为正反馈和负反馈。负反馈能够使原来的信号向相反的方向变化，例如，图3-12所示控制系统中，当液位的测量值大于给定值，要通过控制作用加大泄放量，使液位降低。所以反馈信号使原来的信号减弱的反馈，称为负反馈。如果反馈信号使原来的信号加强，则称为正反馈。负反馈系统中，系统输出端回馈的信号与设定值相减（或称测量值与给定值方向相反），在方块图中用“-”表示。正反馈用“+”表示。自动控制系统中，采用的是负反馈。正反馈不能单独使用。因为当被控变量受到干扰后，发生变化，只有负反馈才能使控制器的偏差反方向变化，控制器输出的信号输入到执行器，通过改变操纵变量，才能使被控变量向相反的方向变化，只有这样测量值才能越来越接近给定值，从而达到控制目的。对于图3-12所示控制系统，当液位升高（以致高于给定值时）测量值增大，偏差为负且偏差的绝对值增加，控制器会输出信号使调节阀开度增大，从而增大泄放量，浮选槽的液位就会降下来。只有通过反馈控制使偏差逐渐减小，才能保持测量值越来越接近设定值，从而达到控制目的，这与人工控制过程是一致的。如果采用正反馈，偏差 $e(t) = r(t) + z(t)$ 增大，控制器输出的控制信号使调节器开度减小，调节阀的泄放量减小，浮选槽液位会越来越远离给定值，以致煤浆溢出浮选槽，引发事故，这在实际生产中是不允许的，这样的控制系统也达不到控制目的。所以控制系统绝对不能单独采用正反馈。

(8) 闭环与开环。方块图中，任何一个信息沿着箭头方向，最后又回到原来的起点，构成一个闭合回路，这种系统称为闭环系统，可以简称闭环。闭环必定有反馈，只有闭环才能构成反馈。与闭环相对应的是开环，即信号沿箭头方向无法回到信号的起点处，称为开环。

总之，对于图3-12所示控制系统，控制系统的输出量 $y(t)$，经检测装置变换成 $z(t)$ 后，返回到系统的输入端，通过比较环节与给定值 $r(t)$ 相比较，得到偏差 $e(t)=r(t)-z(t)$，偏差信号 $e(t)$ 送入控制器进行运算，然后输出与偏差信号 $e(t)$ 相对应的控制信号 $u(t)$，输入到执行器中，使执行器动作，改变操纵变量 $q(t)$，进而改变被控变量 $y(t)$，直至偏差为零，执行器不再动作，操作变量稳定在某一值，被控变量稳定在给定值。当干扰变量 $f(t)$ 变化时，被控变量又偏离给定值，控制系统中各个环节的输入输出信号又开始变化，直到偏差重新为零，操纵变量稳定在一个新的值，被控变量又稳定在给定值上。

最后，需要指出，对于不同的过程控制系统，方块图中各变量的物理量会不相同，但从控制理论角度看，这些物理量在控制系统中的意义都是一样的。所以虽然不同控制系统的控制目的不同，被控变量和操纵变量的物理意义可能差别很大，但它们的方块图是相同的，只要是由一个被控变量组成的单闭环控制系统，其方块图都可以用图3-13表示。同一种形式的方块图可以代表不同的控制系统。

对于控制系统的方块图，需要注意方块图中的每一个方块都代表一个具体的装置，方块与方块之间的连线只代表方块之间的信号联系，不代表方块之间的物料联系。线上的箭头也只代表信号的方向，不代表物料的流线，不要把信号线等同于工艺流程的物料连接管线。箭头的方向与物料的流入流出也不一定一致。例如，对于图3-12所示控制系统，操纵介质为煤浆，操纵变量为煤浆的泄放量，对于浮选槽这个被控对象，泄放煤浆是流出浮选槽的，但在方块图中，操纵变量泄放量是指向被控对象的，是被控对象的输入信号。

3.3.3 过程控制系统的分类

在实际生产过程中，自动控制系统的种类是多种多样的。可以从不同的角度进行分类，每一种分类方法只反映过程控制系统在某一方面的特点。最直观的方法是按被控变量的类型来分类，有温度控制系统、压力控制系统、流量控制系统、物位控制系统、成分控制系统等。按被控变量的个数分类，分为单变量控制系统和多变量控制系统。按控制的难易程度分类，分为简单控制系统和复杂控制系统。按控制器的控制规律分类，分为比例控制系统、积分控制系统、比例积分控制系统、比例积分微分控制系统等。按控制系统所完成的功能分类，有反馈控制系统、前馈控制系统、串级控制系统、比值控制系统等。按信号形式分类，有模拟控制系统和数字控制系统。按控制系统的结构分类，分为开环控制系统和闭环控制系统。最常见的是按照被控变量的给定值是否变化和如何变化来分类，分为定值控制系统、随动控制系统、程序控制系统（或顺序控制系统）。

3.3.3.1 按给定值分类

过程控制系统按给定值分类主要有以下几种：

(1) 定值控制系统。定值控制系统是指被控变量的给定值固定即 $r(t)$ 不随时间而变化的控制系统。定值控制系统的控制作用主要是克服来自控制系统内部或外部的干扰，使被控变量长期保持在给定值上。

当然，对于实际生产过程，理论上要经过非常长的时间才能使被控变量完全等于给定值，即经过较长时间才能使偏差完全为零。但控制起作用总是有时间限制的，而且干扰是不断变化的，往往上次干扰还没有被完全克服掉，系统偏差还没有为零，新的干扰又发生了，所以，大多数情况下，只要把偏差控制在接近于零的一定的范围内即可。定值控制系统是工业生产过程中应用最多的一种控制系统。本书及其他教材中，也主要介绍定值控制系统。

在矿物加工过程控制中也经常采用定值控制，例如浓度自动调节，就是定值控制。再如球磨机的控制，也常采用恒定给矿量的控制策略。

（2）随动控制系统。随动控制系统是指被控变量的给定值随时间不断变化（而且这种变化是不可预知的，$r(t)$ 是时间的未知函数）的控制系统。随动控制系统的控制目的是使被控变量快速而准确地跟随给定值的变化而变化。例如，球磨机工作的一个重要指标是磨矿效率，在其他条件不变的前提下，主要是通过调节处理量来保持最佳的磨矿效率。而对可磨性不同的矿石，与最高磨矿效率相对应的矿石处理量（即最佳处理量）是不同的。当某矿所处理的矿石性质差别较大、配矿也不理想时，作为磨矿效率控制给定值的矿石处理量，就需要根据矿石可磨性的变化而不断变化，视为随动控制。

再如锅炉的燃烧控制中，为了保证燃料充分燃烧，要求空气量与燃料量保持一定的比例。此时，可以采用燃料量与空气量的比值控制，使空气量跟随燃料量变化，由于燃料量是随机变化的，相当于空气量的给定值也是随机变化的，所以是随动控制。又如，带矿浆准备器的浮选加药量的控制，加药量的给定值要根据浮选入料中的干煤量变化而变化，也属于随动控制。

（3）程序控制系统。程序控制系统是指被控变量的给定值按预定的规律随时间而变化（$r(t)$ 是时间的已知函数）的控制系统。这种控制系统在机械加工及干燥过程等周期性工作的设备中常见。例如，要加工一个正方形零件，需要车刀先按某一方向运行边长长度，然后零件转90°，车刀再前进一个边长长度，零件再转90°，车刀再前进一个边长长度……直至该零件加工完毕，重复动作加工下一个零件。此时，车刀运行的给定值是不断变化的，但其变化是时间的已知函数。再如，某些化学选矿作业，要求温度按照某种预定规律进行变化，也需要采用程序控制系统。

3.3.3.2　按结构分类

过程控制系统按结构分类主要有以下几种：

（1）开环控制系统。开环控制系统是指控制器只根据给定值和干扰作用输出控制信号，使执行器对操纵变量进行调节，以补偿干扰作用对被控量的影响，如图 3-14a 所示。开环控制系统对调节结果是否符合所达到给定值，不进行检查，也无法予以纠正，所以控制精度一般不高，只适用于对被调变量要求较低的场合。

（2）闭环控制系统。闭环控制系统是指控制器根据给定值与被控变量的测量值之间的偏差进行调节，如图 3-14b 所示。被控变量的大小以反馈方式送到控制器的输入端，并与给定值进行比较得到偏差，根据偏差信号进行控制。只要被控变量的测量值不等于给定值，控制作用就一直进行，直到偏差值小到允许范围。所以闭环控制可以实现高精度的控制。闭环控制的缺点是当被控对象受到干扰后，不能立即动作，只有在测量值与给定值出现偏差后才开始调节，这样，对于有较大滞后的被控对象来说，控制信号的输出会有所滞后，只能通过选择控制规律进行补偿。

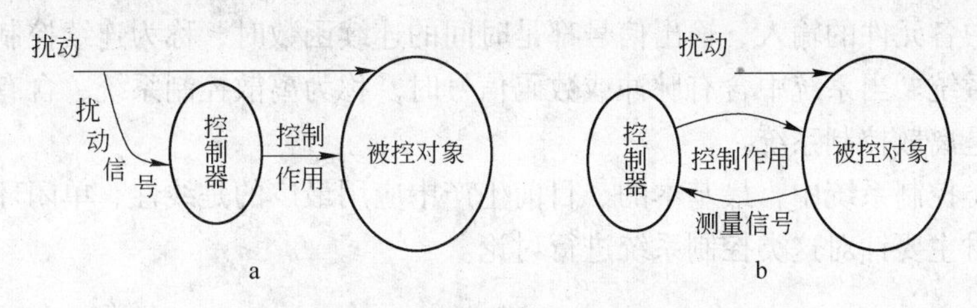

图 3-14 开环控制与闭环控制

3.3.3.3 按闭环回路个数分类

过程控制系统按闭环回路个数分为以下几种：

（1）简单控制系统。简单控制系统指只有一个被控变量反馈到控制器的输入端，只有一个检测装置、一个控制器和一个执行器，形成一个闭合回路的控制系统。简单控制系统又称为单输入单输出控制系统。简单控制系统在工业生产控制中非常普遍（约占80%），同时，简单控制系统也是复杂控制系统的基础。

（2）复杂控制系统。复杂控制系统指除有一个被控变量反馈到控制器输入端外，还有另外的辅助被控量，间接或直接地反馈到控制器的输入端，形成的非单个闭环回路控制系统。复杂控制系统中最常见的是串级控制系统，如图 3-15 所示。此外，还包括均匀控制、比值控制、前馈控制、选择性控制、分程控制等控制系统。复杂控制系统中，信号多，回路多，而且相互之间往往有耦合，系统比较复杂，所以也称多输入多输出控制系统。选矿工艺过程的自动控制大多是多输入多输出控制系统。

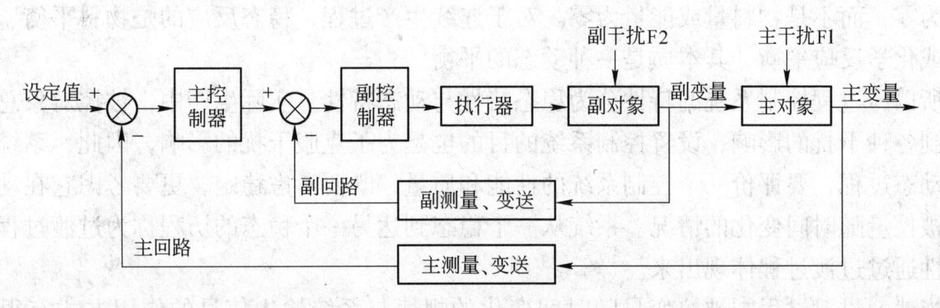

图 3-15 串级控制系统方块图

3.3.3.4 按动态特性分类

过程控制系统按动态特性分为以下几种：

（1）线性控制系统。线性控制系统指系统中各环节的动态特性可用线性微分方程描述的控制系统。线性控制系统的一个重要性质是在几个扰动同时作用于系统时，其总效果等于每个扰动单独作用时的效果之和，称为线性控制系统的叠加原理。

（2）非线性控制系统。非线性控制系统指系统中各环节的动态特性至少有一个不能用线性微分方程描述的控制系统。非线性控制系统是不适用叠加原理的，故较难分析。

实际生产过程中，绝大多数被控对象和设备，或多或少都含有一些非线性因素，如不同负荷下对象特性的偏移、控制器的不灵敏区、执行器的滞后等。在研究分析控制系统时，如果这些非线性因素影响较小，则可忽略不计，近似视为线性系统。

3.3.3.5 按信号性质分类

当系统中各元件的输入、输出信号都是时间的连续函数时，称为连续控制系统，也称为模拟控制系统。当系统中含有脉冲或数码信号时，称为离散控制系统。含有计算机的控制系统一定是离散控制系统。

上述各类控制系统中，最基本的、目前生产中应用最广的是线性、单闭环、定值控制系统。本教材主要针对这类控制系统进行讨论。

3.3.4 过程控制系统的过渡过程和性能指标

过程控制系统的品质是由组成系统的各环节的特性决定的，特别是被控对象的特性决定着整个控制系统设计的难度，对控制系统运行的好坏有着重大影响。只有依据被控对象的特性进行控制方案的设计和控制器参数的选择，才可能获得预期的控制效果。所以研究包括被控对象在内的系统各个环节的特性非常重要，研究各环节特性的方法就是建立各环节的数学模型，分析各环节输出量与输入量之间的关系。

在研究各环节特性之前，首先应该明确过程控制系统的性能指标，以便评价和设计整个系统。

过程控制系统在运行中有两种状态。一种是稳态（或静态），此时，系统没有受到任何外来干扰或干扰恒定不变，给定值保持不变，被控变量不随时间而变化，整个系统处于稳定平衡的工作状况。另一种是动态，系统受到外界干扰或干扰发生变化或者给定值改变，原有的稳态被破坏，各组成部分的输入量和输出量都相继变化，被控变量变化。如果系统是稳定的，那么经过一段时间调整后，系统将达到新的稳态。注意稳态是指信号的变化率为零，而不是物料量或能量为零。对于连续生产过程，稳态反应的是物料平衡、能量平衡或化学反应平衡，其本质是一种动态的平衡。

所以，过程控制系统的特性分为稳态特性与动态特性。实际生产中，被控对象总是不时受到各种干扰的影响，设置控制系统的目的也是为了克服干扰的影响，因此，系统经常处于动态过程，要评价一个控制系统的性能和质量，既要考虑稳定，更要考虑它在动态过程中被控量随时间变化的情况。系统从一个稳态到达另一个稳态的历程称为过渡过程。动态特性通过过渡过程体现出来。

当然，过渡过程中被控变量随时间变化的规律与系统输入信号的作用方式有很大关系，为了研究的方便，通常采用阶跃信号、矩形脉冲信号、正弦波信号等容易生成和变换的输入信号形式。在一定输入信号作用下，与之对应的被控量的变化历程称为系统对该输入信号的响应。

最常采用的实验信号为阶跃输入信号，其作用方式见图3-16。以某一时刻为起算点（起算点之前的信号大小作为参考点，以零计），信号突然增大到一定幅值并一直持续下去。由于阶跃信号是突然施加于系统之上，而且作用时间长，对被控变量的影响比较大。如果一个控制系统对这类信号具有良好的动态响应，则表明该系统对其他比较平缓干扰信号的抑制能力会更强。

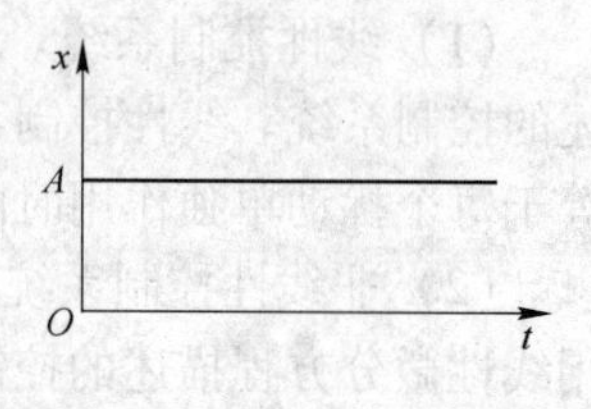

图3-16 阶跃输入信号

不同控制系统的阶跃响应曲线很可能不同，概括起来，定值控制系统的阶跃响应可以分为非周期衰减、衰减振荡、等幅振荡、发散振荡四种过程，如图 3-17 所示。其中，过渡过程 d 称为不稳定过程，被控变量会越来越偏离给定值，甚至超过工艺允许范围和安全范围，在生产上是不允许的，应该避免。过渡过程 a 与过渡过程 b 都是衰减的，称为稳定过程。但非周期衰减过程中，被控变量长时间偏离给定值，不能很快恢复到平衡状态，一般不予采用，只有在生产中不允许被控变量正负波动的情况下采用。而衰减振荡过程能比较快地达到新稳态，所以，在多数场合下，都希望控制系统具备这样的响应过程。过渡过程 c 介于稳定与不稳定之间，一般视为不稳定过程。生产中一般不予采用，只有在控制要求不高且允许被控变量振荡的情况下采用。

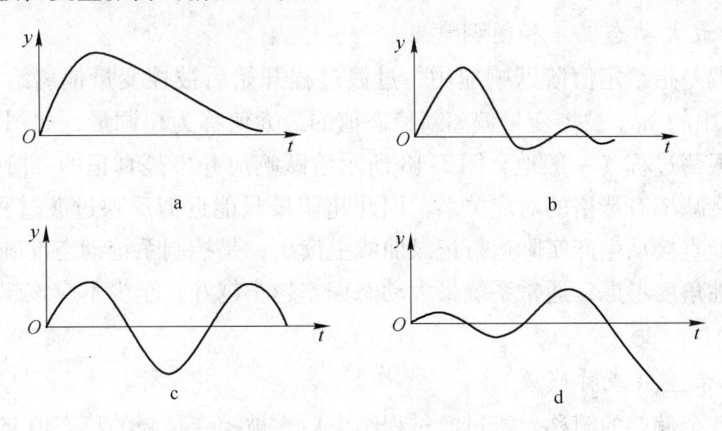

图 3-17　过渡过程的几种形式

评价控制系统的性能指标要根据生产过程对控制的要求来制定。这些要求可以概括为稳定性、准确性和快速性，这三方面的要求在时域上又体现为若干性能指标。下面通过简单控制系统在给定值阶跃扰动下被控变量的阶跃响应过程（见图 3-18），来说明过程控制系统的（时域）性能指标。注意，以起算点处被控变量的值为参考点，计为零。新的给定值 r 也按零计。r' 为新稳态值。

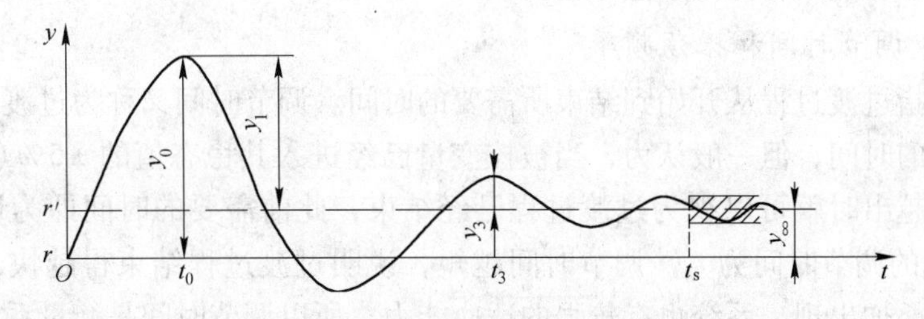

图 3-18　简单控制系统的衰减振荡响应过程

3.3.4.1　衰减比和衰减率

衰减比是衡量过渡过程衰减程度的动态指标。衰减比定义为两个相邻的同向波峰之比，一般用符号 n 表示，即

$$n = \frac{y_1}{y_3}$$

对振荡衰减，$n>1$。n 越小，说明控制系统的振荡程度越剧烈，稳定性也越低；n 接近于 1 时，过渡过程接近于等幅振荡；反之，n 越大，控制系统的稳定性也越高，当 n 趋于无

穷大时，控制系统的过渡接近于非振荡过程。为了保证控制系统有一定的稳定裕度，一般要求衰减比在4∶1～10∶1，这样，大约经过两个周期后，系统趋于稳定，振荡几乎看不出来了。所以，衰减比是衡量系统稳定性的指标。

衰减率是衡量衰减程度的另一种指标，指经过一个振荡周期后，波动幅度衰减的百分数，即

$$\psi = \frac{y_1 - y_3}{y_1}$$

可见，衰减率与衰减比有对应关系，4∶1～10∶1的衰减比相当于衰减率在75%～90%。

3.3.4.2　最大动态偏差和超调量

最大动态偏差指给定值阶跃响应中，过渡过程开始后被控变量偏离给定值的最大数值，如图3-18中的y_0。被控变量偏离新稳态值的最大值称为超调量，如图3-18中的y_1。只有对于二阶振荡过程（一般地，图3-18所示阶跃响应并不是真正的二阶振荡过程）而言，超调量与衰减率有严格的对应关系，因此超调量只能近似反映过渡过程的衰减程度。最大动态偏差能直接从生产实际运行记录曲线上读出，是控制系统动态准确性的一种衡量指标。从准确性角度考虑，通常系统最大动态偏差越小越好，至少不应该超过工艺生产所允许的极限值。

3.3.4.3　余差（或称残差）

余差，是残余偏差的简称，指过渡过程结束后，被控变量新的稳态值与给定值之间的差值。余差一般用$e(\infty)$表示，即∞时刻被控变量的值。图3-18响应曲线的余差为y_∞。余差是衡量控制系统稳态准确性的指标。从控制角度，余差应该越小越好。但在实际生产中，很多情况下允许有一定的余差；而且允许大一些的余差往往可以简化控制方式，降低系统成本。所以，实际过程控制中，对余差的要求要具体而论。

有余差的控制过程称为有差调节，相应的系统称为有差系统。没有余差的控制过程称为无差调节，相应的系统称为无差系统。

3.3.4.4　调节时间和振荡频率

调节时间指过渡过程从开始到结束所需要的时间。调节时间又称为过渡时间。理论上它需要无限长的时间，但一般认为，当被控变量已经进入其稳态值的±5%（或±2%）范围内，并不再越出时就可以视为过渡过程已经结束，此前需要的时间即为调节时间。图3-18响应曲线的调节时间为t_s。调节时间越短，说明过渡过程结束得越快，这样即使干扰频繁或干扰叠加出现，系统也有较强的适应能力。所以调节时间是衡量系统快速性的一个指标。实际中，希望调节时间越短越好。

过渡过程的快速性也可以用振荡周期或振荡频率表示。振荡周期指响应曲线同向的两波峰（或波谷）之间的时间间隔，如图中的$t_3 - t_0$。振荡周期的倒数称为振荡频率。

另外，还有一些次要指标如振荡次数（响应曲线达到稳态的振荡次数）、上升时间（响应曲线从起算点开始达到第一个波峰时所需要的时间）等，可以由上述指标代表。

以上介绍的是控制系统的单项指标。这些指标在不同的系统中各有其重要性，且相互之间既有联系，有些指标有时又互相矛盾。比如，当要求系统的稳态准确性较高时，可能会降低系统的动态稳定性；解决了稳定问题之后，又可能因调节时间长而失去快速性。对

于不同的控制系统，应根据工艺生产的具体要求，分清主次、统筹兼顾，在满足那些对生产起主导作用的性能指标的基础上，放宽对其他指标的要求，以降低成本和控制难度。

3.3.4.5 误差积分指标

从响应曲线中还可以得出一个称为误差积分（也有资料称为偏差积分）的综合指标，它常被用来衡量控制系统性能的优良程度。误差积分指过渡过程中被控变量偏离其新稳态值的误差沿时间轴的积分。无论是误差幅度大，或是时间拖长，都会使偏差积分增大，因此它能综合反映过渡过程的工作质量，希望它愈小愈好。误差积分可以有各种不同的形式，常用的有下面几种：

（1）误差积分（*IE*）

$$IE = \int_0^\infty e(t)\,\mathrm{d}t$$

（2）绝对误差积分（*IAE*）

$$IAE = \int_0^\infty |e(t)|\,\mathrm{d}t$$

（3）平方误差积分（*ISE*）

$$ISE = \int_0^\infty e^2(t)\,\mathrm{d}t$$

（4）时间与绝对误差乘积积分（*ITAE*）

$$ITAE = \int_0^\infty t|e(t)|\,\mathrm{d}t$$

以上各式中 $e(t) = y(t) - y(\infty)$。

采用不同的积分公式，估计整个过渡过程优良程度的侧重点不同。例如 *IAE* 和 *ISE* 着重于抑制过渡过程中的大误差，而 *ITAE* 则对误差所持续的时间长短比较敏感。具体应用中，可以根据生产过程的要求，特别是结合经济指标加以选用。

误差积分指标有一个缺点，就是它们不能保证控制系统具有合适的衰减率，而衰减率往往是设计控制系统时首先关注的指标。为此，通常的做法是，首先规定衰减率要求，使衰减率保持在75%左右；然后再使误差积分最小。

3.3.5 被控对象的特性及其数学模型

鉴于被控对象特性在过程控制系统设计中的决定性作用，在研究控制系统各环节特性时，一般都首先并重点研究被控对象的特性，通过建立被控对象的数学模型来分析被控对象，之后再据以配置合适的控制系统。当然，被控对象作为整个控制系统的一个环节，其特性的研究方法同样也适用于其他环节，如检测装置、执行器。

过程控制中，被控对象是指工业生产过程中的各种装置和设备，具体到矿物加工过程，被控对象包括各类贮槽/仓、泵、压缩机等各种辅助设备以及浮选机、重选机、电选机、破碎机、磨机等各类工艺设备。它们的特性各异，控制要求有时会差别很大，控制难度也有易有难，被控对象内部所进行的物理过程、化学过程也是各种各样的，但是，从控制的观点看，它们在本质上有许多相似之处。

（1）过程控制中所涉及的被控对象，其中所进行的过程几乎都离不开物质或能量的流动。当把被控对象视为相对独立的一个隔离体时，从外部流入对象内部的物质或能量流量称为流入量，从对象内部流出的物质或能量流量称为流出量。只有当流入量与流出量保持平衡时，对象才会处于稳态。稳态一旦遭到破坏，物质或能量的变化就体现在某个物理量/工艺参数的变化上，例如，液位变化反应物质平衡遭到破坏，温度变化反应能量平衡遭到破坏。在工业生产中，这种平衡关系的破坏是经常发生、难以避免的。控制的目的就是在过程遭到破坏后通过调节某物理量，使生产过程达到新的平衡。物理量的调节实质也是改变过程的流入量和流出量，实施改变的装置就是执行器。执行器往往是调节阀，也可以是电机。

(2) 工业过程中，被控对象的另一个特点是，它们大多属于慢过程。这是因为被控对象往往有一定的存储容积，且内部的物理、化学过程都需要时间，而单位时间内的流入量和流出量又只能是有限值。

(3) 工业过程中，对于处于连续生产中的被控对象，还有一个特点是存在传输延迟。物质或能量要到达下一设备，需要的运送时间，称为传输延迟（又称纯延迟）。

建立被控对象数据模型的依据就是流入量与流出量之间的各种平衡方程。即将被控对象作为相对隔离体，列出由工艺参数和物理量表示的物质或能量平衡方程，求解方程得出具体过程对象所关心的输出量与输入量之间的规律。这里的输入量与输出量对应于方块图中各个环节的输入信号与输出信号（或称输入变量与输出变量）。

被控对象的数学模型有两种表达形式。当数学模型采用数学方程表示时，称为参量模型。如果被控对象很复杂，目前技术还找不到适用的数学模型，可以采用黑箱法。即，把被控对象隔离，施加输入量并记录相应的输出量，然后绘制数据表格或曲线，用以描述被控对象输入与输出之间的规律。当数学模型用曲线或表格数据表示时，称为非参量模型。前述阶跃响应就属于曲线形式的非参量模型。

数学模型的建立简称建模。建模方法一般分为三种：机理建模、实验建模、混合建模。

(1) 机理建模。指根据对象或过程的内部机理，列出有关的物质和能量平衡方程，以及一些物性方程、设备特征方程、物理/化学定律等，进而推导出对象或过程的数学模型的方法。这样建立的模型称为机理模型。机理模型的优点在于模型参数具有非常明确的物理意义，一旦建立，即可适用于具有相同机理的其他对象或过程。但是，矿物加工中，许多对象或过程由于机理复杂，局限于现阶段的认识，不能用这种方法建模，或者为简化问题，经过许多假设和忽略建立了机理模型，但模型却无法在实际生产中应用。

(2) 实验建模。指用黑箱法建立的数据表格或曲线模型，或者根据收集的生产记录数据建立的数据表格或曲线模型。当然，可以对数据或曲线采用数理分析方法，进一步建立表达式形式的数学模型。在控制中，把这种通过在对象上施加输入、测取输出，在据以确定对象模型的结构和参数的过程，称为系统辨识。由实验建模得到的模型称为经验模型。经验模型的优点是对数据来源的对象来讲，模型具有良好的适配性，但对于其他的同类对象，很可能不具有适配性。

(3) 混合建模。指由机理分析确定模型的结构形式、再通过实验确定模型中参数的建模方法。混合建模结合了机理建模方法与实验建模方法，有些情况下，能降低建模难度。其中，把在已知模型结构基础上，通过实验数据确定模型中某些参数的过程，称为参数估计。

被控对象的数学模型是被控对象输入输出特性的表达。在对象建模时，一般将被控变量看作对象的输出量（或称为输出变量），而将干扰作用和控制作用看作对象的输入量（或称为输入变量）。由对象的输入变量到输出变量的信号联系称为通道。控制作用到被控变量的信号联系称为控制通道；干扰作用到被控变量的信号联系称为干扰通道。对于同一对象，这两种通道的特性很可能不同，所以在分析被控对象特性时，这两种通道的特性都需要进行研究。

与过程控制系统的特性分为稳态特性与动态特性类似，被控对象也要么处于静态、要么处于动态。对象在静态时的输入量与输出量之间的数学模型称为对象的静态数学模型，用来表示对象的静态特性（或称为稳态特性）。对象在动态时的输入量与输出量之间的数学模型称为对象的动态数学模型，用来表示对象的动态特性。

通过建立过程控制所涉及被控对象的数学模型（可参考有关资料），可以得出大多数工业过程对象具有稳定或中性稳定的特点，而且是不振荡的。有些被控对象受到干扰后，在没有控制装置情况下，借助自身内部变化也能自动到达新的稳定状态，这种特性称为自平衡，具有自平衡特性的被控对象称为自衡过程。而有些被控对象，当受到干扰后，如果没有外来的调节作用，对象自身不会自动地稳定在新的平衡状态。这种不具备自平衡特性的被控对象称为非自衡过程。典型工业过程在调节阀开度扰动下的阶跃响应曲线如图 3-19 所示。

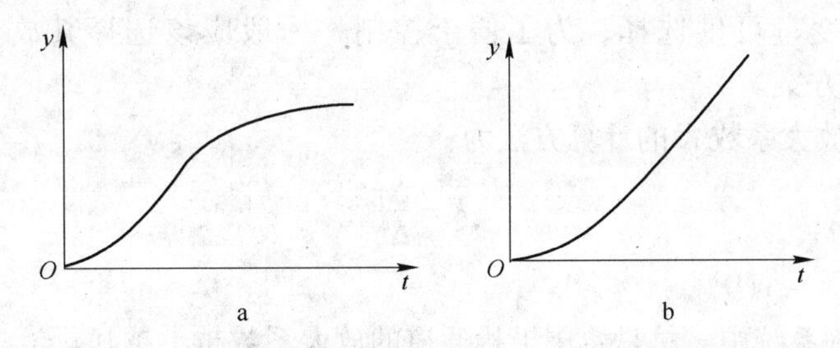

图 3-19　典型工业过程在调节阀开度扰动下的阶跃响应

下面，通过图 3-19a 所示的非振荡自衡对象的阶跃响应来介绍被控对象的主要特性参数：放大系数 K、时间常数 T、滞后时间 τ。

在图 3-19a 基础上，考虑纯滞后得到图 3-20，实际为含纯滞后二阶过程的阶跃响应曲线。这里，对象或过程的阶是指描述其动态特性的微分方程的阶数。

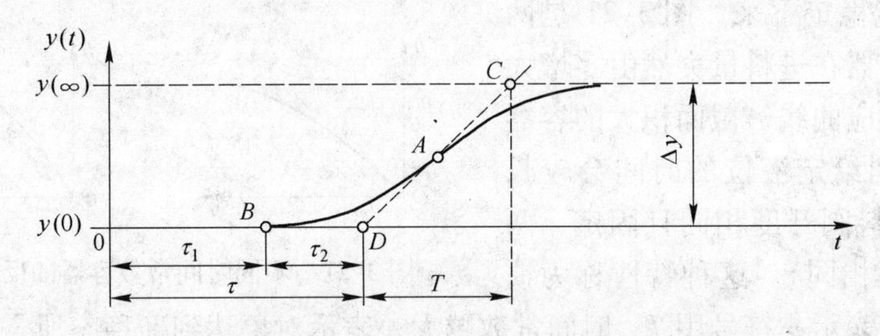

图 3-20　含纯滞后的二阶对象的阶跃响应

（在被控对象上加入的阶跃输入信号幅值为 Δq）

3.3.5.1　放大系数 K

被控对象干扰通道与控制通道各自的放大系数一般是不同的，但其控制角度的定义是一样的，只是控制通道的输入量为 $q(t)$，干扰通道的输入量为 $f(t)$。所以，这里仅详细介绍控制通道的放大系数，用 K 表示。

实际生产中用于辨识对象特性参数的方法多采用阶跃输入信号形式，具体做法为，把对象相对独立出来，稳定对象除 $q(t)$ 与 $y(t)$ 之外的其他输入输出因素（包括干扰因素 $f(t)$），让对象达到一种平衡状态（并以该状态时对象中的各物理量值作为其后数据的参考点和起算点），然后在某时刻（这一时刻对应为 $t=0$）突然改变 $q(t)$，使它的幅值有 Δq 的跃变，同时测量并记录对象从 $t=0$ 开始输出量 $y(t)$ 的变化过程，绘出与图 3-20 类似的对象的阶跃响应曲线。因为这种测试是在对象稳态为起算点、输入量阶跃变化条件下进行的，输入量的变化也可视为干扰，而实际中常采用突然改变调节阀的开度来实现输入量的阶跃变化，所以也称为“在调节阀开度扰动下的”阶跃响应曲线。

放大系数 K 属于对象的静态特性参数。K 在数值上等于对象从一个稳态到达新稳态后，输出变化量与输入变化量之比。放大系数的意义可以理解为，如果有一定的输入变化量 Δq，通过对象后该量就被放大了 K 倍变为输出变化量 Δy。所以放大系数也称为增益。对象的 K 越大，表示对象的输入量有一定变化时，对输出量的影响越大。在生产中表现为阀门对生产的影响很大，其开度稍微变化就会引起对象输出量大幅度的变化。放大系数越大，被控对象对该输入量就越灵敏。设计控制系统时，如果有多个操纵变量可供选择，为了便于控制，一般应该选择其放大系数较大的操纵介质作为控制方案。

对图 3-20，放大系数 K 的计算方法为：

$$K=\frac{\Delta y}{\Delta q}$$

其中，$\Delta y = y(\infty) - y(0)$。

当然，在控制系统中，总是希望干扰通道的放大系数越小越好。

3.3.5.2　时间常数 T

从大量生产实践中发现，有的生产过程受到干扰后，被控变量变化很快，能够比较迅速地达到新稳态；而另外一些生产过程，在受到同样大小的干扰后，被控变量需要经过很长的时间才能稳定下来。图 3-21 是两种不同截面积的容器在进料量突然由零增大到一定幅值时的反应曲线，截面积大的容器液位上升慢，达到给定液位的时间会较长（假设两容器的出料阀开度相同且固定，两者的液位给定值也相同）。这种特性称为惯性，用时间常数来表示，符号用 T。时间常数越大，表示对象达到新稳态所需要的时间越长。显然，时间常数属于对象的动态特性参数。

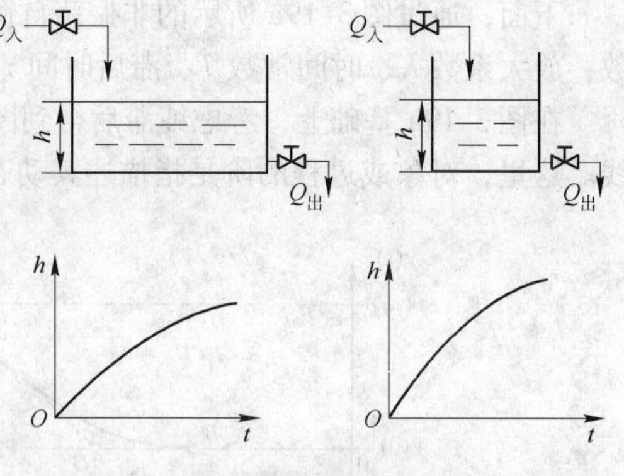

图 3-21　不同时间常数容器的反应曲线

时间常数定义为：在阶跃输入作用下，一阶对象的响应曲线中，若被控变量保持初始变化速度，达到新的稳态值所需要的时间。很明显，被控变量的变化速度是越来越小的。图 3-22 所示为不含滞后的一阶对象的响应曲线。图 3-21 中的单个容器，以进水量为输入量，以液位为输出量，在出水阀开度固定条件下，阶跃响应曲线即如图3-22中所示。图中，输入为 $Q_{入}=A(t\geqslant 0\text{时})$，容器的数学模型为：

$$\mathrm{d}h/\mathrm{d}t+h=KQ_{入}$$

该一阶微分方程的解为：

$$h(t)=KA(1-\mathrm{e}^{-t/T})\quad (K=h(\infty)/A)$$

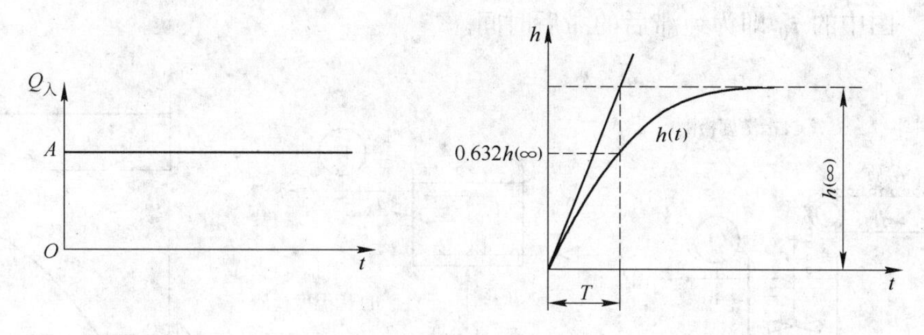

图3-22 时间常数 T 的定义

也可以认为，时间常数是指一阶对象中，当对象受到阶跃输入后，被控变量达到新稳态值的63.2%所需要的时间。

另外，将 $t=3T$ 代入 $h(t)=KA(1-\mathrm{e}^{-t/T})$ 可得

$$h(3T)=KA(1-\mathrm{e}^{-3})\approx 0.95KA\approx 0.95h(\infty)$$

即阶跃输入作用了 $3T$ 时间后，被控变量已经变化到新稳态值的95%。这正好说明，时间常数越大，被控变量达到新稳态值所经历的时间越长，时间常数能够反映被控对象变化过程的快慢。

对图3-20，时间常数的计算方法为：找到 S 型响应曲线上的拐点 A（曲线二阶导数由正变负的点），过 A 作切线，交 $y(0)$ 于 D 点，交 $y(\infty)$ 于 C 点，两点之间的横向距离为时间常数。

在相同的控制作用下，控制通道的时间常数较大时，被控变量的变化比较缓和。这样的过程比较稳定，容易控制，但调节过程会比较缓慢，影响控制系统的快速性；反之，控制通道的时间常数较小时，控制中过渡过程的振荡频率可能会较高。所以，过程的时间常数太大或太小，在控制上都将存在一定的困难，需要根据实际情况，设计好控制系统。

而干扰通道的时间常数大些，对控制是有一定好处的，这相当于将扰动信号进行滤波，阶跃扰动对系统的作用显得比较缓和，这样的过程易于控制。

3.3.5.3 滞后时间 τ

工业生产中的过程大都存在滞后现象。当被控对象受到输入作用后，被控变量却不能立即变化和（或）不能迅速变化，这种现象称为滞后现象。滞后现象用滞后时间来描述。显然，滞后时间也属于对象的动态特性参数。

根据滞后性质的不同，滞后现象可分为传递滞后与容量滞后。

传递滞后，又称为纯滞后，是指由于物料或信息的传输需要时间而引起的滞后，如图3-23所示。图3-23a为加料过程示意图，料斗中的物料通过皮带输送到容器中，以加料斗的加料量为操纵变量、容器中的固体浓度作为被控变量，当加料量突然改变时，这种改变需要皮带将物料输送到容器中以后才能显现出来。这就是由于物料传输需要时间而引起的

纯滞后。图3-23b为一加热溶液的容器，蒸汽的热量传递给溶液后使溶液的温度升高，温度的度数由安装在出料管上的温度计来测量。以蒸汽量为操纵变量，以溶液温度为被控变量，则当蒸汽流量突然增大，溶液温度会升高，但这种温度的变化只有当溶液流动到出料管温度计的安装位置时，才能显现出来。这样，由于测量点或测量元件安装位置不合适而引起了被控变量测量值（即温度）对阶跃输入的滞后。这两种纯滞后的响应曲线如图3-23c所示。图中的τ_0即为纯滞后的滞后时间。

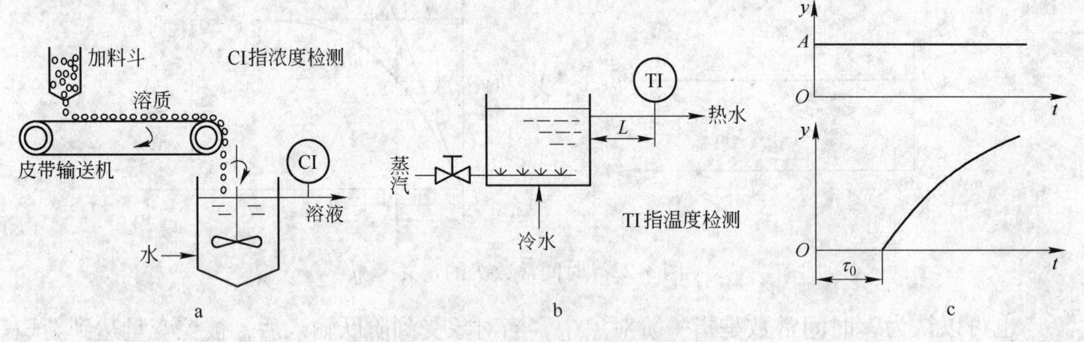

图3-23 传递滞后及其响应曲线

容量滞后指被控对象在阶跃输入作用后，被控变量开始变化得很慢，之后变化逐渐加快，最后变化又很缓慢直至接近新稳态值的现象。容量滞后一般是由于物料或能量的传递需要克服一定的阻力而引起的。例如，对于图3-23a，若容器较大，则固体物料从落入液体的位置传递到整个容器中，是需要时间的，所以才加了搅拌器，以克服物料在溶液中的扩散阻力。而对于图3-23b所示加热容器，当容器容积较大时，蒸汽流量增大后，需要首先交换给加热管附近的液体，然后才将热量逐渐交换的容器上面的溶液部分，最后整个容器溶液的温度才会稳定在某个值，当然，对于容积很小的容器，这两种容量滞后都较小，所以图3-23c中没有表现出来。

对图3-20所示二阶对象，阶跃响应中既有纯滞后，也有容量滞后。很明显，图中的τ_1为纯滞后，τ_2为容量滞后。它们的计算方法为：找到被控对象由零变为非零的转折点B，起算点到B点之间的横向距离即为纯滞后τ_1；而B点与D点之间的横向距离为容量滞后τ_2。

纯滞后与容量滞后虽然在本质上是由不同原因造成的，但对于实际过程，很难严格区分（即图3-20的B点不容易准确确定），所以当两种滞后同时存在时往往不加区分，通常称为滞后时间，一般用符号τ表示。对图3-20，$\tau=\tau_1+\tau_2$。

控制通道中，滞后的存在对过程的控制是不利的。由于存在滞后，被控变量不能立即而迅速地响应操纵变量的变化，使整个控制系统的控制质量变差（快速性降低，同时根据滞后的被控变量得到测量值而运算出来的偏差，会误导控制器，以为现在的控制作用不够强而加大控制作用，从而加大超调量）。矿物加工过程中，有很多设备具有容量性质，而且容器内的物理反应居多，所以滞后明显。容器数目越多，容量滞后越显著。所以，在过程控制系统的设计和安装中，要通过装置改造（甚至工艺改进）和选取合适的测量点，来尽量避免或减少纯滞后。而传递滞后，是很难避免的，需要通过设计合理的控制算法（如加入微分作用）来改善控制质量。

好在扰动通道的滞后对控制是有利的。如果扰动通道存在纯滞后，相当于扰动作用推延一段时间后才进入系统，而扰动在什么时间出现，本来就是不能预知的，因此并不影响控制系统的品质，对过渡过程曲线的形状没有影响。如果扰动通道存在容量滞后，将会使阶跃扰动的影响趋于缓和，被控变量的变化相应也缓和些，因而有利于控制。

3.4 常用控制算法

控制算法实质是控制系统方块图中，控制器这一环节的数学模型，即控制器的输出信号与控制器的输入信号之间的数学关系（参见图3-13）。亦即把控制器和系统断开，开环时控制器本身的特性方程。控制算法也称为控制规律。

控制器的输入信号是经比较机构得到的偏差信号 $e(t)$，它是给定值信号 $r(t)$ 与测量装置送来的被控变量的测量值信号 $z(t)$ 之差，但在对控制器进行单独分析时，习惯上采用测量值减去给定值作为偏差。控制器的输出信号为送往执行器的 $u(t)$。所以控制器的控制算法具体指：

$$u(t) = f(z(t) - r(t))$$

同时，控制器本身有正反作用之别。实际控制器的作用方向由控制器输出与输入之间的关系来定义，即若输出信号变化值 Δu 与输入信号变化值 Δe 同符号，则相应的控制器称为正作用。反之，若输出信号变化值 Δu 与输入信号变化值 Δe 符号相反，则相应的控制器称为反作用（也有资料称为负作用的）。需要指出，具体控制器产品一般都有设置作用方向的功能。

与被控对象特性的研究方法类似，在研究控制器的控制算法时，也经常假定控制器的输入信号 $e(t)$ 为阶跃信号。

目前，控制器的控制规律可以分为基本控制规律（或称为简单控制规律）与复杂控制规律两大类。基本控制规律包括位式控制（其中双位控制比较常用）和 PID 控制，是最基本、最简单、应用最广泛的控制算法，是人类长期生产实践经验的总结。复杂控制规律种类繁多，一般根据结构和所担负的任务，分为串级、均匀、比值、分程、前馈、取代、三冲量等形式，以及自适应控制、预测控制、专家控制、模糊控制、神经元控制等新型控制系统。随着计算机与智能控制器的发展，复杂控制规律逐渐在生产实际中得到应用并取得良好效果。

本节只介绍基本控制规律。研究控制规律的目的在于掌握各种控制规律的特点及其使用场合，以结合具体被控对象特性和生产要求，去选择合适的控制算法，最终达到满意的控制效果。

3.4.1 双位控制

双位控制是一种常见的位式控制。双位控制的规律为，当测量值大于给定值时，控制器的输出为最大（或最小）；当测量值小于给定值时，则输出为最小（或最大）；控制器只有两个输出值，相应的控制机构只有开和关两个极限位置，所以也称为开关控制。双位控制特性的数学表达式为

$$u=\begin{cases}u_{\max},\ e\geqslant 0\ (或\ e<0)\\ u_{\min},\ e<0\ (或\ e\geqslant 0)\end{cases}$$

这样的双位控制称为理想双位控制，其控制特性如图3-24a所示。图的横坐标为偏差，纵坐标为控制器的输出。

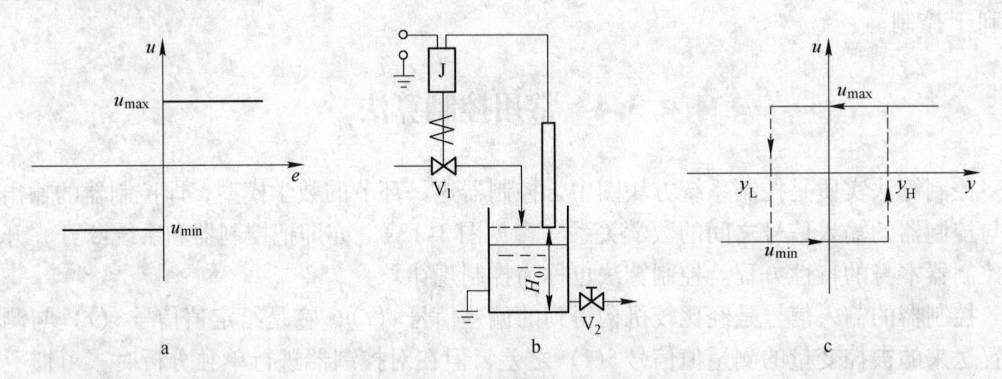

图3-24 双位控制特性

a—理想的双位特性；b—双位控制实例；c—带中间区的双位控制特性

图3-24a所示为一个典型的双位控制例子。这是一个简单的液位控制系统，设液位给定值为H，容器内装有导电液体，容器壁接地；用于测量液位的电极装置，一端与液体接触，另一端与继电器J的线圈相连，固定在与H_0相对应的高度位置。当液位上升，达到H_0时，液体与测量电极接触，继电器线圈接通，经过一定的电路连接使电磁阀V_1关闭（全关，开度为0%），液体不再进入容器。这时，只要出料阀V_2不关闭，液位会逐渐降低，当液体与测量电极不接触时，继电器线圈断开，电磁阀被打开（100%开度），液体开始流入容器，液位逐渐上升，一旦液位上升到H_0，液体与测量电极又接触，继电器线圈又被接通，电磁阀又全关，液体不再进入容器，这样，液位又会逐渐降低……如此循环，被控变量液位会维持在H_0上下波动。

可见，这样的双位控制中，继电器、电磁阀等运动部件的动作会非常频繁，易于损坏，系统的可靠性不高。

对于贮槽等容器的液位控制，控制要求不高，为了提高系统的可靠性，可以采用牺牲（一定的）控制精度的方法，实现带有中间区的双位控制。即当测量电极由不接触到接触到液体，或当测量电机由接触到不接触液体时，继电器线圈会闭合或打开，但继电器信号不会立即引起电磁阀动作，而是经过延迟一定的时间后，电磁阀才会动作，关闭或打开进料阀。这样，控制器的特性就表示为

$$u=\begin{cases}u_{\max},\ y\geqslant y_H\ (或\ y<y_L)\\ u_{\max}或\ u_{\min},\ y_L<y<y_H\\ u_{\min},\ y\leqslant y_L\ (或\ y\geqslant y_H)\end{cases}$$

式中 y_L——被控变量y中间区的下限值；

y_H——被控变量y中间区的上限值。

y_L与电磁阀由关闭到打开的延迟时间相对应，可以根据实际中对容器的最低液位要求来确定；y_H与电磁阀由打开到关闭的延迟时间相对应，可以根据实际中容器的高度及

容器液位的安全高度（如需要防止溢出）来确定。一般可以采用绝对值相等的上、下限值。

带有中间区的双位控制器的特性见图 3-24c。由这样的控制算法组成的控制系统，被控变量的变化过程如图 3-25 所示，是一个等幅振荡过程，振荡的周期由 y_L、y_H 的大小决定。如果需要更大程度地减少磨损和维护工作量，可以设置较长的振荡周期。

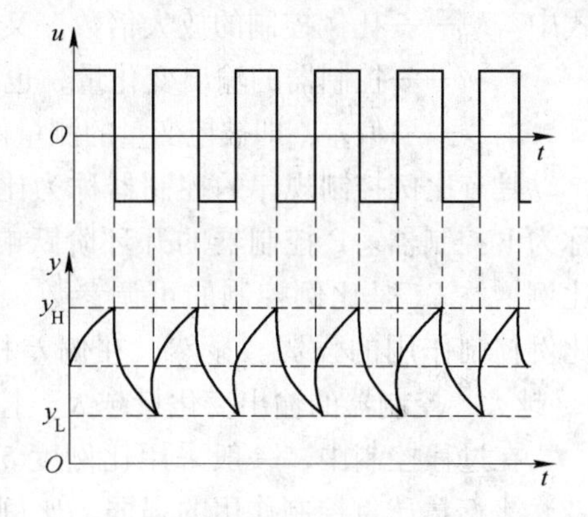

图 3-25 带中间区双位控制的控制过程

双位控制结构简单、成本低、容易实现，因此应用很普遍。许多要求精度不高的液位控制、温度控制等都可以采用。

如果执行器的位置不是由全开、全关两种位置，而是设置成三种位置或更多，就可以构成三位控制或多位控制。这样的控制规律统称为位式控制，其工作原理都是一样的。

3.4.2 PID 控制

PID 控制是比例积分微分控制的简称。在生产过程自动化的发展历程中，PID 控制是历史最久、生命力最强的基本控制方式，是连续控制系统中最成熟、最常见，也是最实用的一种控制方法。PID 控制具有下面几个优点：

（1）原理简单，使用方便。

（2）适应性强，可以广泛应用于化工、热工、冶金、煤炭、炼油以及造纸、建材、机械制造等各种生产部门。按 PID 控制进行工作的自动调节器已经商品化。过程计算机控制的基本控制算法也仍然是 PID。

（3）鲁棒性（Robustness）强，即其控制品质对被控对象特性的变化不太敏感。

由于具有这些优点，在包括矿物加工过程在内的工业过程控制中，人们首先想到的总是 PID 控制。例外的情况有两种，一种是被控对象易于控制而且控制要求又不高的情况，可以采用更简单的位式控制方式；另一种是被控对象特别难以控制而且控制要求又特别高的情况，这时，如果采用 PID 控制难以达到生产要求就需要考虑更复杂的控制方法。

需要说明的是，此处的 PID 控制是一种统称，包括比例（用 P 表示，源于 Proportional）控制、积分（用 I 表示，源于 Integral）控制，以及它们或它们与微分（用 D 表示，源于 Differential）的组合，即比例积分（PI）控制、比例微分（PD）控制、比例积分微分（PID）控制。所以，PID 控制可以看作有两种含义。广义的 PID 控制是指前述这些包含有 P、I、D 三项中的一种或几种调节算法的控制规律的总称；狭义的 PID 控制是包含 P、I、D 全部三种调节算法在内的一种控制。广义 PID 具体包括 5 种算法（因为 D 调节不能单独使用），狭义 PID 是广义 PID 的一种具体算法。

3.4.2.1 比例控制

A 比例控制的作用规律

比例控制规律是指控制器的输出变化量与输入偏差成比例关系。

比例控制规律的表达式为

$$u = K_p e$$

式中 K_p——比例控制的放大倍数，又称为比例增益；

u——控制器的输出变化量，也就是相对于阶跃时刻输出值的增量；

e——偏差，即被控变量的测量值减去给定值。

具有比例控制规律的控制器称为比例控制器，又称为P控制器。P控制器的开环阶跃响应见图3-26。比例增益 K_p 是比例控制的可调参数，其大小决定了比例控制作用的强弱。显然，在偏差相同的情况下，K_p 越大，控制器的输出变化量越大，控制作用越强。

图3-26 比例控制器的开环阶跃响应

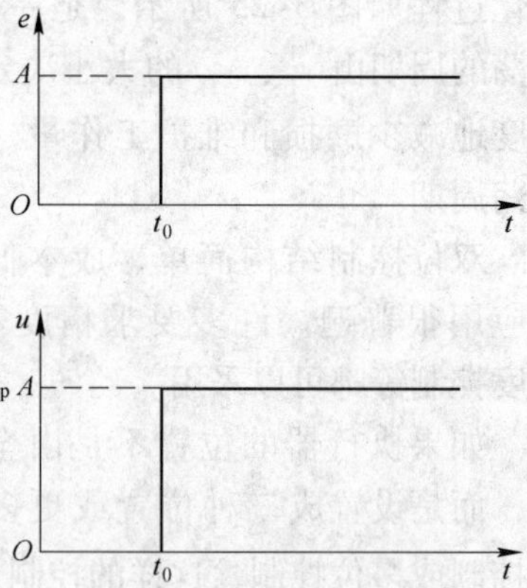

在过程控制中，一般采用比例度 δ（也称为比例带）来衡量比例控制作用的强弱。比例度的定义为控制器的输入变化相对值与相应的输出变化相对值之比的百分数。计算公式为

$$\delta = \left(\frac{e}{x_{max} - x_{min}} \Big/ \frac{u}{u_{max} - u_{min}} \right) \times 100\%$$

式中 u_{min}，u_{max}——控制器输出信号的变化范围；

x_{min}，x_{max}——控制器输入信号的变化范围。

必须指出，控制器的输入信号指偏差，偏差又等于测量值减去给定值，偏差信号的最大值与最小值相减，给定值可以抵消，所以控制器输入信号的变化范围也就是被控变量测量装置的量程。

控制器的输出信号要送往执行器，u_{min}，u_{max} 可以看作与执行器的全关与全开对应，所以，比例度 δ 具有重要的物理意义，更有利于说明比例控制器在控制系统中的作用。比例度代表使控制器输出变化满刻度时（也就是控制阀从全开到全关，或从全关到全开时），相应的仪表测量值变化占仪表测量范围的百分数。只有被控变量在这一范围内变化时，控制器的输出才与偏差成比例。如果超出了这个“比例带”，控制器将暂时失去比例控制作用。

比较上面两式，可以得到比例度与比例增益的关系：

$$\delta = \frac{1}{K_p} \times \frac{u_{max} - u_{min}}{x_{max} - x_{min}} \times 100\%$$

如果控制器与测量变送装置的输出都采用标准信号（如都由单元组合仪表来充当），那么，公式中第二因子的值就为1，可得

$$\delta = \frac{1}{K_p} \times 100\%$$

两者互为倒数关系，即 δ 越小，K_p 越大，比例控制作用越强。

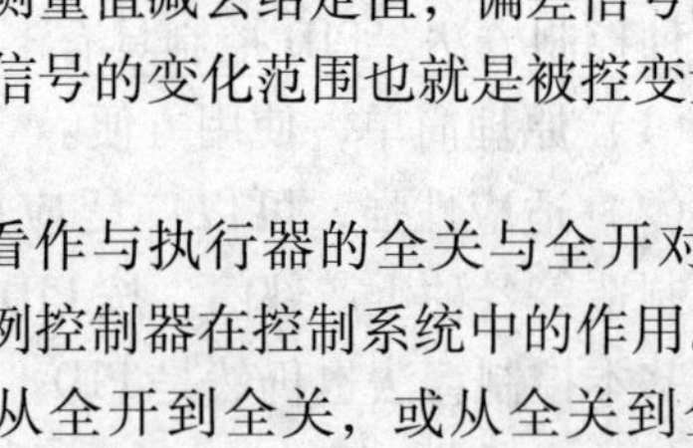

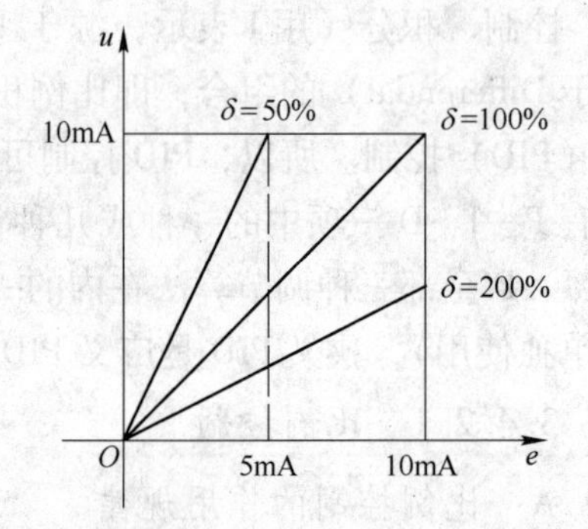

图3-27 比例带与输入输出信号的关系

图3-27为比例带与输入、输出的关系。比例带 δ 的大小直接影响控制器的调节作用。例如：当比

例带δ为50%时，输入0~5mA的电流信号，可输出0~10mA的电流信号；而当比例带δ为100%时，输入0~10mA电流信号，也能得到0~10mA的输出电流信号。比例带的大小视被控对象而定，一般情况下，对流量调节时比例带可选择在40%~100%，对液位调节比例带可选择在20%~80%。

B 比例控制的特点

比例控制优点是结构简单、控制及时，缺点是有残差，即在过渡过程结束时，被控变量的实际值与给定值之间存在偏差。因而比例调节器一般用于对调节质量要求不太高的场合。

为了说明比例控制的有差特点，举一个水加热器的例子。图3-28为一个水加热器出口温度控制系统，该系统中，由温度检测装置TT获取温度信号，送往比例控制器TC，以蒸汽为操纵介质，通过改变蒸汽流量来保持出口水温的恒定。假设，现在系统处于一种稳态，出口水温t与蒸汽流量q都稳定在一定数值上，控制器的输出u与蒸汽调节阀的开度k直接对应，进水量Q_{min}与出水量Q_{out}也稳定在某一数值上。如果热水量Q_{out}从某一时刻开始发生阶跃增加而给定值不变，则在阶跃开始的一段时间内，出水温度必然下降，控制器会输出使蒸汽调节阀开度加大的控制信号，因为只有这样才会有更多的热量进入加热器以使水的温度升高。经过一定时间后，系统达到新的稳态。此时蒸汽调节阀的开度会增加Δk。显然，Δk不为零，与它相对应的控制器输出变化量Δu也不为零，那么，按照比例控制规律，此时控制器的输入即偏差Δe也不为零，而给定值不变，则此时的被控变量测量值必然高于给定值。

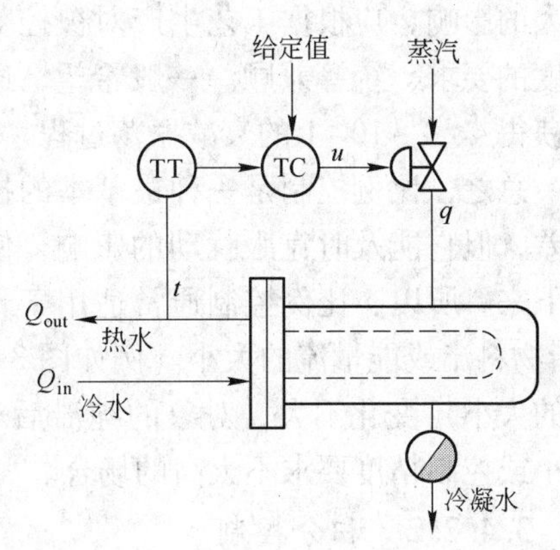

图3-28 加热器出口水温控制系统

从热量平衡观点看，蒸汽带入的热量是加热器的流入量，热水带走的热量是流出量，两者应该保持平衡。当给定值不变而出水量增大时，热量流出量增加，热量流入量必须也增加才能到达新稳态，蒸汽调节阀开度的相对变化量必然大于零，所以新稳态时，比例控制下的出口水温必然会高于设定值，是有差调节。这一结论也可以根据控制理论加以验证，但不在本书的讨论范围内。

C 比例度对过程控制的影响

比例度对控制的影响可以从静态和动态两个方面考虑。

比例度对系统静态特性的影响为，比例度δ越大（即比例增益K_p越小），控制系统达到稳态时的余差就越大。这是由比例控制的算法$u=K_pe$决定的。结合图3-28加热器出口水温控制系统，新旧稳态之间，一定的出水量变化量对应着一定的蒸汽阀开度变化，也就对应着一定的控制器输出变化量，那么，K_p越小，e便会越大，即δ越大，余差越大。

减小比例度虽然有利于减小余差，但却影响到系统的动态特性，使系统的动态稳定性下降。比例度对过渡过程的影响可参见图3-29，阶跃干扰作用下闭环系统的响应曲线。

当比例度较大时，控制作用弱，执行器动作幅度小，被控变量的变化平稳而缓慢，但余差大（图3-29a）。随着比例度的减小，控制作用得到加强，执行器动作幅度加大，被控变量的变化明显且开始产生振荡，但系统仍然能保持稳定，且余差较小（图3-29b及图3-29c）。当比例度减小到某一数值时，被控变量出现等幅振荡（图3-29d）。如果进一步减小比例度，被控变量会出现发散振荡（图3-29e），系统就不稳定了。由此可见，比例度的大小对控制质量有较大的影响，应根据工艺生产对被控变量的稳定性和控制精度的要求，统筹兼顾。一般希望，通过选择合适的比例度获得4∶1～10∶1的衰减振荡过程。

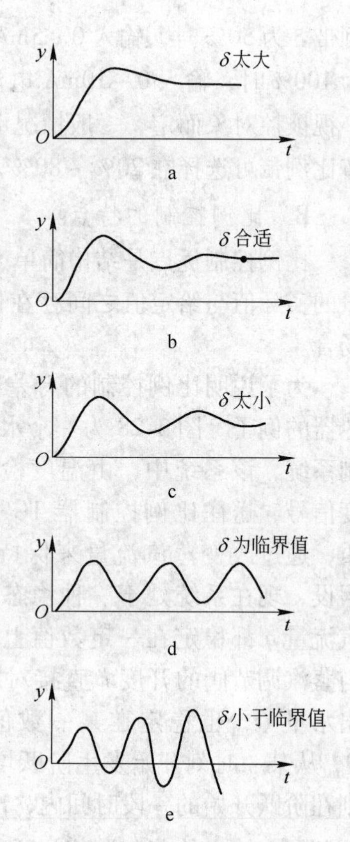

图3-29 不同比例度下的过渡过程曲线

总之，比例控制是一种最基本的控制规律，尽管存在余差，但它能及时克服扰动的影响，使被控过程较快地稳定下来。所以，比例控制通常适用于干扰幅度较小，负荷（指物料流或能量流的大小。例如图3-28控制系统中出水量的大小）变化不大，对象的纯滞后（相对于时间常数）较小或控制精度要求不太高的场合。

3.4.2.2 积分控制

积分控制规律是指控制器输出信号的变化速度与偏差信号成正比。

积分控制规律的表达式为

$$\frac{du}{dt} = s_0 e \quad 或 \quad u = \frac{1}{T_I}\int_0^t e dt$$

式中 s_0——积分速度（可正可负）；

T_I——积分时间；

其他符号与比例控制规律中的含义相同，不再赘述。

具有积分控制规律的控制器称为积分控制器，又称为I控制器。I控制器的开环阶跃响应应见图3-30。当控制器输入信号的阶跃幅值为A时，其输出为

$$u = \frac{1}{T_I}\int_0^t A dt = \frac{A}{T_I}t$$

其特性是斜率为常数A/T_I的直线。显然，T_I越大，直线斜率越小，积分作用越弱。

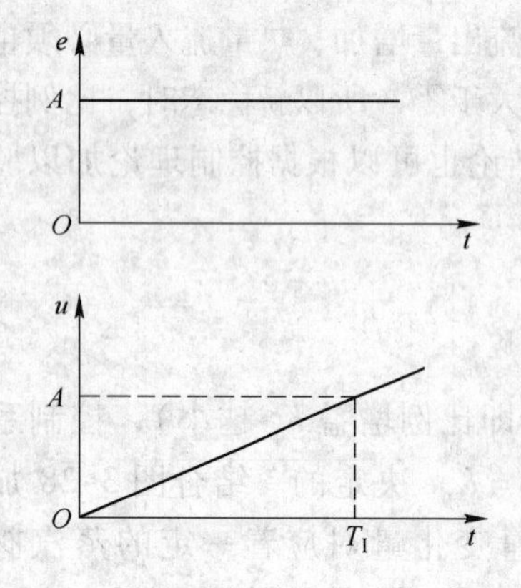

图3-30 积分作用的开环阶跃响应

积分作用的强弱还与偏差存在的时间有关，只要偏差存在，即使其值很小，控制器的输出也会随着时间的积累不断增大（或减小），直到偏差完全消除，控制器的输出才停止变化。所以，积分作用的最显著特点是能够消除残差。这也是积分作用的最大优点。

积分控制虽然能够消除残差，但是它的动作过程比较缓慢，在偏差刚开始出现时，控

制器的输出信号很弱，不能及时克服扰动的影响，过渡过程动态偏差增大。而随着偏差的增大和积分时间的加长，积分作用逐渐增强，甚至过大，对干扰的校正作用过量，会导致被控变量向相反的方向变化，如此反复，系统的稳定性变差。因此，积分作用的缺点是使系统的稳定性下降。所以，在实际过程控制中，积分控制算法一般不单独使用。

3.4.2.3 比例积分控制

A 比例积分控制规律

比例积分控制规律由比例控制算法与积分控制算法结合而成，具备这两种控制算法的优点，在实际中应用广泛。

比例积分控制规律的表达式为

$$u = K_{\mathrm{P}}\left(e + \frac{1}{T_{\mathrm{I}}}\int e\mathrm{d}t\right)$$

具有比例积分控制规律的控制器称为比例积分控制器，又称 PI 控制器。PI 控制器的开环阶跃响应见图 3-31。

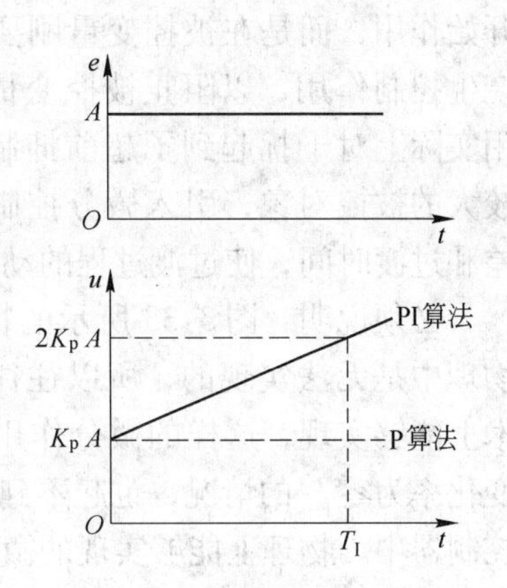

图 3-31 比例积分控制器的开环阶跃响应

对于幅值为 A 的阶跃输入，PI 控制器的输出是比例作用与积分作用的叠加，阶跃变化瞬间，控制器先输出一个幅值为 $K_{\mathrm{p}}A$ 的阶跃变化。之后输出以固定速度 A/T_{I} 逐渐上升。当 $t = T_{\mathrm{I}}$ 时，控制器的输出达到 $2K_{\mathrm{p}}A$。可以据此确定 K_{p} 与 T_{I}。

对于采用 PI 控制器的控制系统，当干扰出现时，比例作用根据偏差的大小立即产生一个较大的校正量，以快速克服干扰对被控对象的影响，相当于“粗调”。在此基础上，积分作用再进一步“细调”，直到偏差为零。所以 PI 控制既能快速克服干扰，又能消除残差，很多情况下都能采用。

B 积分时间对过程控制的影响

比例积分控制器的可调参数包括比例度 δ（或比例增益 K_{p}）和积分时间 T_{I}。前面已经分析了比例度对控制的影响，下面重点分析积分时间对过渡过程的影响。

在同样的比例度下，积分时间对过渡过程的影响如图 3-32 所示。从图中可以看出，T_{I} 过大或过小，得到的控制效果都不理想。T_{I} 过大，积分作用太弱，消除残差的过程很慢（图 3-32b）；$T_{\mathrm{I}}\to\infty$ 时，积分作用消失，控制器变为纯比例调节，无法消除残差（图 3-32a）；T_{I} 太小时，控制器的输出变化太快，过渡过程振荡加剧，系统的稳定性下降（图 3-32d）；只有当 T_{I} 合适时，过渡过程才能以较快速度衰减，并消除残差（图 3-32c）。

PI 相比于 P，引入积分作用后，会使系统的振荡加剧，尤其对于滞后大的对象，这种现象更为明显。因此，要根据对象的特性来选择，对于滞后小的对象，T_{I} 可选小些；反之，T_{I} 可选大些。另外，为了保持系统的稳定性，引入积分作用后，控制器的比例度应比纯比例调节时略大些。

3.4.2.4 微分控制规律

微分控制规律是指控制器的输出变化量与输入偏差的变化速度成比例关系。

微分控制规律的表达式为

$$u = T_D \frac{de}{dt}$$

式中，T_D 为微分时间，是微分控制的参数；de/dt 为偏差对时间的导数，即偏差的变化速度。T_D 越大，微分作用越强。理想微分作用的开环阶跃响应见图 3-33。对于阶跃输入，只有在阶跃瞬间有趋向与无穷大的控制输出，当输入信号完成阶跃稳定在一定幅值后，微分作用就一直为零了。所以。偏差的变化速度越大，微分作用越强，而对于固定不变的偏差，无论其值有多大，微分作用总为零，这就是微分作用的特点。

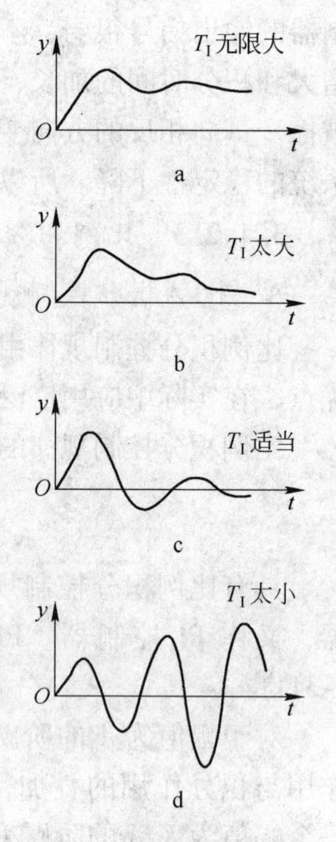

图 3-32 积分时间对过渡过程的影响

过渡过程中，微分作用不会等到偏差达到较大的值之后才开始作用，而是在被控变量刚要改变时就根据偏差变化的趋势产生控制作用，以阻止被控变量的进一步变化。所以，微分作用实际上对干扰起到了超前抑制的作用。对于时间常数或惯性较大的被控对象，引入微分控制作用，可以减小系统的动态偏差和过渡时间，使过渡过程的动态品质得到明显改善。

必须说明，图 3-33 所示的特性只有在数学描述中出现，在物理中是无法实现的，所以往往被称为理想微分作用。即使技术上能够实现，这样的微分作用对于“偏差的值很大但偏差的变化率为零”的情况，也起不到调节作用，没有实用价值。所以理想微分不能单独用于控制器中。物理上能够实现的微分特性如图 3-34 所示，当阶跃加入的瞬间，微分作用会突然增加到某个较大的有限数值，然后按指数规律衰减至零。其数学表达式为

$$u = A(K_D - 1)e^{-\frac{K_D}{T_D}t}$$

式中，K_D 称为微分放大倍数，决定了微分作用的起始最大变化量。微分时间 T_D 表征微分作用的强弱，与 K_D 一起决定微分作用的衰减强度。设计控制器时需要先固定 K_D 的值，再根据衰减速度的需要调节 T_D 的值。当 $t = T_D/K_D$ 时，u 下降到起始最大变化量的 36.8%，利用这个关系，可以通过实测计算微分时间 T_D。

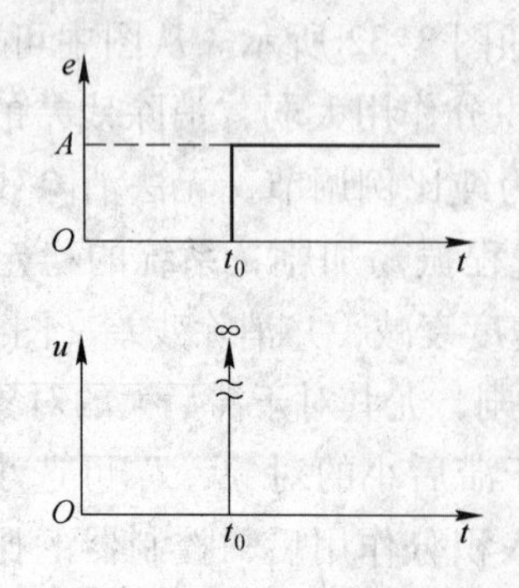

图 3-33 理想微分作用的开环阶跃响应

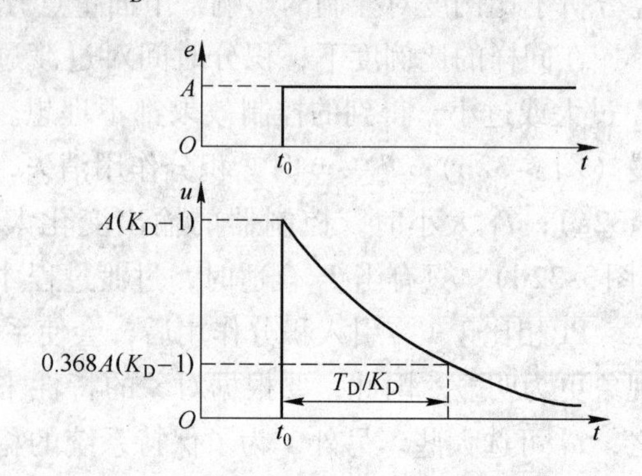

图 3-34 实际微分作用的开环阶跃响应

总之，微分控制规律只按偏差变化的速度动作，对偏差的大小不敏感，所以微分只能

起辅助控制的作用，与比例控制组合可以构成比例微分控制规律，或与比例、积分一起构成比例积分微分控制规律。

3.4.2.5 比例微分控制

A 比例微分控制的作用规律

比例微分控制规律由比例控制算法与微分控制算法结合而成，具备这两种控制规律的优点。

比例微分控制规律的表达式为

$$u = K_P\left(e + T_D\frac{de}{dt}\right)$$

具有比例微分控制规律的控制器称为比例微分控制器，简称PD控制器。采用实际微分算法的PD控制器的开环阶跃响应见图3-35。微分作用总是力图抑制被控变量的变化，有提高系统稳定性的作用。在比例作用基础上适当加入微分作用，可以在保持过渡过程衰减比不变的前提下，采用更小的比例度。图3-36为相同衰减比下，同一被控对象分别采用P控制和PD控制的过渡过程对比。由图可知，适度引入微分作用后，由于采用了较小的比例度，不但减小了过渡过程的残差和动态偏差，而且提高了振荡频率，缩短了过渡时间。

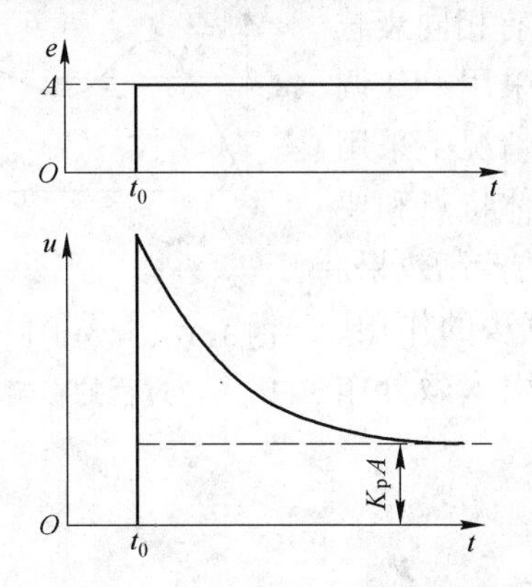

图3-35 实际微分的比例微分控制器开环阶跃响应

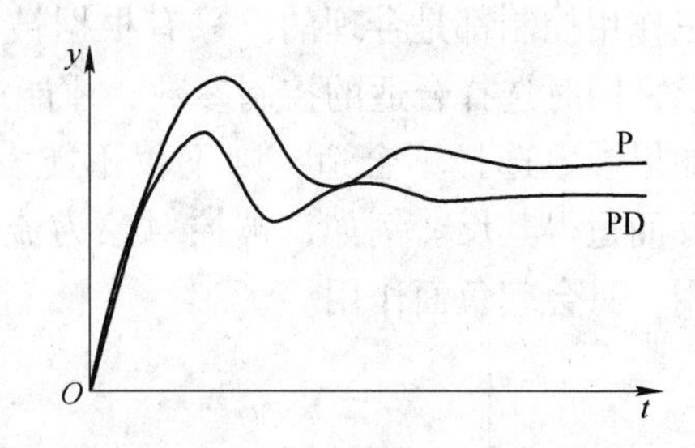

图3-36 P与PD控制的过渡过程对比

B 微分时间对过程控制的影响

微分作用可以在一定程度上减小残差和动态偏差，提高振荡频率，缩短过渡时间。但是微分作用对过渡过程也有不利之处。微分作用太强，容易导致调节阀开度向两端变化，因此PD中总是以P为主，以D为辅，微分作用不能太强。微分作用抗高频干扰的能力较差，而且不能消除残差。所以，PD控制主要用于一些被控变量变化比较平稳，对象的时间常数较大，控制精度要求又不是很高的场合。另外，微分作用虽然能改善大惯性对象的动态品质，但对于纯滞后现象没有改善作用。

需要注意，微分作用的引入一定要适度。如果T_D太大，控制器输出会剧烈变化，不仅不能提高过渡过程的稳定性，反而会引起快速振荡。图3-37说明微分时间对过渡过程的影响。

3.4.2.6 比例积分微分控制

比例积分微分控制规律由比例、积分、微分三种控制结合而成，具有诸多优点，是一种较理想的控制规律。

比例积分微分控制规律的表达式为

$$u = K_{\mathrm{P}}\left(e + \frac{1}{T_{\mathrm{I}}}\int e\mathrm{d}t + T_{\mathrm{D}}\frac{\mathrm{d}e}{\mathrm{d}t}\right)$$

具有比例积分微分控制规律的控制器称为比例积分微分控制器，简称 PID 控制器。采用实际微分算法的 PID 控制器的开环阶跃响应见图 3-38。该输出特性由比例、积分、微分三种特性叠加而成。当偏差刚一出现时，微分作用的输出变化最大，使控制器总的输出大幅度增加，产生一个较强的超前控制作用，以抑制偏差进一步增大。随后，微分作用逐渐减弱，积分作用在输出中逐渐占主导地位，直至消除残差。而比例作用在整个控制过程中始终与偏差相对应，对系统的稳定性起着至关重要的作用。对于一般的过程对象，只要选择合适的比例度 δ、积分时间 T_{I} 和微分时间 T_{D} 三个参数，采用 PID 控制器都可以获得良好的控制质量。

图 3-39 表示了同一对象在相同阶跃扰动下具有相同衰减率时，采用不同控制算法时的响应过程。显然，采用 PID 调节时的控制效果最佳。必须指出，并不是在任何情况下采用三作用控制都是合理的。只有根据被控过程的具体特点和要求，同时选择合适的控制参数，才能达到所期望的控制效果。如果参数选择不合适，则不仅不能发挥各控制算法的作用，反而适得其反。例如，被控对象为流量时，如果引入微分作用，只会起负面作用。

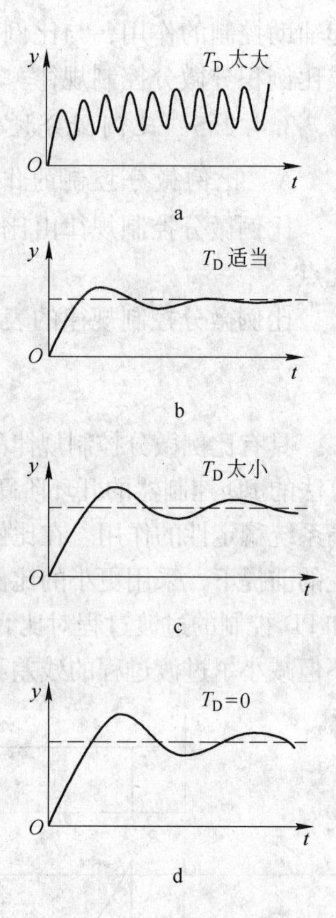

图 3-37 微分时间对过渡过程的影响

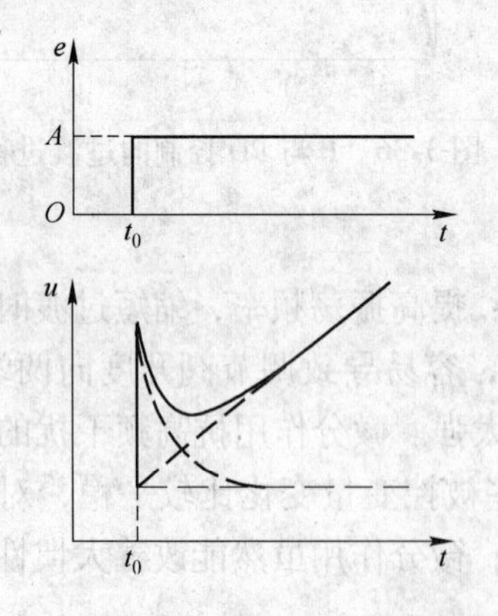

图 3-38 实际微分的 PID 控制器开环阶跃响应

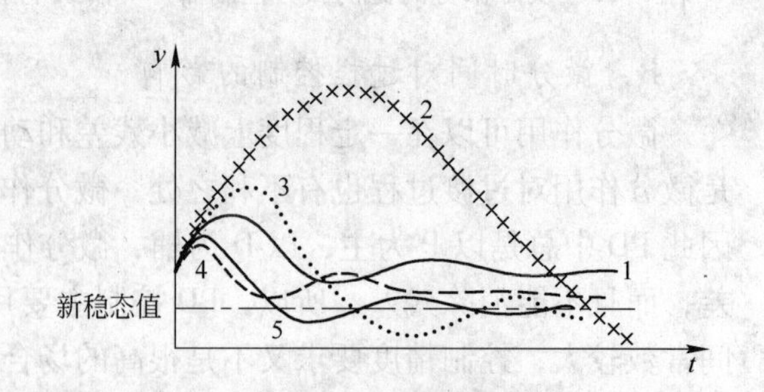

图 3-39 五种调节规律阶跃响应的对比

1—P 调节；2—I 调节；3—PI 调节；4—PD 调节；5—PID 调节

一般来说，当被控对象的容量滞后较大，工艺生产不允许有余差时，可以采用 PID 控制器。如果采用比较简单的控制算法已经满足生产要求，就没有必要采用三作用的控制器。

一台具有PID（此处PID具有广义含义）功能的实际控制器产品，一般都是通用的，能够实现上述5种调节规律。即如果把调节器（如DDZ－Ⅲ调节器）的微分时间调到零，将得到比例积分控制器；如果把积分时间调到最大，将得到比例微分控制器；如果把微分时间调到零、积分时间调到最大，将得到比例控制器。

3.4.3 控制器正反作用的选择

控制器产品一般都具有正作用与反作用两种工作方式，目的是便于与被控对象、执行器、检测装置等环节一起构成负反馈控制系统。同时，PID控制也是一种负反馈控制。所以在控制系统设计、投运过程中，选择控制器的正反作用是很重要的一个内容。

实际上，控制系统方块图中的每一个环节都有各自的作用方向。只有各环节组合适当、整个闭环构成负反馈，才能起到控制作用；反之，控制系统不仅不能起到控制作用，反而会破坏生产过程的自平衡。方块图中各环节的作用方向是指一个环节的输出与输入变化方向之间的关系。如果一个环节的输入增加时，其输出也增加，则称该环节为“正作用”方向；反之，如果一个环节的输入增加时，其输出减少，则称该环节为“反作用”方向。

在一个过程控制系统中，被控对象、检测装置、执行器的作用方向是不能随意选择的，要想使控制系统具有闭环负反馈特征，只有通过正确选择控制器的正反作用来实现。下面结合图3-12所示浮选机液位控制系统，介绍控制器正反作用选择的分析与判别方法。

（1）被控对象的正反作用由工艺机理确定。操纵变量增加、被控变量也增加的被控对象称为正作用的被控对象。反之，操纵变量增加导致被控变量减小的被控对象，称为反作用的被控对象。对于图3-12所示系统，操纵变量为泄放量，被控变量为浮选槽液位。显然，泄放量增加，液位会降低，所以，该系统中被控对象为反作用。

（2）测量装置的正反作用一般是固定的，即测量装置一般都是正作用。这是因为，无论是制造还是使用一种测量装置，都是希望它能正确、准确地反映被测物理量的大小，当被测量增加时，测量装置的输出应该也是增加的。图3-12所示系统也一样，当浮选槽的液位升高时，液位计显示和输出的液位高度值是增加的，所以该液位计是正作用。

（3）执行器的正反作用必须由生产的安全需要来决定。即，必须从保障生产过程和工艺安全的角度，来选择执行器的正反作用。图3-12所示系统中，为保证合理的精煤质量与生产安全，浮选槽内的矿浆是不能溢出的，所以生产过程中，当执行器（即图中的电动执行器）出现故障时，应该保证调整泄放量的调节阀是打开的（或者说此时的调节阀应该有比较大的开度）。也就是说，当控制器（送往执行器）的输出信号为零时，调节阀的开度应该最大，所以该系统中的执行器应该设置成反作用的。

需要说明的是，对于气动执行器，以上分析原则同样是适用的，但具体方法稍有不同。如果图3-12所示系统中采用气动调节阀，那么从同样的安全要求出发，当气动调节阀出现故障（如，气源突然中断）时，应保证调节阀是打开的。所以要选择气关阀，而气关阀是反作用的。关于气动执行器的内容，请参阅相关资料，此处不再介绍。

（4）被控对象的正反作用需要按照闭环负反馈原则根据前述3个环节的作用方向来选择。

前面（见图3-13）已经介绍过，被控对象、执行器、检测装置这三个环节合称为广义对象。所以，为方便可以首先确定广义对象的作用方向，然后再根据“构成闭环负反馈”的要求来选择控制器的作用方向。具体方法为，先确定被控对象、执行器、检测装置三个环节的作用方向，不妨用“+”、“-”分别代表正作用与反作用，把三个环节的作用方向符号相乘，得到广义对象的作用方向。之后，如果广义对象为“+”作用，则控制器应采用“-”作用的；如果广义对象为“-”作用，则控制器应采用“+”作用的。对图3-13所示系统，由（1）、（2）、（3）步，已经确定其被控对象是反作用的（“-”号）、液位计是正作用的（“+”号）、执行器是反作用的（“-”号），三个符号相乘为“+”，即广义对象为正作用，所以该控制系统中，控制器应该选择反作用控制器。

以上4步即为控制器正反作用的选择方法。至于控制器正反作用的实现，比较简单，通过设置（模拟式）或设定（数字式）控制器产品上的正反作用开关即可实现。

思考题

(1) 试述计算机控制系统的特点及分类。
(2) 试述计算机控制系统的信号流程。
(3) 试述计算机控制系统的组成。
(4) 计算机控制系统的发展历程是怎样的，各种控制系统之间有什么区别？
(5) 什么是过程控制，生产过程对控制有哪些要求？
(6) 试述过程控制系统的组成及各部分的功能。
(7) 试述过程控制系统的分类。
(8) 试述过程控制系统的过渡过程及性能指标。
(9) 试述双位控制。
(10) 什么是比例控制规律、积分控制规律和微分控制规律，它们有哪些表示方式和特点？
(11) 为什么说积分控制规律一般不单独使用，而微分控制规律一定不能单独使用？
(12) 什么是正作用调节器和负作用调节器，如何实现调节器的正反作用？

4 可编程控制器及其应用

【本章学习要求】

(1) 熟悉可编程控制器特点、功能、结构及工作原理;

(2) 熟悉常用 PLC 类型及其特点;

(3) 熟悉 PLC 的基本指令;

(4) 掌握选煤厂集中控制系统的要求、系统设计步骤及注意事项。

4.1 可编程控制器的基本原理

4.1.1 可编程控制器的产生

可编程控制器是一种专为工业环境而设计的数字运算操作的电子系统，它采用了可编程的存储器，在其内部可以存储执行逻辑运算、顺序控制、定时、计数和算术运算等操作指令，通过数字量或模拟量的输入和输出来控制各种类型的机械设备或生产过程。

可编程控制器是从早期的可编程逻辑控制器（Programmable Logic Controller，简称 PLC）的基础上发展起来的。20 世纪 60 年代末，美国汽车工业为了适应生产工艺不断更新的需要，首先采用了顺序控制器代替硬接线的逻辑控制电路，实现生产过程的自动控制。由于 PLC 的灵活性和可扩展性，这项新技术得到了迅速发展，特别是 20 世纪 70 年代中期微电子技术被应用于 PLC 中，使得 PLC 更多地具有了计算机的功能，而且逐步做到了小型化、模块化。这种采用了计算机技术的 PLC 称为 PC，但是为了和个人电脑（Personal Computer，简称 PC）区别，现在仍然用 PLC 来表示可编程控制器。

用 PLC 组成的控制系统与传统的控制系统相比具有体积小、功能强、速度快、可靠性高、灵活性和可扩展性强等明显的优点。常规的硬接线逻辑控制电路要使用大量逻辑控制元件（即硬件），在生产流程改变时更改控制系统需要相当大的工作量，有时甚至相当于重新设计一个新的控制系统。而具有计算机功能的 PLC 所组成的控制系统借助软件来实现控制，软件本身修改方便，使得控制系统修改极为简单。由于 PLC 本身可靠性较高，一般平均无故障使用时间为数万小时，同时简化了控制系统的硬件电路，使整个系统可靠性大大提高。此外，PLC 模块化的结构也使得 PLC 控制系统宜于维修。因此，PLC 被广泛用于各种工业领域，正逐步取代其他控制系统。

PLC 采用简单直观的梯形图编程，较其他计算机系统易学、易用。具有中等文化水平的电气工人，仅需几天的培训，便可掌握其基本原理及使用、维护方法。

目前，我国使用的 PLC 种类很多，主要有美国的 GE、AB，德国的西门子，日本欧姆龙、三菱、光洋等。

20 世纪 60 年代，人们曾试图用小型计算机来实现工业控制代替传统的继电接触器控制，但因价格昂贵、输入输出电路不匹配、编程复杂等原因，而没能得到推广和应用。20 世纪 50 年代末，美国通用汽车公司（GM）为了适应汽车型号不断翻新的需要，提出需要有这样一种控制设备，即：

（1）它的继电控制系统设计周期短、更改容易、接线简单。

（2）它能把计算机的许多功能和继电控制系统结合起来，操作方便。

（3）系统通用性强、成本低，但编程又比计算机简单易学。

1969 年美国 DEC 公司研制出第一台可编程控制器，用在 GM 公司生产线上获得成功。其后日本、德国等相继引入，可编程控制器迅速发展起来。这一时期它主要用于顺序控制。虽然也采用了计算机的设计思想，但实际上只能进行逻辑运算，故称为“可编程逻辑控制器”。

进入 20 世纪 80 年代，由于计算机技术和微电子技术的迅猛发展，极大地推动了 PLC 的发展，使得 PLC 的功能日益增强。PLC 可进行模拟量控制、位置控制和 PID 控制等，易于实现柔性制造系统（FMS）。远程通信功能的实现更使得 PLC 如虎添翼。无怪有人将 PLC 称为现代化控制的三大支柱（即 PLC、机器人和计算机辅助设计/制造 CAD/CAM）之一。

对于 PLC 的定义，国际电工委员会（IEC）在 1987 年 2 月颁布的可编程控制器标准的第三稿中写道：“可编程控制器是一种数字运算操作的电子系统，是专为在工业环境下应用设计的。它采用可编程序的存储器，用来在内部存储执行逻辑运算、顺序控制、定时、计数和算术运算等操作的指令，并采用数字式、模拟式的输入和输出，控制各种类型的机械或生产过程。可编程控制器及其有关设备，都应按易于与工业控制系统联成一个整体、易于扩充其功能的原则设计。”

目前 PLC 已广泛应用于冶金、矿业、机械、轻工等领域，为工业自动化提供了有力的工具，加速了机电一体化的进程。

4.1.2 可编程控制器的主要特点

4.1.2.1 运行稳定可靠

为保证 PLC 能在工业环境下可靠工作，在设计和生产过程中采取了一系列硬件和软件的抗干扰措施，主要有以下几个方面：

（1）隔离。这是抗干扰的主要措施之一。PLC 的输入输出接口电路一般采用光电耦合器来传递信号。这种光电隔离措施，使外部电路与内部电路之间避免了电的联系，可有效地抑制外部干扰源对 PLC 的影响，同时防止外部高电压串入，减少故障和误动作。

（2）滤波。这是抗干扰的另一个主要措施，在 PLC 的电源电路和输入、输出电路中设置了多种滤波电路，用以对高频干扰信号进行有效抑制。

（3）对 PLC 的内部电源还采取了屏蔽、稳压、保护措施，以减少外界干扰，保证供电质量。另外使输入/输出接口电路的电源彼此独立，以避免电源之间的干扰。

（4）内部设置了连锁、环境检测与诊断、Watchdog（“看门狗”）等电路，一旦发现故障或程序循环执行时间超过了警戒时钟 WDT 规定时间（预示程序进入了死循环），立即报警，以保证 CPU 可靠工作。

(5) 利用系统软件定期进行系统状态、用户程序、工作环境和故障检测，并采取信息保护和恢复措施。

(6) 对应用程序及动态工作数据进行电池备份，以保障停电后有关状态或信息不丢失。

(7) 采用密封、防尘、抗振的外壳封装结构，以适应工作现场的恶劣环境。

另外，PLC 是以集成电路为基本元件的电子设备，内部处理过程不依赖于机械触点，也是保障可靠性高的重要原因；而采用循环扫描的工作方式，也提高了抗干扰能力。

4.1.2.2 可实现三电一体化

PLC 将电控（逻辑控制)、电仪（过程控制）和电结（运动控制）这三电集于一体，以方便灵活地组合成各种不同规模和要求的控制系统，以适应各种工业控制的需要。

4.1.2.3 编程简单、使用方便

PLC 继承传统继电器控制电路清晰直观的特点，充分考虑电气工人和技术人员的读图习惯，采用面向控制过程和操作者的“自然语言”——梯形图为基本编程语言，容易学习和掌握 PLC。控制系统采用软件编程来实现控制功能，其外围只需将信号输入设备（按钮、开关等）和接收输出信号执行控制任务的输出设备（如接触器、电磁阀等执行元件）与 PLC 的输入输出端子相连接，安装简单，工作量少。当生产工艺流程改变或生产线设备更新时，不必改变 PLC 硬件设备，只需改变程序即可，灵活方便，具有很强的“柔性”。

4.1.2.4 体积小、重量轻、功耗低

由于 PLC 是专为工业控制而设计的，其结构紧密、坚固、体积小巧，易于装于机械设备内部，是实现机电一体化的理想控制设备。

4.1.2.5 设计、施工、调试周期短

用可编程序控制器完成一项控制工程时，由于其硬、软件齐全，设计和施工可同时进行，由于用软件编程取代了继电器硬接线实现控制功能，使得控制柜的设计安装及接线工作量大为减少，缩短了施工周期。同时，由于用户程序大都可以在实验室模拟调试，模拟调试好后再将 PLC 控制系统在生产现场进行联机统调，使得调试方便、快速、安全，因此大大缩短了设计和投运周期。

4.1.3 PLC 的主要功能

随着 PLC 技术的不断发展，目前已能完成以下控制功能：

(1) 开关量的逻辑控制功能。逻辑控制或顺序控制（也称条件控制）功能是指用 PLC 的与、或、非等指令取代继电器触点的串联、并联，及其他各种逻辑连接，进行开关控制。

(2) 定时/计数控制功能。定时/计数控制功能是指用 PLC 提供的定时器、计数器指令实现对某种操作的定时或计数控制，以取代时间继电器和计数继电器。

(3) 步进控制功能。步进控制功能是指用步进指令来实现在有多道加工工序的控制中，只有完成前一道工序后，才能进行下一道工序操作的控制，以取代由硬件构成的步进控制器。

（4）数据处理功能。数据处理功能是指 PLC 能进行数据传送、运算以及编码和译码等操作。

（5）A/D 与 D/A 转换功能。A/D 与 D/A 转换功能是指通过 A/D 与 D/A 模块完成模拟量和数字量之间的转换。

（6）运动控制功能。运动控制功能是指通过高速计数模块和位置控制模块等进行单轴或多轴运动控制。

（7）过程控制功能。过程控制功能是指通过 PLC 的 PID 控制指令或模块实现对温度、压力、速度、流量等物理参数的闭环控制。

（8）扩展功能。扩展功能是指通过连接输入/输出扩展单元（即 I/O 扩展单元）模块来增加输入/输出点数，也可通过附加各种智能单元及特殊功能单元来提高 PLC 的控制能力。

（9）远程 I/O 功能。远程 I/O 功能是指通过远程 I/O 单元将分散在远距离的各种输入机相连接，进行远程控制，接收输入信号，传出输出信号。

（10）通信联网功能。通信联网功能是指通过 PLC 之间的联网，PLC 与上位计算机的连接等，实现远程 I/O 控制或数据交换，以完成较大规模的系统控制。

（11）监控功能。监控功能是指 PLC 监视系统各部分的运行状态和进程，对系统中出现的异常情况进行报警和记录，甚至自动终止运行；也可在线调整、修改控制程序中的定时器、计数器等的设定值或强制 I/O 状态。

4.1.4　PLC 的基本结构及工作原理

目前 PLC 生产厂家很多，产品结构也各不相同，但其基本组成部分大致如图 4-1 所示。

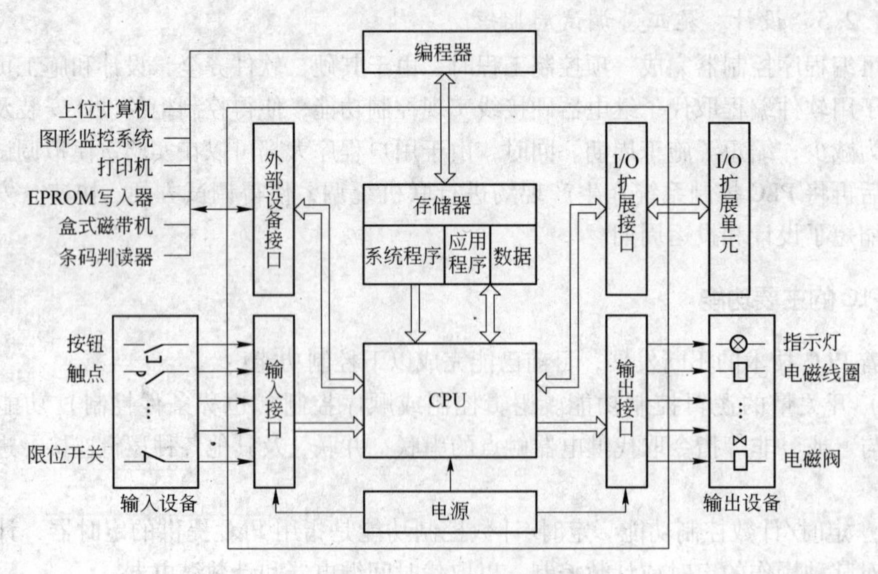

图 4-1　PLC 典型结构图

由图 4-1 可以看出，PLC 采用了典型的计算机结构，主要包括：CPU、RAM、ROM 和输入、输出接口电路等。其内部采用总线结构进行数据和指令的传输。如果把 PLC 看作一个系统，该系统由输入变量→PLC→输出变量组成。外部的各种开关信号、模拟信号以及传感器检测的各种信号均作为 PLC 的输入变量，它们经 PLC 外部输入端子输入到内部寄存器中，经 PLC 内部逻辑运算或其他各种运算处理后送到输出端子，它们是 PLC 的输出变量。由这些输出变量对外围设备进行各种控制。这里可以把 PLC 看成一个中间处理器或变换器，它将输入变量转换为输出变量。

下面结合图 4-1 具体介绍各部分的作用。

4.1.4.1 CPU

CPU 是中央处理器（Center Processing Unit）的英文缩写。CPU 一般由控制电路、运算器和寄存器组成。它作为整个 PLC 的核心，起着总指挥的作用。它主要完成以下功能：

（1）将输入信号送入 PLC 中存储起来。

（2）按存放的先后顺序取出用户指令，进行编译。

（3）完成用户指令规定的各种操作。

（4）将结果送到输出端。

（5）响应各种外围设备（如编程器、打印机等）的请求。

目前 PLC 中所用的 CPU 多为单片机，在高档机中现已采用 16 位甚至 32 位 CPU。

4.1.4.2 存储器

存储器是具有记忆功能的半导体电路，用来存放系统程序、用户程序、逻辑变量和其他一些信息。

PLC 内部存储器有两类：一类是 RAM（即随机存取存储器），可以随时由 CPU 对它进行读出、写入；另一类是 ROM（即只读存储器），CPU 只能从中读取而不能写入。RAM 主要用来存放各种暂存的数据、中间结果及用户程序。ROM 主要用来存放监控程序及系统内部数据，这些程序及数据出厂时固化在 ROM 芯片中。

4.1.4.3 输入、输出接口电路

它起着 PLC 和外围设备之间传递信息的作用。PLC 通过输入接口电路将开关、按钮等输入信号转换成 CPU 能接收和处理的信号。输出接口电路是将 CPU 送出的弱电控制信号转换成现场需要的强电信号输出，以驱动被控设备。为了保证 PLC 可靠地工作，设计者在 PLC 的接口电路上采取了不少措施，常用接口电路的结构如图 4-2 所示。

由图 4-2 可见，这些接口电路有以下特点：

（1）输入端采用光电耦合电路，如图 4-2a 所示。它可以大大减少电磁干扰。

（2）输出也采用光电隔离电路，并分为三种类型：继电器输出型、晶闸管输出型和晶体管输出型，如图 4-2b ~ e 所示。这使得 PLC 可以适合各种用户的不同要求。其中继电器输出型为有触点输出方式，可用于直流或低频交流负载电路；晶闸管输出型和晶体管输出型皆为无触点输出方式，前者可用于高频大功率交流负载回路，后者则用于高频小功率交流负载回路。而且有些输出电路被做成模块式，可以插拔，更换起来十分方便。

4.1.4.4 电源

PLC 电源是指将外部交流电经整流、滤波、稳压转换成满足 PLC 中 CPU、存储器、输入、输出接口等内部电路工作所需要的直流电源或电源模块。为避免电源干扰，输入、输出接口电路的电源回路彼此相互独立。

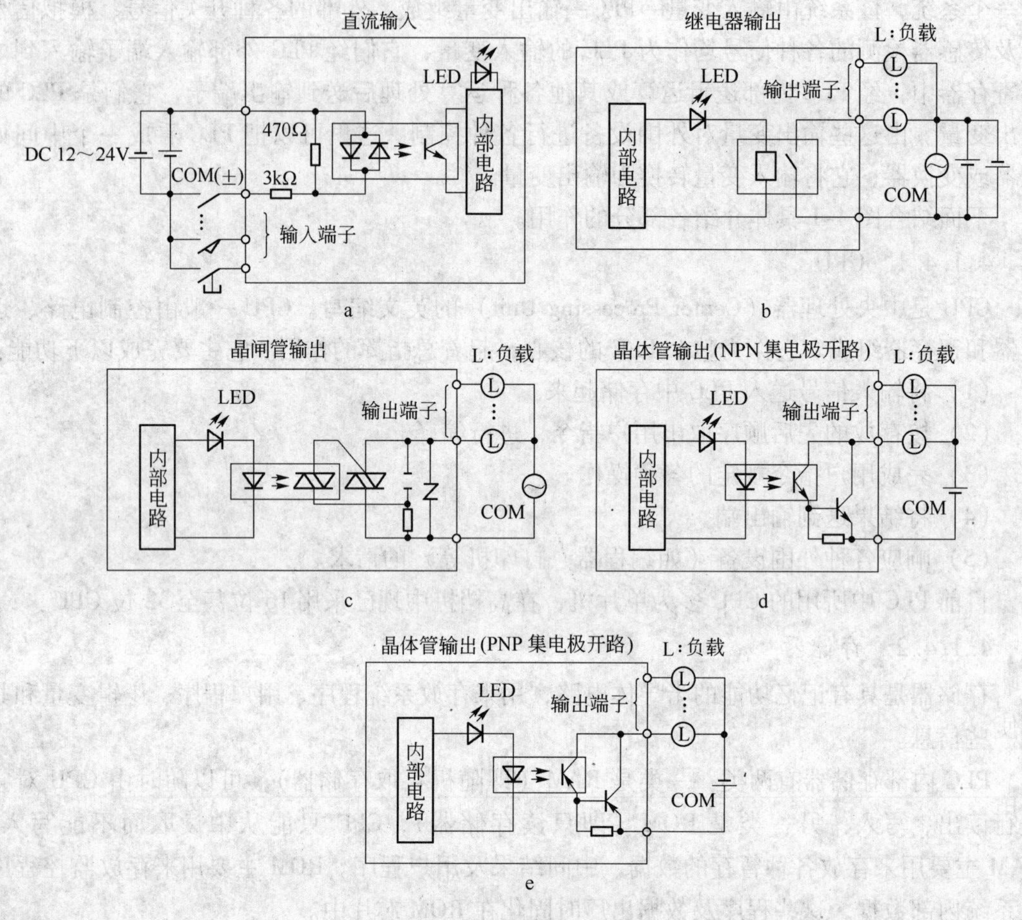

图 4-2 常用接口电路

4.1.4.5 编程工具

编程工具是 PLC 最重要的外围设备，它实现了人与 PLC 的联系对话。用户利用编程工具不但可以输入、检查、修改和调试用户程序，还可以监视 PLC 的工作状态、修改内部系统寄存器的设置参数以及显示错误代码等。编程工具分两种，一种是手持编程器，只需通过编程电缆与 PLC 相接即可使用；另一种是带有 PLC 专用工具软件的计算机，它通过 RS232 通信口与 PLC 连接，若 PLC 用的是 RS422 通信口，则需另加适配器。

4.1.4.6 I/O 扩展接口

若主机单元（带有 CPU）的 I/O 点数不够用，可进行 I/O 扩展，电缆与 I/O 扩展单元（不带有 CPU）相接，以扩充 I/O 点数。A/D、D/A 单元一般也通过接口与主机单元相连。

4.1.5 PLC 的工作原理

PLC 虽具有微机的许多特点，但它的工作方式却与微机有很大不同。微机一般采用等待命令的工作方式，而 PLC 则采用循环扫描的工作方式。在 PLC 中用户程序按先后顺序存放，如图 4-3 所示。

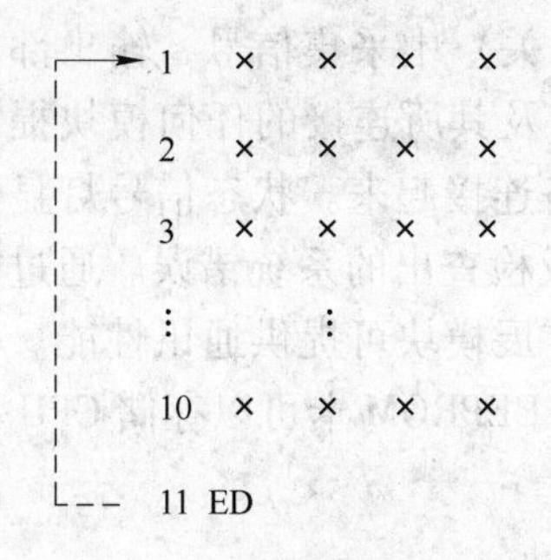

图 4-3 PLC 循环扫描示意图

对每个程序，CPU 从第一条指令开始执行，直至遇到结束符后又返回第一条，如此周而复始不断循环，每一个循环称为一个扫描周期。扫描周期的长短主要取决于以下几个因素：一是 CPU 执行指令的速度；二是执行每条指令占用的时间；三是程序中指令条数的多少。一个扫描周期大致可分为 I/O 刷新和执行指令两个阶段。

所谓 I/O 刷新是指，PLC 先将上一次扫描的执行结果送到输出端，再读取当前输入的状态，也就是将存放输入、输出状态的寄存器内容进行一次更新，故称为 I/O 刷新。由于每一个扫描周期只进行一次 I/O 刷新，即每一个扫描周期 PLC 只对输入、输出状态寄存器更新一次，故使系统存在输入、输出滞后现象，这在一定程度上降低了系统的响应速度。由此可见，若输入变量在 I/O 刷新期间状态发生变化，则本次扫描期间输出会相应地发生变化。反之，若在本次刷新之后输入变量才发生变化，则本次扫描输出不变，而要到下一次扫描的 I/O 刷新期间输出才会发生变化。由于 PLC 采用循环扫描的工作方式，所以它的输出对输入的响应速度要受扫描周期的影响。PLC 的这一特点，一方面使它的响应速度变慢，但另一方面也使它的抗干扰能力增强，对一些短时的瞬间干扰，可能会因响应滞后而躲避开。这对一些慢速控制系统是有利的，但对一些快速响应系统则不利，在使用中应特别注意这一点。

总之，采用循环扫描的工作方式，是 PLC 区别于微机和其他控制设备的最大特点，使用者对此应给予足够的重视。

4.2 常用 PLC 及其指令

4.2.1 西门子系列 PLC

4.2.1.1 SIMATIC S7-200

A S7-200 概述

S7-200 系列是一类可编程逻辑控制器（Micro PLC)。这一系列产品可以满足多种多样的自动化控制需要，图 4-4 所示为一台 S7-200 Micro PLC。由于具有紧凑的设计、良好的扩展性、低廉的价格以及强大的指令，使 S7-200 可以近乎完美地满足小规模的控制要求。此外，丰富的 CPU 类型和电压等级使其在解决用户的工业自动化问题时，具有很强的适应性。

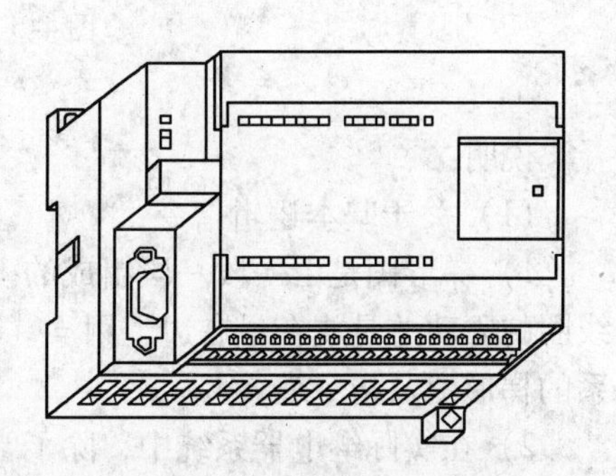

图 4-4 S7-200 Micro PLC

一台 S7-200 Micro PLC 包括一个单独的 S7-200 CPU，或者带有各种各样的可选模块。

S7-200 CPU 模块包括一个中央处理单元（CPU)、电源以及数字量 I/O 点，这些都被集成在一个紧凑、独立的设备中。

CPU 负责执行程序和存储数据，以便对工业自动控制任务或过程进行控制。输入输出是系统的控制点：输入部分从现场设备（例如传感器或开关）中采集信号，输出部分则控制泵、电机，以及工业过程中的其他设备。电源向 CPU 及其所连接的任何模块提供电力。通讯端口允许将 S7-200 CPU 同编程器或其他一些设备连接起来。状态信号灯显示 CPU 的工作模式（运行或停止），本机 I/O 的当前状态，以及检查出的系统错误。通过扩展模块可增加 CPU 的 I/O 点数（CPU221 不可扩展）。通过扩展模块可提供通讯性能。一些 CPU 具有内置的实时时钟，其他 CPU 则需要实时时钟卡。EEPROM 卡可以存储 CPU 程序，也可以将一个 CPU 的程序传送到另一个 CPU 中。

B　S7-200 的基本指令及编程方法

梯形图（LAD）和指令表（STL）是可编程控制器的最基本的编程语言。梯形图直接脱胎于传统的继电器控制系统，其符号及规则充分顾及电气技术人员的读图及思维习惯，简洁直观，即便是没学过计算机技术的人也极易接受。指令表则是可编程控制器最基础的编程语言。

a　基本逻辑指令及其变化

LD（Load）：常开触点逻辑运算开始。

A（And）：常开触点串联连接。

O（Or）：常开触点并联连接。

=（Out）：线圈驱动。

其应用如图 4-5 所示。

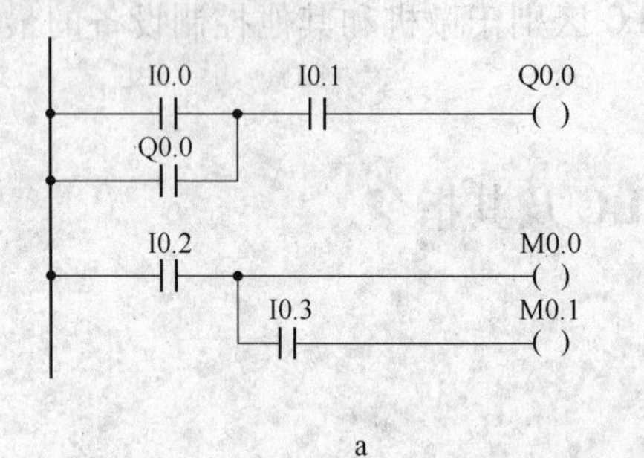

a

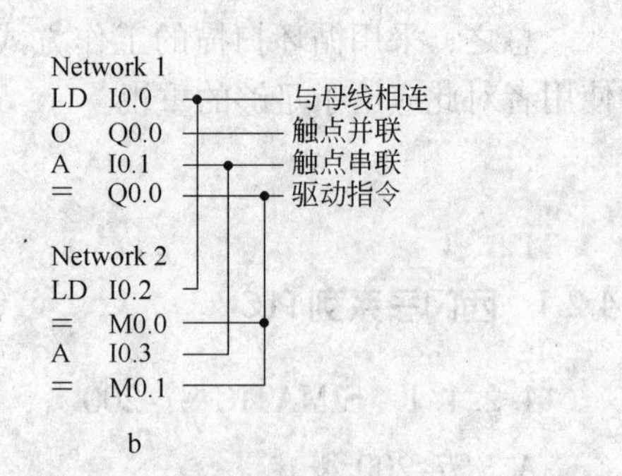

b

图 4-5　基本逻辑指令应用举例
a—梯形图；b—指令表

说明：

(1) 关于基本逻辑指令：

1) 梯形图是由一段一段组成的。每段开始用 LD 指令，触点的串/并联用 A/O 指令，线圈的驱动总是放在最右边，用 =（Out）指令，用这四条基本指令即可组成复杂逻辑关系的梯形图及指令表。

2) 在实际继电器系统中，除了常开触点外还有常闭触点，为与之相对应，引入了以下指令：

LDN（Load Not）：常闭触点逻辑运算开始。

AN（And Not）：常闭触点串联。

ON（Or Not）：常闭触点并联。

这三条指令的操作元件与对应的常开触点指令的操作元件相同。

（2）立即处理指令。为了使输入/输出的响应更快，S7-200 引入立即处理指令——LDI、LDNI、AI、ANI、OI、ONI 及 =I 指令。在程序中遇到立即指令时，若涉及输入触点，则 CPU 输入映象寄存器，直接读入输入点的通断状态作为程序处理的根据，但不对输入映象寄存器做刷新处理；若涉及输出线圈，则除将结果写入输出映象寄存器 PIQ 外，更直接以结果驱动实际输出而不等待程序结束指令。

应当注意到，立即处理指令比一般的处理指令占用 CPU 时间长，如盲目多用立即处理指令，则可能加长扫描周期时间，反而对系统造成不利影响。

b 较复杂的逻辑关系的处理

（1）电路块的串/并联：

OLD（Or Load）：串联电路块的并联。

ALD（And Load）：并联电路块的串联。

如图 4-6 所示，两个以上触点串联的电路称为串联电路块。串联电路块并联连接时，分支开始用 LD（I）、LDN（I）指令，分支结束后用 OLD 指令将串联分支并接在一起。并联电路块与前面电路串联时用 ALD 指令，OLD 及 ALD 指令均没有操作元件。

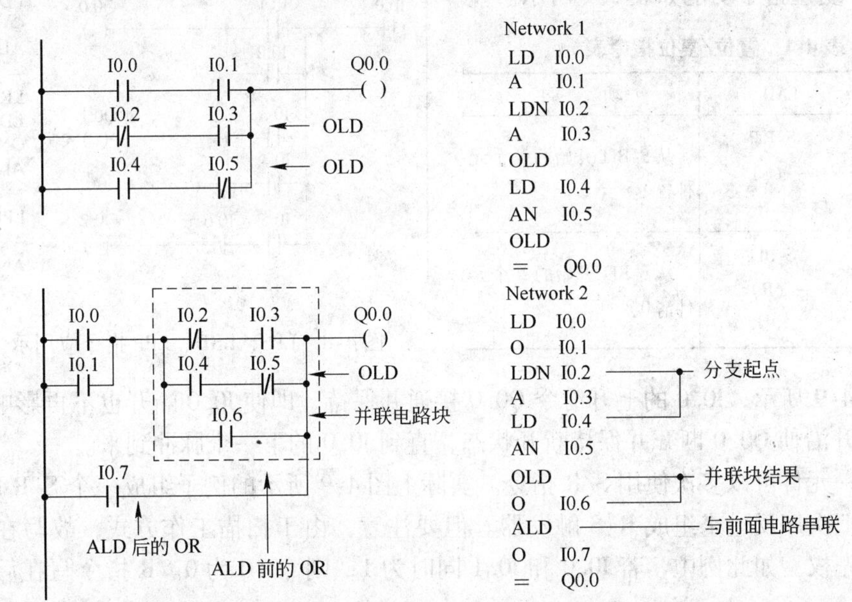

图 4-6 电路块的串并联示例

（2）逻辑堆栈的操作：

LPS（Logic Push）：进栈。

LRD（Logic Read）：读栈。

LPP（Logic Pop）：出栈。

S7-200 中有一个 9 层堆栈，用于处理逻辑运算结果，称为逻辑堆栈。执行 LPS、LRD、LPP 指令时对逻辑堆栈的影响如图 4-7 所示。

图 4-8 所示的例子可以说明这几条指令的作用。其中仅用了 2 层栈，实际上因为逻辑堆栈有 9 层，故可以继续使用多次 LPS，形成多层分支。但要注意，LPS 和 LPP 必须配对使用。

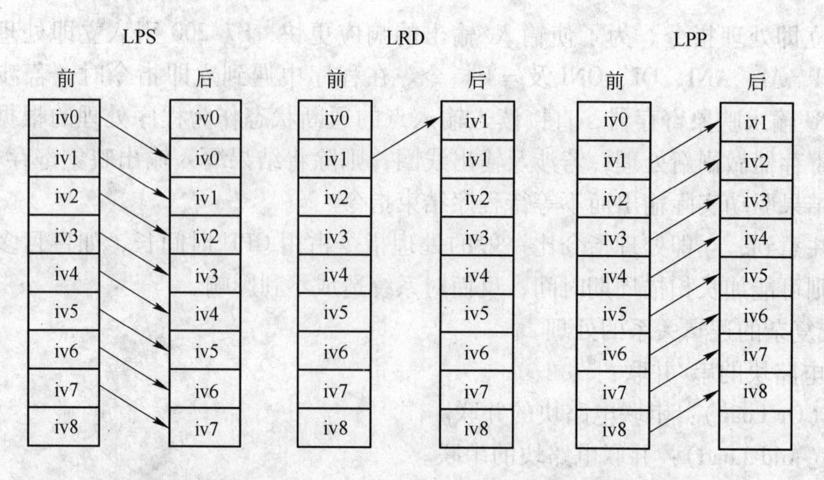

图 4-7　执行 LPS、LRD、LPP 指令对逻辑堆栈的影响

c　置位、复位及脉冲生成指令

置位/复位指令功能如表 4-1 所示。

表 4-1　置位/复位指令表

STL	LAD	功　能
S　S-BIT	S-BIT —（S） N	从 S-BIT 开始的 N 个元件置 1
R　S-BIT	S-BIT —（R） N	从 S-BIT 开始的 N 个元件清 0

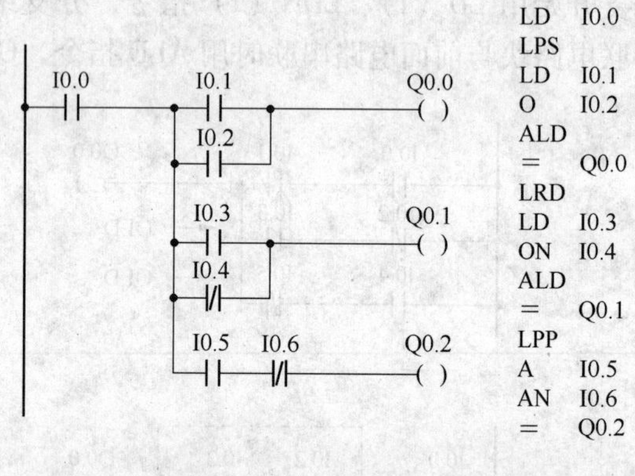

图 4-8　LPS、LRD、LPP 指令应用示例

如图 4-9 所示，I0.0 的上升沿令 Q0.0 接通并保持，即使 I0.0 断开也不再影响 Q0.0。I0.1 的上升沿使 Q0.0 断开并保持断开状态，直到 I0.0 的下一个脉冲到来。

对同一元件可以多次使用 S/R 指令。实际上图 4-9 所示的例子组成一个 S-R 触发器，当然也可把次序反过来组成 R-S 触发器。但要注意，由于扫描工作方式，故写在后面的指令有优先权。如此例中，若 I0.0 和 I0.1 同时为 1，则 Q0.0 为 0。R 指令写在后因而有优先权。

d　定时器与计数器操作指令

（1）定时器。S7-200 PLC 按工作方式分为两大类定时器：

1）TON——延时通定时器（On Delay Timer）。

2）TONR——积算型延时通定时器（Retentive On Delay Timer）。

按时基脉冲分则有 1ms、10ms、100ms 三种。

每个定时器均有一个 16bit 当前值寄存器及一个 1bit 的状态位——T0-bit（反映其触点的状态）。在图 4-10 中，当 I0.0 接通时，即驱动 T33 开始计数；计数到设定值 PT 时，T33 状态 bit 置 1，其常开触点接通，驱动 Q0.0 有输出；其后当前值仍增加，但不影响状态 bit。当 I0.0 分断时，T33 复位，当前值清零，状态位也清零，即回复原始状态。若 I0.0 接通时间未到设定值就断开，则 T33 跟随复位，Q0.0 不会有输出。

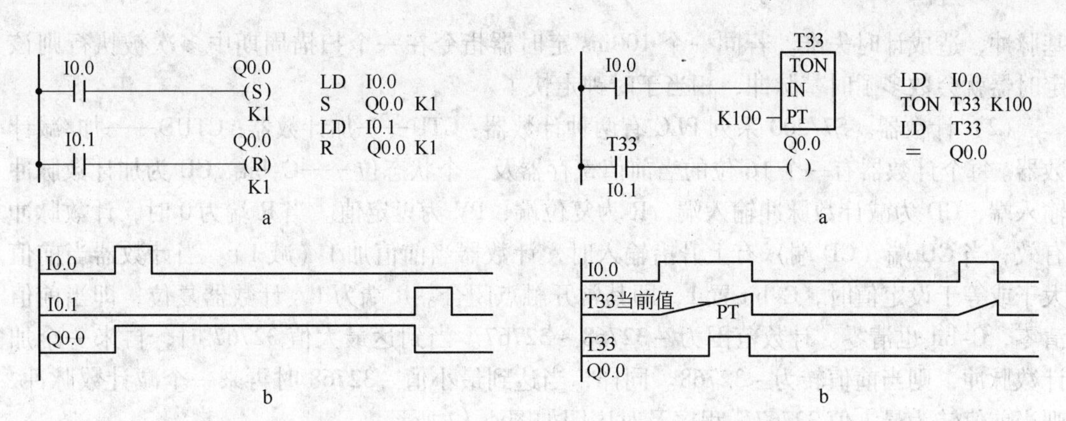

图 4-9 S/R 指令应用示例

a—梯形图及指令表；b—时序图

图 4-10 延时通定时器指令应用示例

a—梯形图及指令表；b—时序图

当前值寄存器为 16 位，最大计数值为 32767，由此可推算不同分辨率的定时器的设定时间范围。

对于积算型定时器 T3，则当输入 IN 为 1 时，定时器计时；当 IN 为 0 时，其当前值保持；下次 IN 再为 1 时，T3 当前值从原保持值开始再往上加，并将当前值与设定值 PT 作比较，当前值大于等于设定值时，T3 状态位置 1，驱动 Q0.0 有输出；以后即使 IN 再为 0 也不会使 T3 复位，再令 T3 复位必须用复位指令。其程序及时序图如图 4-11 所示。

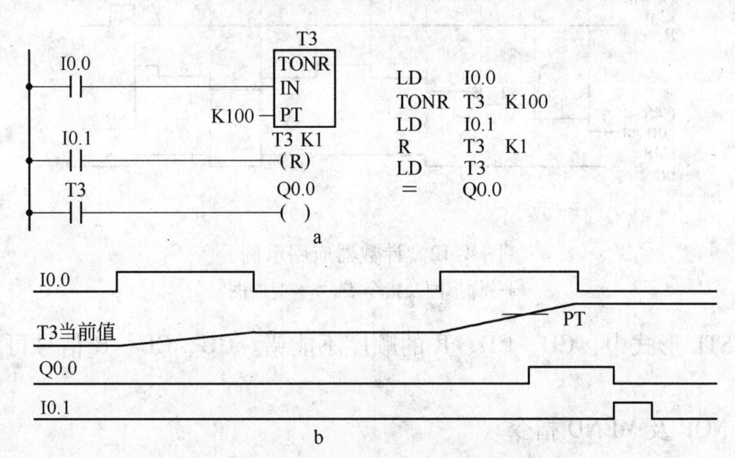

图 4-11 积算型定时器指令应用示例

a—梯形图及指令表；b—时序图

对于 S7-200 系列 PLC 的定时器，还有一点要注意的，就是 1ms、10ms、100ms 的定时器的刷新方式是不同的。

1ms 定时器由系统每隔 1ms 刷新一次，与扫描周期及程序处理无关。因而，当扫描周期较长时，在一个周期内可能被多次刷新，其当前值在一个扫描周期内不一定保持一致。

10ms 定时器则由系统在每个扫描周期开始时自动刷新。由于是每个扫描周期只刷新一次，故在每次程序处理期间其当前值为常数。

100ms 定时器则在该定时器指令执行时被刷新。因而要留意，如果该定时器线圈被激励而该定时器指令并不是每个扫描周期都执行的话，那么该定时器不能及时刷新，丢失时基脉冲，造成计时失准。若同一个 100ms 定时器指令在一个扫描周期中多次被执行则该定时器就会数多了时基脉冲，相当于时钟走快了。

（2）计数器。S7-200 系列 PLC 有两种计数器：CTU——加计数器；CTUD——加/减计数器。每个计数器有一个 16 位的当前值寄存器及一个状态位——C-bit。CU 为加计数脉冲输入端，CD 为减计数脉冲输入端，R 为复位端，PV 为设定值。当 R 端为 0 时，计数脉冲有效；当 CU 端（CD 端）有上升沿输入时，计数器当前值加 1（减 1）。当计数器当前值大于或等于设定值时，C-bit 置 1，即其常开触点闭合。R 端为 1，计数器复位，即当前值清零，C-bit 也清零。计数范围为 -32768 ~ 32767。当到达最大值 32767 时，再来一个加计数脉冲，则当前值转为 -32768。同样，当达到最小值 -32768 时再来一个减计数脉冲，则当前值转为最大值 32767。程序及时序图如图 4-12 所示。

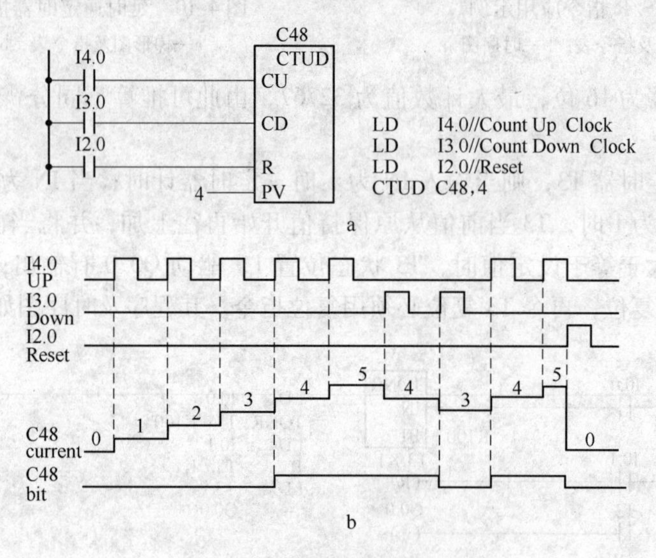

图 4-12　计数器应用示例

a—梯形图及指令表；b—时序图

注意：在 STL 形式中，CU、CD、R 的顺序不能错。CU、CD、R 信号可为复杂的逻辑关系。

e　NOT、NOP 及 MEND 指令

NOT、NOP 及 MEND 指令的形式及功能如表 4-2 所示。

表 4-2　NOT、NOP 及 MEND 指令

STL	LAD	功　能	操作元件
NOT	—［NOT］—	逻辑结果取反	无
NOP	—（NOP）	空操作	无
MEND	—（MEND）	无条件结束	无

NOT 为逻辑结果取反指令，在复杂逻辑结果取反时为用户提供方便。NOP 为空操作，对程序没有实质影响。MEND 为无条件结束指令，在编程结束时一定要写上该指令。否则会出现编译错误；在调试程序时，在程序的适当位置插入 MEND 指令可以实现程序的分

段调试。

f 顺序控制指令

用梯形图及指令表方式编程深受广大电气技术人员的欢迎。但对于一个复杂的控制系统，尤其是顺序控制程序，由于内部连锁，互动关系极其复杂，其梯形图往往长达数百行，通常要有熟练的电气工程师才能编制出这样的程序。

若利用IEC标准的SFC语言来编制顺序控制程序，则初学者也很容易编写复杂的顺控程序，使得工作效率大大提高。同时，这种编程方法为调试、试运行带来极大的方便。

S7-200系列PLC利用表4-3所示的三条简单的顺控继电器指令与状态元件S结合，就可以类似SFC的方式来编程。

表4-3 顺序控制指令的形式及功能

STL	LAD	功 能	操作元件
LSCR		顺控状态开始	S
SCRT	—（SCRT）	顺控状态转移	S
SCRE	—（SCRE）	顺控状态结束	无

g 比较指令

比较指令是将两个操作数按指定的条件作比较，条件成立时，触点就闭合。其STL、LAD形式及功能见表4-4。比较指令为上、下限控制等提供了极大的方便。

表4-4 比较指令的STL、LAD形式及功能

STL	LAD	功 能
LD□×× n1，n2	n1 |××□| n2	比较触点接起始主线
LD n A□×× n1，n2	n ┤├ n1 |××□| n2	比较触点的“与”
LD n 0□×× n1，n2	n ┤├ （并联）n1 |××□| n2	比较触点的“或”

注：“××”表示操作数n1、n2所需满足的条件：

= = 等于比较，如LD□ = =n1，n2，即n1 =n2时触点闭合；

> = 大于等于比较，如 n1 |>=□| n2，即n1 > =n2时触点闭合；

< = 小于等于比较，如 n1 |<=□| n2，即n1 < =n2时触点闭合。

“□”表示操作数n1、n2的数据类型及范围：

B Byte，字节比较，如LDB = =IB2，MB2；

W Word，字的比较，如AW > =MW2，VW12；

D Double Word，双字的比较，如OD < =VD24，MD；

R Real，实数的比较。

h　功能指令

功能指令实际上是厂商为满足各种客户的特殊需要而开发的通用子程序。功能指令的丰富程度及其使用的方便程度是衡量 PLC 性能的一个重要指标。

S7-200 的功能指令极其丰富，大致包括以下几方面：

（1）算术与逻辑运算；

（2）传送、移位、循环移位等；

（3）程序流控制；

（4）数据表处理；

（5）PID 指令；

（6）数据格式变换；

（7）高速处理；

（8）通信；

（9）实时时钟。

由于功能指令的数量太多，这里就不一一介绍了，如有需要可查阅相关资料。

C　编程实例

S7-200 系列 PLC 广泛应用于机械制造、医疗器械、食品加工机械、汽车制造等行业，这里介绍一个应用来分析 S7-200 PLC 的使用情况。

在需要电机Y-△启动时，可先将电机结成星形接法降压启动，当电机转数升到一定数值后自动切换成三角形接法，电机全压工作。用 PLC 实现该功能的主电路及 PLC 接线图如图 4-13 所示。其中 QS 为主电源空气开关，FR 为热继电器，KM_1 为主电源接触器，KM_2 为Y形接法接触器，KM_3 为△形接法接触器，SB_1 为启动按钮，SB_2 为停止按钮，梯形图如图 4-14 所示。

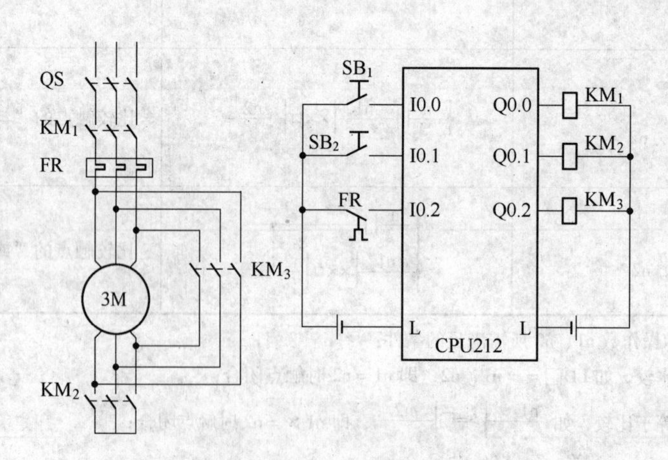

图 4-13　Y-△启动图

工作过程：按下 SB_1，I0.0 为 ON，M0.0 为 ON，Q0.0 通电自锁。Q0.1 接通电机，Y形接法启动，同时定时器 T36 开始定时，定时到后 Q0.1 OFF，Y形接法启动完成，T36 接通时启动定时器 T37 经定时后 Q0.2 接通，电机△形接法全压运行。按下 SB_2 或 FR 动作。M0.0 为 OFF 使 T36、T37 均为 OFF，Q0.2 为 OFF，电机停止运行。

4.2.1.2 SIMATIC S7-300

A S7-300 PLC的组成

主要组成部分有导轨（RACK）、电源模块（PS）、中央处理单元CPU模块、接口模块（IM）、信号模块（SM）、功能模块（FM）等，通过MPI网的接口直接与编程器PG、操作员面板OP和其他S7PLC相连。

B S7-300的扩展能力

S7-300一个机架上最多只能再安装八个信号模块或功能模块，最多可以扩展为四个机架。中央处理单元总是在0机架的2号槽位上，1号槽安装电源模块，3号槽总是安装接口模块，槽号4～11，可自由分配信号模块、功能模块。

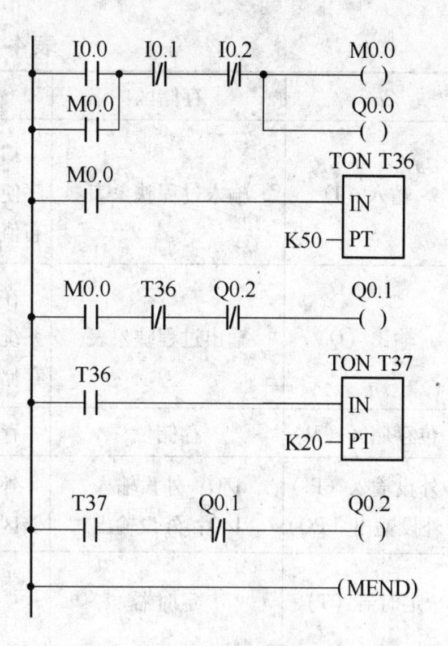

图4-14 Y形-△形启动控制梯形图

C S7-300模块地址的确定

数字I/O模块每个槽划分为4Byte（等于32个I/O点），模拟I/O模块每个槽划分为16Byte（等于8个模拟量通道），每个模拟量输入或输出通道的地址总是一个字地址。地址分配如表4-5所示。

表4-5 地址分配表

机架	模板起始地址	槽号 1	2	3	4	5	6	7	8	9	10	11
0	数字量	PS	CPU	IM	0	4	8	12	16	20	24	28
	模拟量				256	272	288	304	320	336	352	368
1	数字量			IM	32	36	40	44	48	52	56	60
	模拟量				384	400	416	432	448	464	480	496
2	数字量			IM	64	68	72	76	80	84	88	92
	模拟量				512	528	544	560	576	592	608	624
3	数字量			IM	96	100	104	108	112	116	120	124
	模拟量				640	656	672	688	704	720	736	752

D S7-300 PLC的存储区

S7-300 CPU有三个基本存储区：

（1）系统存储区：RAM类型，用于存放操作数据（I/O、位存储、定时器、计数器等）。

（2）装载存储区：物理上是CPU模块中的部分RAM，加上内置的EEPROM或选用的可拆卸FEPROM卡，用于存放用户程序。

（3）工作存储区：物理上是占用CPU模块中的部分RAM，其存储内容是CPU运行时，所执行的用户程序单元（逻辑块和功能块）的复制件。

CPU程序所能访问的存储区为系统存储区的全部、工作存储区中的数据块DB、暂时局部数据存储区、外设I/O存储区等。程序可访问的存储区及功能见表4-6。

表 4-6　程序可访问的存储区及功能

名　称	存储区	存储区功能
输入（I）	输入过程映象表	扫描周期开始，操作系统读取过程输入值并录入表中，在处理过程中，程序使用这些值。每个 CPU 周期，输入存储区在输入映象表中所存放的输入状态值，它们是外设输入存储区头 128Byte 的映象
输出（Q）	输出过程映象表	在扫描周期中，程序计算输出值并存放该表中，在扫描周期结束后，操作系统从表中读取输出值，并传送到过程输出口，过程输出映象表是外设输出存储区的头 128Byte 的映象
位存储区（M）	存储位	存放程序运算的中间结果
外设输入（PI） 外设输出（PQ）	I/O：外设输入 I/O：外设输出	外设存储区允许直接访问现场设备（物理的或外部的输入和输出），外设存储区可以字节，字和双字格式访问，但不可以位方式访问
定时器（T）	定时器	为定时器提供存储区，计时时钟访问该存储区中的计时单元，并以减法更新计时值，定时器指令可以访问该存储区和计时单元
计数器（C）	计数器	为计数器提供存储区，计数指令访问该存储区
临时本地数据（L）	本地数据堆栈（L 堆栈）	在 FB、FC 和 OB 运行时设定。在块变量声明表中声明的暂时变量存在该存储区中，提供空间以传送某些类型参数和存放梯形图中间结果。块结束执行时，临时本地存储区再行分配。不同的 CPU 提供不同数量的临时本地存储区
数据块（DB）	数据块	DB 块存放程序数据信息，可被所有逻辑块公用（“共享”数据块）或（被 FB 特定占用“背景”数据块）

E　S7-300 PLC 中央处理单元 CPU 模块

a　CPU 模块概述

中央处理单元 CPU 的主要特性，包括存储器容量、指令执行时间、最大 I/O 点数、各类编程元件（位存储器、计数器、定时器、可调用块）数量等。CPU314 的技术数据见表 4-7。

表 4-7　CPU314 的技术数据

程序存储量	24K	位存储器	2048 个（MB0～MB255）
每 1K 语句执行时间	0.3ms	数据块	最多 127（DB0 保留） 大小：最大 8kB 嵌套深度：8 层
计数器	64 个（C0～C63） 计数范围：0～999		
定时器	128 个（T0～T127） 定时范围：10ms～9990s	机架	最多 4 个 每个机架的信号模块数：最多 8 个
通讯接口	MPI	应用场合	对编程范围和操作处理速度有高要求的大型设备
编程软件	STEP7		

b　CPU 模块的方式选择开关和状态指示二极管

S7-300 的 CPU 有四种工作方式，通过可卸的专用钥匙控制：

（1）RUN-P：可编程运行方式。

（2）RUN：运行方式。

（3）STOP：停机方式。

（4）MRES：CPU 清零。

用钥匙开关进行程序的清除。在开始一个新的编程工作时，我们需要将中央处理器进行清零处理。它将很容易地通过操作 CPU 上的钥匙开关来实现。为此我们必须进行以下的操作步骤：

（1）接通 PLC 工作电源，并等待至 CPU 的自检测运行完成；

（2）转动钥匙开关至 MRES 位置，并保持这个状态，直至 STOP 发光二极管从闪动转为常亮状态；

（3）钥匙开关转至 STOP 位置并迅速转回 MRES 位置，保持这个状态，STOP 发光二极管开始快速闪动；

（4）STOP 发光二极管的快速闪动，表示 CPU 已被清零；

（5）松开钥匙开关，这时钥匙会自动返回 STOP 位置；

（6）可编程控制器已被清零，并可以传输新的控制程序；

（7）程序的下传只能是钥匙开关在 STOP 或 RUN-P 位置进行。

c　CPU 单元的参数设置

CPU 单元的参数设置主要包括以下几项：

（1）时钟存储器：S7-300 有 8 个时钟存储器，每个频率都不一样。可以在 0 ~ 255 范围内定义任一字节为时钟存储器字节。

（2）循环中断参数。

（3）最长循环时间。

（4）MPI 参数。

F　编程指令

a　梯形图逻辑指令

梯形图中主要逻辑指令见表 4-8 ~ 表 4-10。

表 4-8　常开接点（动合触点）元素和参数

LAD 元素	参数	数据类型	存储区	说　明
地址 —| |—	地址	BOOL，TIMER，COUNTER	I，Q，M，T C，L，D	地址指明要检查信号状态的位

表 4-9　常闭接点（动断触点）元素和参数

LAD 元素	参数	数据类型	存储区	说　明
地址 —|/|—	地址	BOOL，TIMER，COUNTER	I，Q，M，T C，L，D	地址指明要检查信号状态的位

表 4-10　输出指令把状态字中 RLO 的值赋给指定的操作数

STL 指令	LAD 指令	功能	操作数	数据类型	存储区
= < 地址 >	< 地址 > ——（ ）	逻辑串赋值输出	< 位地址 >	BOOL	I，Q，M，D，L
= < 地址 >	< 地址 > ——（#）	中间结果赋值输出	< 位地址 >	BOOL	I，Q，M，D，L

b　置位/复位指令

置位/复位指令见表4-11。复位/置位指令根据RLO的值来决定被寻址位的信号状态是否需要改变。若RLO的值为1，被寻地址位的信号状态被置1或清0；若RLO的值为0，被寻址位的信号保持原状态不变。这一特性又称为静态的置位/复位。相应地，赋值输出被称为动态赋值输出。在LAD中置位/复位指令要放在逻辑串最右端，而不能放在逻辑串中间。

表4-11　置位/复位指令表

STL指令	LAD指令	功能	操作数	数据类型	存储区
S <位地址>	<位地址>——（S）	置位输出	<位地址>	BOOL	I，Q，M，D，L
R <位地址>	<位地址>——（R）	复位输出	<位地址>	BOOL，TIMER，COUNTER	I，Q，M，D，L，T，C

c　RS触发器

RS触发器见表4-12。

表4-12　RS触发器

置位复位触发器	复位置位触发器	参　数	数据类型	存储区
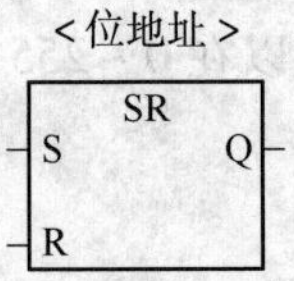 <位地址> SR S　Q R	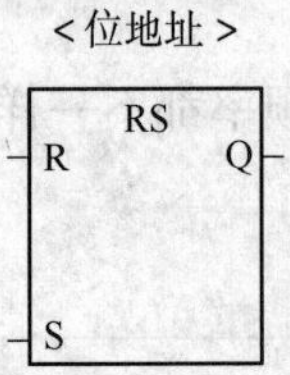 <位地址> RS R　Q S	<位地址>需要置位、复位的位	BOOL	I，Q，M，D，L
		S　允许置位输入		
		R　允许复位输入		
		Q　地址的状态		

d　定时器指令

定时器可以提供等待时间或监控时间，定时器还可产生一定宽度的脉冲，亦可测量时间。定时器是一种由位和字组成的复合单元，定时器的触点由位表示，其定时时间值存储在字存储器中。

定时器的种类：脉冲定时器（SP）、扩展脉冲定时器（SE）、接通延时定时器（SD）、保持型接通延时定时器（SS）、关断延时定时器（SF）。表4-13为定时器的梯形图方块指令。

表4-13　定时器的梯形图方块指令

脉冲定时器	扩展脉冲定时器	接通延时定时器	保持接通定时器	关断延时定时器
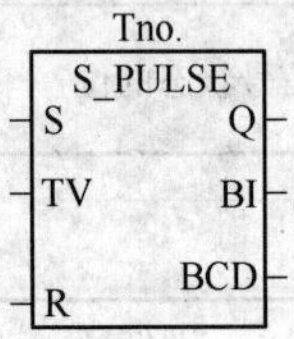 Tno. S_PULSE S　Q TV　BI R　BCD	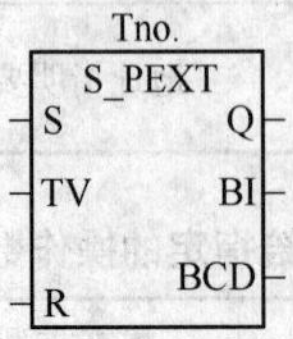 Tno. S_PEXT S　Q TV　BI R　BCD	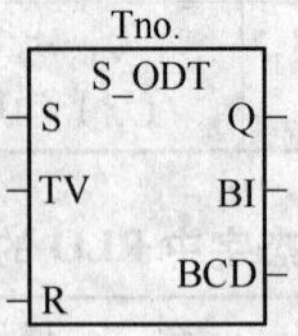 Tno. S_ODT S　Q TV　BI R　BCD	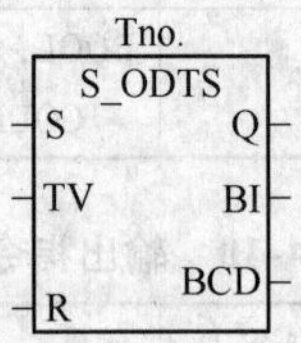 Tno. S_ODTS S　Q TV　BI R　BCD	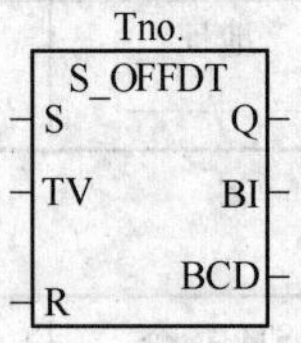 Tno. S_OFFDT S　Q TV　BI R　BCD

各种定时器的工作特点如图4-15所示。

e　功能指令

功能指令实际上是厂商为满足各种客户的特殊需要而开发的通用子程序。功能指令的丰富程度及其使用的方便程度是衡量 PLC 性能的一个重要指标。

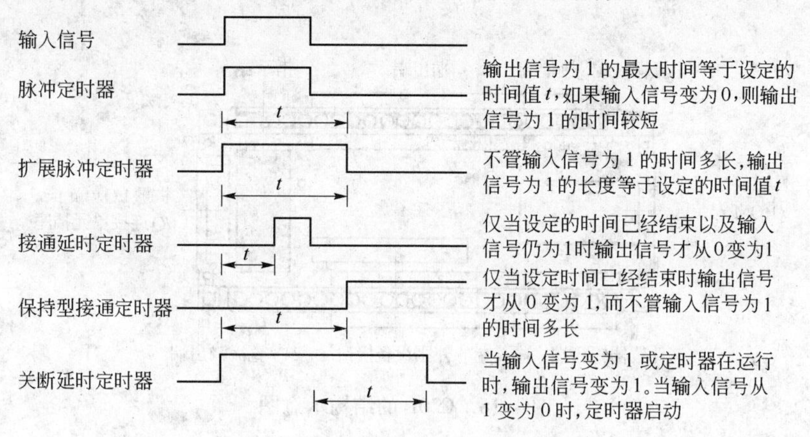

图 4-15 各种定时器工作特点

S7-300 的功能指令极其丰富，大致包括以下几方面：

（1）算术与逻辑运算；

（2）传送、移位、循环移位等；

（3）程序流控制；

（4）数据表处理；

（5）PID 指令；

（6）数据格式变换；

（7）高速处理；

（8）通信；

（9）实时时钟。

由于功能指令的数量太多，这里就不一一介绍了，如有需要可查阅相关资料。

4.2.2 OMROM 系列 PLC

下面介绍在国内选煤厂中使用较多的日本 C 系列 PLC。C 系列 PLC 有从输入输出点为 10 点的袖珍 PLC 到输入输出点为 2048 点大型 PLC 的多种型号，如 C20P、C28P、C40P、C60P、C120、C200H、C500、C1000H、C2000H 等。我们选 C20P 和 C200H 两种加以介绍。

4.2.2.1 OMROM C20P

如图 4-16 所示为 C20P 的结构。其上端从左到右依次为电源输入端、接地端、输出端；下端依次为高速计数器输入端、输入端、直流 24V 输出端，中间部分标有 RAM 安装区，用来安装存储器 RAM 的芯片，外设接口用来连接编程器，扩展 I/O 插座用来连接扩展 I/O 单元。C20P 可编程控制器的基本配置是输入 12 点、输出 8 点。当基本单元不够使用时，需要增加输出结构。

可编程控制器有许多内部继电器，有些在硬件上是能够看到的，有些是通过硬件和软件结合来实现的。PLC 的内部继电器种类很多，主要有输入输出继电器、计数器/定时器、内部辅助继电器、保持继电器、暂存继电器、特殊内部继电器等。不同类型的 PLC，其内部继电器的个数也不同。

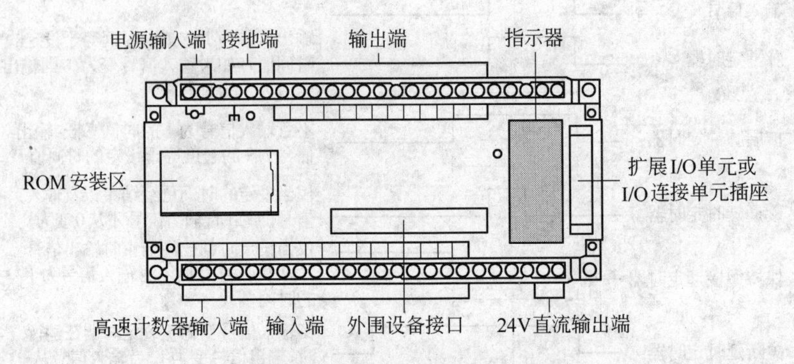

图4-16 C20P的结构示意图

输入输出继电器一般称为I/O点。C20P基本配置有12个输入继电器、8个输出继电器，每个输入输出继电器对应外部一个输入输出接线端。PLC的每个输入继电器在编程时可以看成是一个触点，当某输入点有外部信号输入（也称为该输入点为“ON”）时，就认为该触点已闭合。而PLC的输出继电器可以当做是一个输出触点，也可以当做一个线圈。PLC的输入输出继电器或其他内部继电器的触点在编程时使用次数不受限制。

内部辅助继电器的作用与继电器接触器控制系统中常用的中间继电器相同，每种PLC都有大量的内部辅助继电器供编程时使用。其触点的使用次数在编程时也不受限制。C20P有136个内部辅助继电器。保持继电器也是PLC内部继电器的一种，它的触点状态在PLC电源断电以后能够保持断电前的状态。C20P的保持继电器有160个。

PLC的内部继电器是按通道来编号的，每个通道有16点（即16个继电器），编号为00~15。不同型号的PLC，其通道数也不同。C20P有一个输入通道00、一个输出通道05。其输入继电器编号为0000~0012（0013~0015未用）；输出继电器编号为0500~0507（0508~0515未用），内部辅助继电器编号为1000~1807，保持继电器编号为HR000~HR915。

C20P有48个定时器/计数器，其编号为00~47，可以根据编程需要选作定时器或计数器，但同一编号若用于定时器则不能再用于计数器，用于计数器则不能再用于定时器。定时器的定时范围为0.1~999.9s，计数器的计数范围为0~9999次。C20P的其他技术参数见表4-14。

4.2.2.2 OMROM C200H

C200H可编程控制器是C系列PC的一种中型机，其输入输出继电器最多可扩展至352点。与C20P等袖珍机型不同，C200H采用模块化积木式结构，它由带有插槽的基板及各种功能模块组成。功能模块有CPU模块、电源模块、数字量输入模块、数字量输出模块、模拟量输入模块、模拟量输出模块、通讯模块等。如图4-17所示为CPU模块和I/O模块的结构示意图。输入模块有8点和16点输入两种，输出模块有8点和12点输出两种，图4-17所示为8点输入和8点输出模块。

基板有8槽和5槽之分，8槽（或5槽）基板可以插一块CPU模块和8块（或5块）其他功能模块，当一块基板不能满足要求时，可以在原来基板的基础上再扩展，最多可以扩展两块。基板与扩展板之间用专用电缆联结。图4-18所示为C200H的最大扩展配置系统。在扩展基板上不需要再插CPU模块，只需插一块电源模块（CPU模块本身包括电源）。

表4-14 C系列PLC主要技术参数

型号	C20P	C40P	C60P	C120	C200H	C1000H	C2000H
结构	箱体式				模块式		
控制方式	周期扫描						
编程方式	梯形图						
基本指令	12条						
应用指令	25条			56条	133条	162条	
编程容量	1194地址			2.2K地址	6974地址	30.8K地址	
基本指令执行时间	10μs/条			5μs/条	0.75~2.2μs/条	0.4~2.4μs/条	
I/O点数	20~140	40~128	60~148	256（max）	1680（max）	2048（max）	2048（max）
定时器/计数器	48个			128个	512个		
内部辅助继电器	136个			456个	3536个	2928个	1904个
保持继电器	160个			512个	1600个		
专用继电器	16个			48个	136个		
输出暂存继电器	8个						
输入量	开关量、模拟量						
输出量方式	继电器、晶闸管、晶体管、D/A						
工作电源	AC220V或DC24V				AC220V		

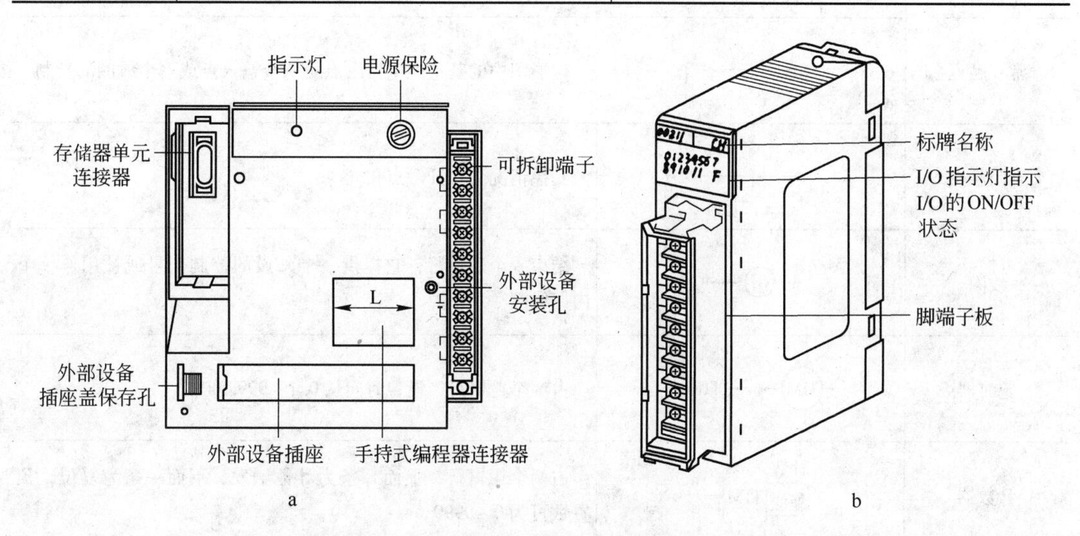

图4-17 C200H的CPU模块、I/O模块结构示意图

a—CPU模块；b—I/O模块

和C20P一样，C200H的内部继电器也是按通道划分的，其输入输出继电器的通道号是根据基板来划分的，如图4-18所示。基板上除CPU插槽和电源插槽外，每一个插槽占一个通道，其中00号板（带CPU模块的基板）上的通道号为00~07，01号扩展板的通道号为010~017，02号扩展板的通道号为020~027。输入输出模块在基板上可以任意配

置，输入输出模块的通道号由所插槽位的通道号所决定。其他继电器、定时器、计数器的编号及 C200H 的技术参数见表 4-14。

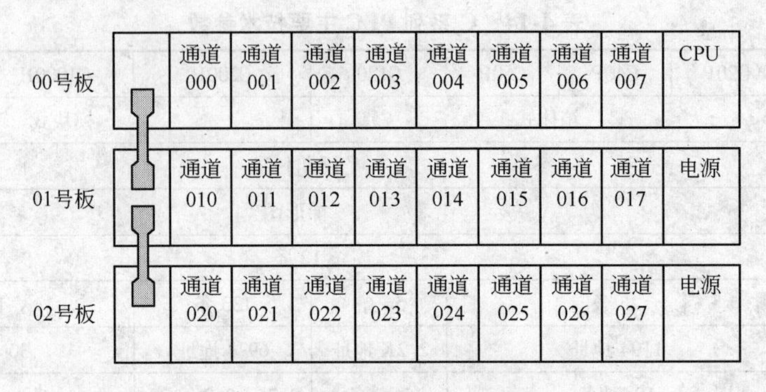

图 4-18　C200H 的最大扩展配置系统

4.2.2.3　C 系列 PLC 的基本指令及编程原理

可编程控制器最大的特点是用继电器梯形图语言进行编程。对于熟悉继电器接触器控制系统的人员，很容易掌握 PLC 的编程原理。在进行编程之前，首先按 PLC 规定的图形符号根据现场控制电路绘出继电器梯形图，然后由继电器梯形图写出程序指令，绘制继电器梯形图的基本符号及相应的功能，如表 4-15 所示。下面通过一个简单的例子来看继电器梯形图的绘制和编程原理。

表 4-15　梯形图的基本元素符号及功能

元素名称	元素符号	功　能
常开触点	—┤├—	梯形图中的基本继电器触点受一个输入点或一个线圈的控制
常闭触点	—┤/├—	受控情况与常开触点相同
线圈	—○—	结束一个逻辑行，它提供一个外设的控制信号或被用作一个内部线圈
定时器	—(TIM)—　—[TIM]—	占一个逻辑行，设置时间从 0.1 ~999.9s
计数器	计数 / 复位 [TIM]—	占两个逻辑行，上面一条为计数触发，下面一条为复位，预置数可为 0 ~9999

如图 4-19a 所示为接触器的控制电路，若用 C20P 可编程控制器控制，则把启动按钮 SB1 和 SB2 作为输入信号，分别接至 0002 和 0003 号输入端，把 PLC 的 503 号输出端接至接触器线圈。根据图 4-19a 的控制电路，我们用表 4-15 所列的符号可以绘出继电器梯形图。梯形图的形式和继电器接触器控制电路类似，其左右两端为两条竖母线，右端的母线一般可以省略，梯形图中的每条自左端母线开始的逻辑线都与接触器系统中的控制电路相

对应。接触器电路的电器和触点用表 4-15 所示的符号在逻辑线的相应位置绘出，即可得到图 4-19b 所示的梯形图。

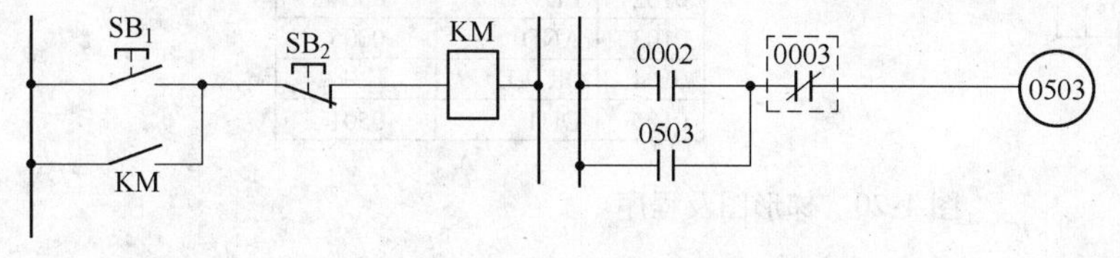

地址	指令	数据
0000	LD	0002
0001	OR	0503
0002	AND NOT	0003
0003	OUT	0503
0004	END(01)	

c

图 4-19 接触器控制电路及其对应梯形图和程序

a—接触器控制电路；b—梯形图；c—PC 控制程序

A 基本指令

我们由接触器电路可以直接绘出梯形图，绘出梯形图以后还要根据对应的指令写出 PLC 的控制程序。下面是基本梯形图符号所对应的 PLC 指令。

（1）LD 和 LD NOT。在每条逻辑线或程序段开始的常开触点都要使用 LD 指令，表示通过该常开触点输入一个信号，若是常闭触点，则用 LD NOT 指令，表示由常闭触点输入一个信号。

（2）AND 和 AND NOT。当触点串联时，用 AND（或 AND NOT）指令编程，表示触点之间是“与”的关系。

（3）OR 和 OR NOT。当触点并联时，用 OR（或 OR NOT）指令，表示触点是“或”的关系。

（4）OUT。用来表示一个输出线圈，在梯形图中，每个线圈或输出继电器都可以认为有无数触点供选用。

（5）AND LD 和 OR LD。AND LD 用来表示两段以 LD 开始的程序段是串联关系，OR LD 用来表示两段以 LD 开始的程序段是并联关系。

（6）END。它用来表示程序结束，每个程序必须有一个 END 指令，否则程序无法执行。

以上仅仅是 PLC 的一些基本指令，其他指令我们在用到时再逐一叙述。对于图 4-19b 所示的梯形图，我们可以根据以上给出的基本指令写出其控制程序。图 4-19c 即为图 4-19a 的 PLC 控制程序。

下面通过图 4-20、图 4-21、图 4-22 三个例子来说明 PLC 基本指令的编程方法。

B KEEP（锁存）指令

C 系列可编程控制器有一条 KEEP 指令，为编程带来很大方便。KEEP 在这里是锁存的意思，用于输出继电器、内部继电器、保持继电器等的置位和复位。所谓置位是指使继电器线圈得电，复位是指使继电器线圈断电。当 KEEP 的置位端 S 为“ON”时，被锁存的继电器置位，当复位端 R 为“ON”时，继电器被复位，当 R、S 同时为“ON”时，复位优先。KEEP 指令可以将图 4-19b 所示的自保电路简化，如图 4-22a 所示。KEEP 指令的编程是先编 S 端，再编 R 端。其指令程序如图 4-22 所示。在 C 系列 PLC 的编程器的键盘上无 KEEP 指令键，编程时用 FUN（11）代替（先按 FUN 键，再键入数字 11）。

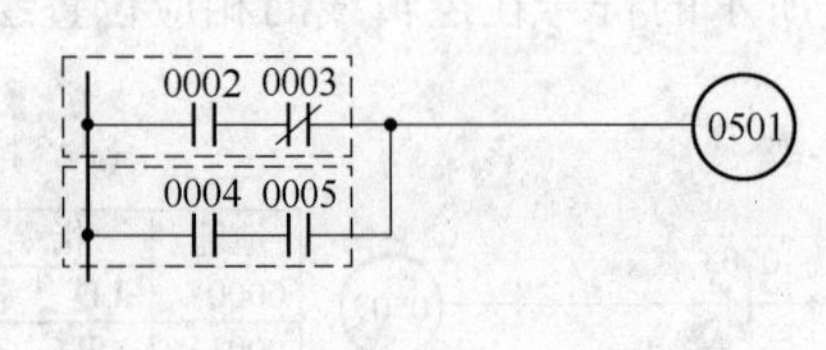

地址	指令	数据
0100	LD	0002
0101	AND NOT	0003
0102	LD	0004
0103	AND	0005
0104	OR LD	—
0105	OUT	0501

图 4-20　梯形图及程序

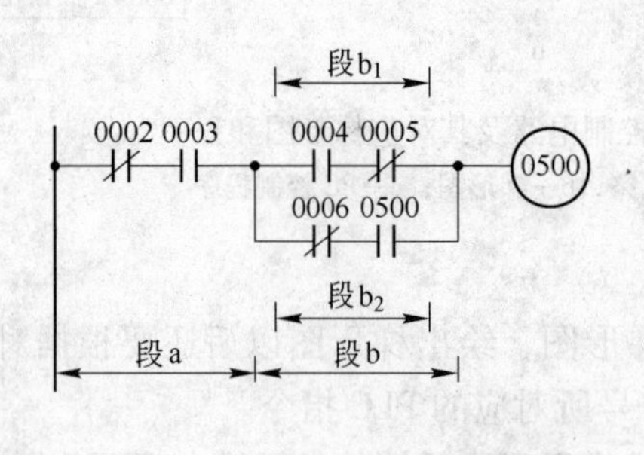

指令	数据
LD NOT	0002
AND	0003
LD	0004
AND NOT	0005
LD NOT	0006
AND	0500
OR LD	—
AND LD	—
OUT	0500

图 4-21　梯形图及程序

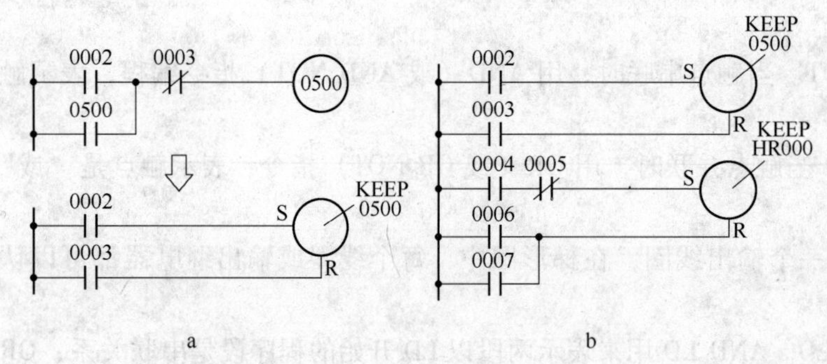

地址	指令	数据
0100	LD	0002
0101	LD	0003
0102	KEEP(11)	0500
0103	LD	0004
0104	AND NOT	0005
0105	LD	0006
0106	OR	0007
0107	KEEP(11)	HR 000

c

图 4-22　KEEP 指令的应用

C　暂存继电器 TR 的应用

C20P 有 8 个暂存继电器 TR0 ~ TR7。暂存继电器不能单独使用，要和其他指令配合使用，用来暂存梯形图中电路连接点的状态。TR 指令的应用如图 4-23 所示。

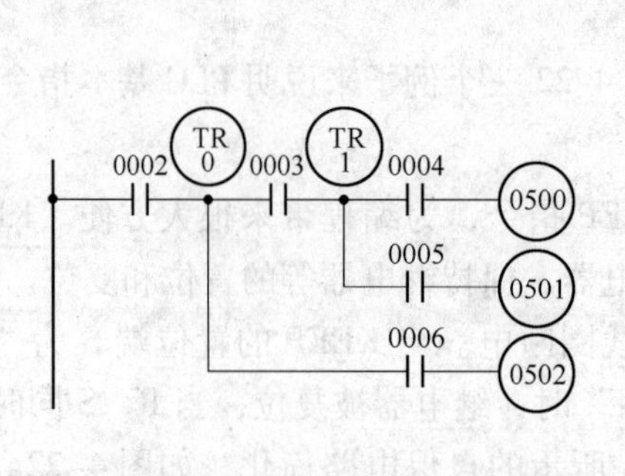

指令	数据
LD	0002
OUT	TR0
AND	0003
OUT	TR1
AND	0004
OUT	0500
LD	TR1
AND	0005
OUT	0501
LD	TR0
AND	0006
OUT	0502

图 4-23　TR 指令的应用

D 定时器/计数器

C20P可编程控制器有48个定时器/计数器，定时器用TIM表示，计数器用CNT表示，定时器/计数器的编号为00～47。一个编号若用于定时器，则不能再用于计数器。

a 定时器

定时器的定时范围为0～999.9s，由用户在编程时设定。TIM是减1延时定时器，其度量单位是0.1s，如要使编号为01的定时器延时15s，则TIM01的定时参数设置为#150，当定时器输入条件为“ON”时，TIM01的定时参数每0.1s减1，直到定时参数当前值为0时，TIM01的输出为“ON”，触点动作。如图4-24所示为定时器的应用举例，当0002闭合时，TIM00开始计时。15s以后，定时器的定时参数的当前值变为0，定时器输出为“ON”，其触点闭合，接通0500输出继电器线圈，0500输出为“ON”。

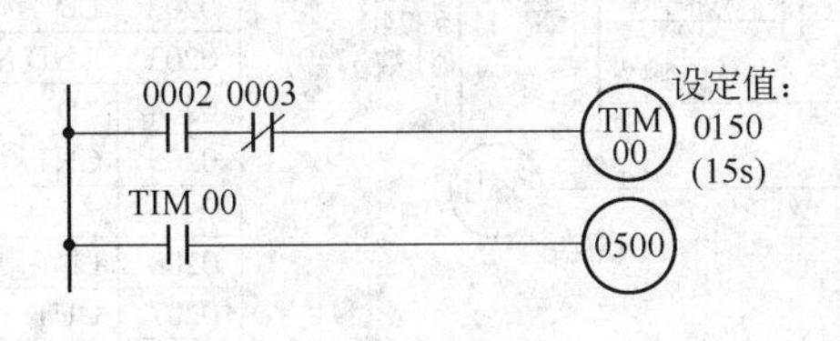

地址	指令	数据
0000	LD	0002
0001	AND NOT	0003
0002	TIM	00
		# 0150
0003	LD	TIM 00
0004	OUT	0500

图4-24 定时器应用举例

b 计数器

当定时器/计数器用于计数时，可有两种计数方式：CNT（计数器）和CNTR（可逆计数器）。

计数器CNT是减1计数器。它有两个输入端，一个是计数输入端CP，一个是置“0”端R。计数器的计数范围为0～9999，计数设置值可由用户在编程时设定。当计数输入端由“OFF”变为“ON”时，计数值减1，当计数器的当前值变为0时，计数器输出为“ON”；直到计数器置“0”输入端为“ON”时，计数器输出变为“OFF”，其计数值恢复为设定值。图4-25a为CNT指令的状态图，编程时，先对计数输入端编程，然后设置“0”端。图4-25b所示为计数器应用举例，当计数输入条件0002和0003同时为“ON”一次，即计数器的CP输入端由“OFF”变为“ON”一次，CNT10的当前值减1；直到CP输入端第三次由“OFF”变为“ON”时，CNT10的当前值变为0，CNT10输出变为“ON”。其触点闭合，0500输出继电器为“ON”。无论在什么情况下，0004闭合都会使CNT10复位，其输出变为“OFF”，计数当前值变为设置值0003。

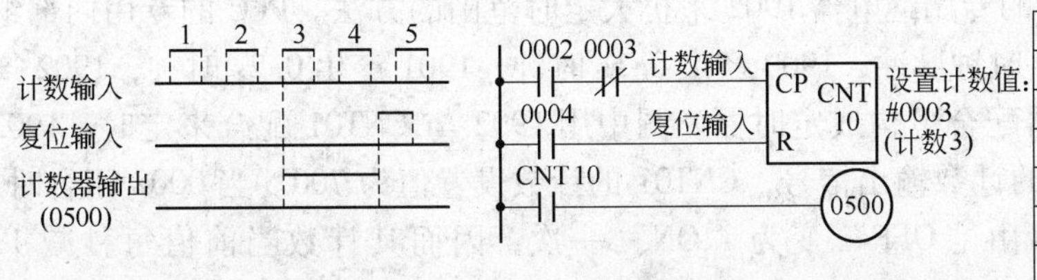

地址	指令	数据
0000	LD	0002
0001	AND NOT	0003
0002	LD	0004
0003	CNT	10
		#0003
0004	LD	CNT10
0005	OUT	0500

b

图4-25 计数器的状态图和应用举例

a—状态图；b—指令应用

CNTR：表示可逆计数器，它有三个输入端，ACP 为加 1 输入端，SCP 为减 1 输入端，R 为置“0”端。当加 1 输入端 ACP 由“OFF”变为“ON”时，可逆计数器的当前值加 1，当 CNTR 的当前值变为设置值时，CNTR 输出为“ON”，若 ACP 输入端再由“OFF”变为“ON”，则当前值变为 0。当 SCP 输入端由“OFF”变为“ON”时，计数器的当前值减 1，直到当前值减至 0 时，CNTR 输出变为“ON”，若当前值再减 1，则又变为设置值。置“0”复位输入端 R 的作用与 CNT 的 R 端相同。可逆计数器的计数范围也是 0 ~ 9999，可逆计数器在断电时保持当前计数值。图 4-26 所示为可逆计数器的状态图和应用举例。

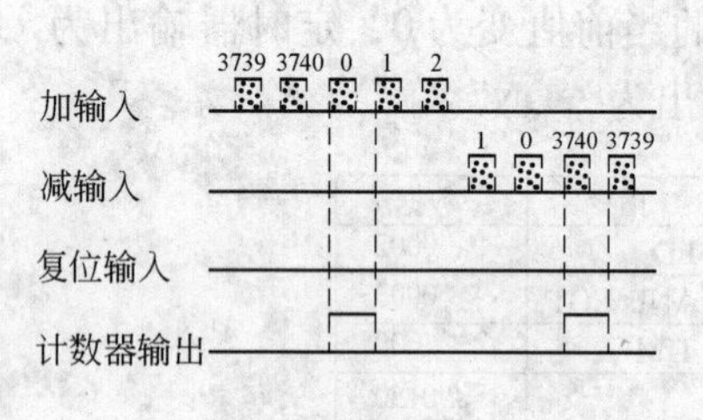

a

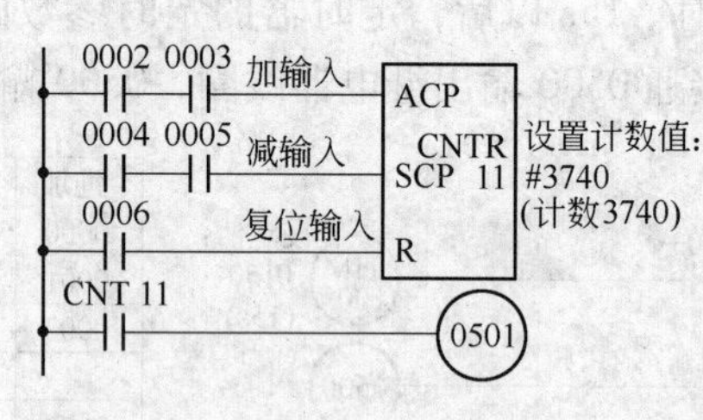

地址	指令	数据
0200	LD	0002
0201	AND NOT	0003
0202	LD	0004
0203	AND NOT	0005
0204	LD	0006
0205	CNTR(12)	11
		#3740
0206	LD	CNT11
0207	OUT	0501

b

图 4-26 CNTR 的状态图和应用举例

a—状态图；b—应用举例

E 定时、计数范围的扩展

当定时器的定时范围超过 999.9s 时，可以用多个定时器（或计数器）组合使用以扩大定时范围。如图 4-27 所示的梯形图都能够实现延时 30min（或根据需要设定）的功能。

图 4-27a 为利用两个定时器组合，扩大定时范围的方法。当 0002 闭合时，定时器 TIM01 开始延时，900s 后 TIM01 为“ON”，TIM01 触点闭合，TIM02 开始延时，又过 900s 后 TIM02 为“ON”，TIM02 触点闭合，0500 输出继电器为“ON”。可实现 0002 闭合 1800s（30min）后继电器 0500 为“ON”功能。

图 4-27b 是用定时器与计数器相结合扩大定时范围的方法。0002 触点闭合后每隔 5s，TIM01 为“ON”一次，计数器 CNT02 计数输入端 CP 此时由“OFF”变为“ON”一次，计数器的当前值减 1，当计数器输入端 CP 第 100 次由“OFF”变为“ON”时（500s 后），计数器 CNT02 输出为 ON，输出继电器 0500 为“ON”。

图 4-27c 是利用 PLC 的专用继电器 1902 来扩大定时范围的方法。PLC 的专用内部继电器 1900 ~ 1902 用于产生时钟脉冲，1900 产生 0.1s 时钟，1901 产生 0.2s 时钟，1902 产生 1s 时钟，它们与计数器配合可构成定时器。图中用 1902 与 CNT01 配合来定时，1902 与 0002 串联作为 CNT05 的计数输出信号，CNT01 的计数设置值为 700。当 0002 闭合时，CNT01 的计数输入端每秒由“OFF”变为“ON”一次，因而其计数当前值每秒减 1，700s 后 CNT01 输出为“ON”。

以上三种电路都能实现延时的功能。当然，扩大计时范围的方法还很多，这里不再一一详述。

同样，扩大计数器的计数范围也可把两个或更多的计数器连在一起使用，方法与定时器基本相同。

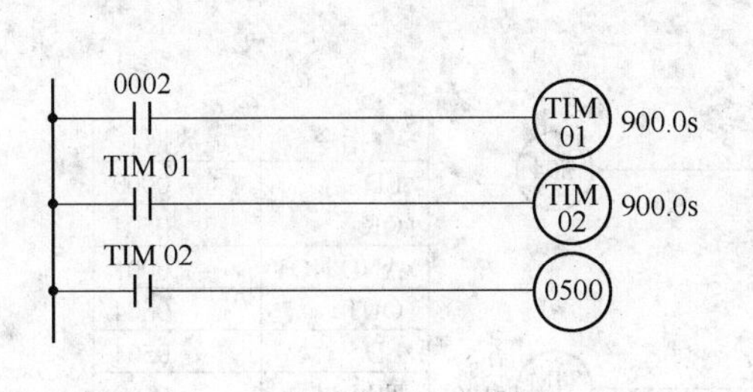

指令	数据
LD	0002
TIM	01
	#9000
LD	TIM 01
TIM	02
	#9000
LD	TIM 02
OUT	0500

a

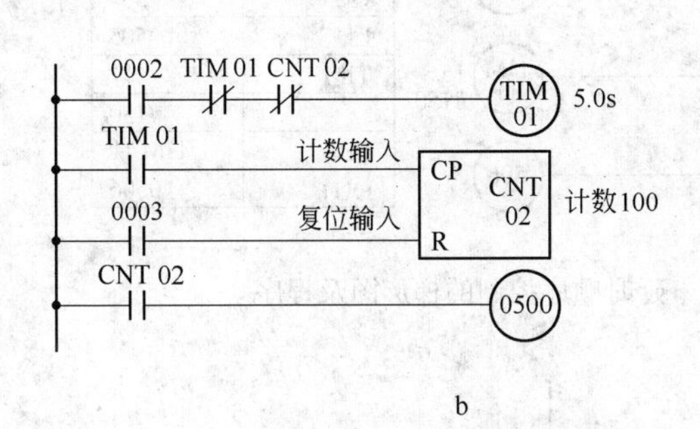

指令	数据
LD	0002
AND NOT	TIM 01
AND NOT	CNT 02
TIM	01
	#0050
LD	TIM 01
LD	0003
CNT	02
	#0100
LD	CNT 02
OUT	0500

b

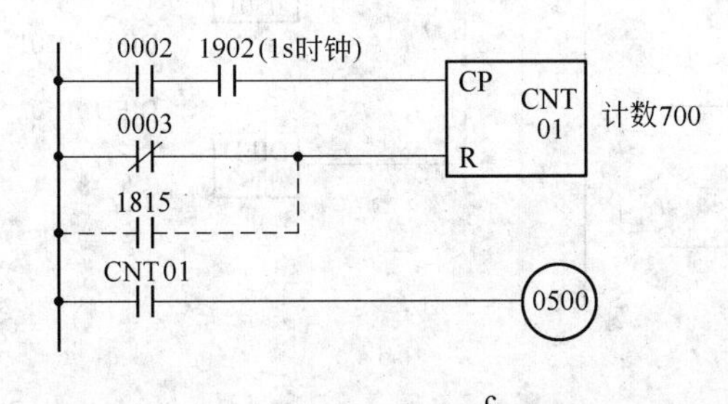

指令	数据
LD	0002
AND	1902
LD NOT	0003
CNT	01
	#0700
LD	CNT 01
OUT	0500

c

图 4-27　定时器扩大定时范围的方法

F　延时顺序控制举例

图 4-28 所示为控制三台设备延时顺序启动的 PLC 梯形图。图中三个输出继电器 0504、0505、0506 分别控制三台设备#1、#2、#3。当输入 0000 为“ON”时，0504 继电器为“ON”，#1 设备启动，同时接通定时器 TIM10，延时 10s 后 TIM10 为“ON”，接通输出继电器 0505，0505 输出为“ON”，#2 设备启动，同时接通定时器 TIM11，延时 15s 后 TIM11 输出为“ON”，其触点闭合，输出继电器 0506 为“ON”，#3 设备启动。这样就实现了#1、#2、#3 三台设备的延时顺序启动。

G　DIFU 和 DIFD 指令

DIFU 为上升沿输出指令，DIFD 为下降沿输出指令。当 DIFU 和 DIFD 的输入条件满足时，产生一个扫描周期（PLC 运行一遍程序所需的时间）的脉冲。如图 4-29 所示，在输入 0002 由“OFF”变为“ON”时，DIFU 指令使 0501 输出继电器“ON”一个扫描周期，当 0002 由“ON”变回“OFF”时，DIFD 指令使 0502 输出继电器“ON”一个扫描周期。与 KEEP 指令一样，编程器的键盘上无 DIFD 和 DIFU 指令键，用 FUN（13）和 FUN（14）代替。

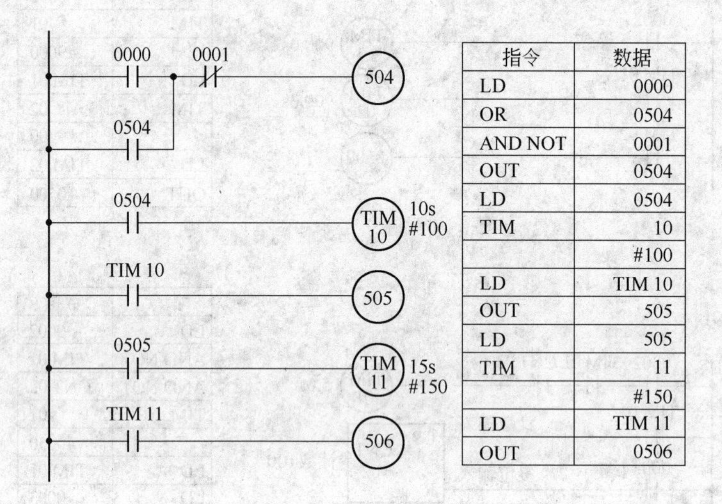

指令	数据
LD	0000
OR	0504
AND NOT	0001
OUT	0504
LD	0504
TIM	10
	#100
LD	TIM 10
OUT	505
LD	505
TIM	11
	#150
LD	TIM 11
OUT	0506

图 4-28　延时顺序控制的梯形图及程序

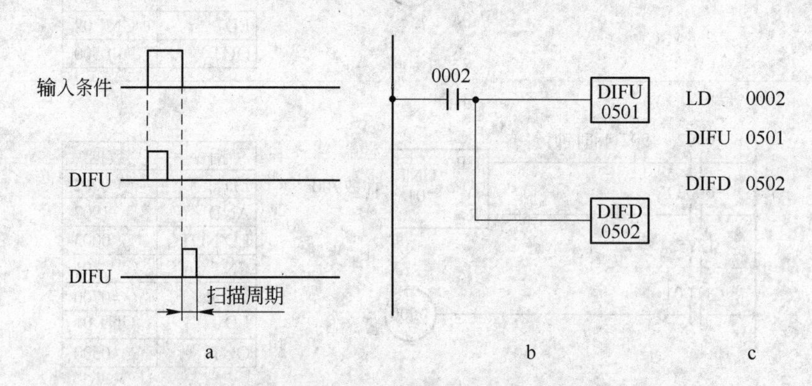

图 4-29　DIFU 和 DIFD 的状态图和应用举例

a—状态图；b—梯形图；c—梯形图程序

以上介绍的仅仅是 C 系列 PLC 的一些最基本指令的用法。其他指令不再一一介绍。

H　编程注意事项

编程过程中主要注意以下几点：

（1）PLC 在执行程序时是按照指令在 PLC 存储器中的先后顺序依次执行的，因而要求程序中的指令顺序要正确。

（2）由于 PLC 的输入输出继电器，内部辅助继电器，定时器计数器以及其他内部继电器的触点不受使用次数的限制，所以程序的结构应尽量简化，不必用复杂的结构来减少触点的使用次数。

（3）梯形图中的信号顺序是从左到右。

（4）继电器、定时器、计数器的线圈不能直接与左边的母线相连，需要时可以通过一个不用的内部继电器的常闭触点或专用内部继电器 1813（其触点在 PLC 电源接通期间始终为“ON”）的触点来连接。

（5）线圈的编号不能重复使用。

（6）两个或两个以上的线圈可以并行连接，线圈的右端不能再连触点。

（7）PLC 程序执行是从第一条开始到 END 指令结束，因而程序结束必须有 END 指令，否则程序将无法运行，而且一个程序只允许有一个 END 指令。

I 编写可编程序控制器控制程序的步骤

了解可编程控制器控制程序的编写步骤，有助于我们了解系统的原理和掌握维护方法。一个可编程控制器控制程序的编写一般要经过以下几个步骤：

（1）熟悉现场生产过程和设备，确定控制方案，按工艺要求绘出控制系统图。

（2）根据输入输出点的多少确定 PLC 的机型。

（3）确定输入输出器件，即确定向 PLC 发出信号的器件和接收从 PLC 输出信号的外部器件、装置等。

（4）绘出各种被控设备或器件的流程图。

（5）分配输入输出继电器、内部辅助继电器及定时器计数器等，并列出继电器编号表。

（6）根据流程图绘出正确的继电器梯形图。

（7）将梯形图译成指令程序并用编程器将程序送入 PLC 中。

（8）调试，检查，修改程序。

（9）存储已编好的程序。

J 可编程控制器应用实例

下面我们来看一个用 C20P 控制液体混合搅拌器的例子。

图 4-30 所示为液体混合搅拌器，H、I、L 为液面传感器，液面淹没时为 ON，X1、X2、X3 为电磁阀，M 为搅拌电机。初始状态时，容器是空的，各阀门均关闭（X1、X2、X3 = OFF，H = I = L = OFF，M = OFF）。

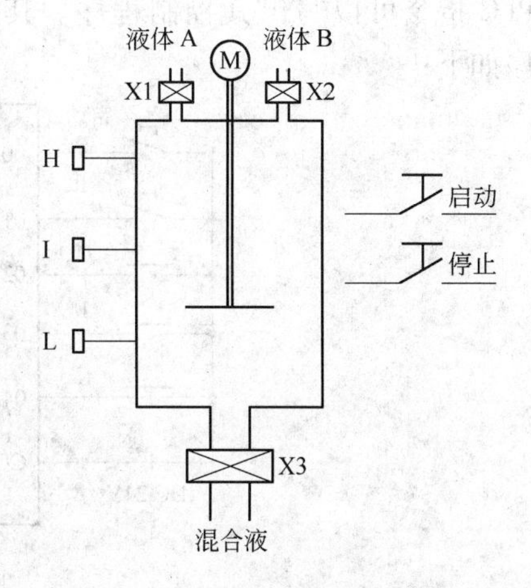

图 4-30 液体混合搅拌器示意图

a 控制要求

启动时，按一下启动按钮，装置开始下列动作：

（1）X1 = ON，液体 A 流入容器，当液面到达 I 时，I = ON 使 X1 = OFF，X2 = ON，即关闭液体 A 的阀门，打开液体 B 的阀门。

（2）当液面到达 H 时，使 X2 = OFF，M = ON，即关闭液体 B 的阀门，开始搅拌。

（3）搅匀后，停止搅拌（M = OFF），开始放出混合液体（X3 = ON）。

（4）当液面下降 L 时（L 由 ON 变为 OFF），再经过 2s 容器放空，X3 = OFF，开始下一个周期。

停止时，按下停止按钮，在当前的混合操作处理完毕后才停止操作（停在初始状态)。

b　控制方案的确定

该系统共有输入信号5个（H、I、L、启动按钮及停止按钮），输出信号4个（三个电磁阀和一个电动机），因而可选择C20P（或其他系列的微型PLC）来控制。

c　控制系统运行流程图

根据控制要求，我们可以绘出控制系统运行流程图，如图4-31所示。

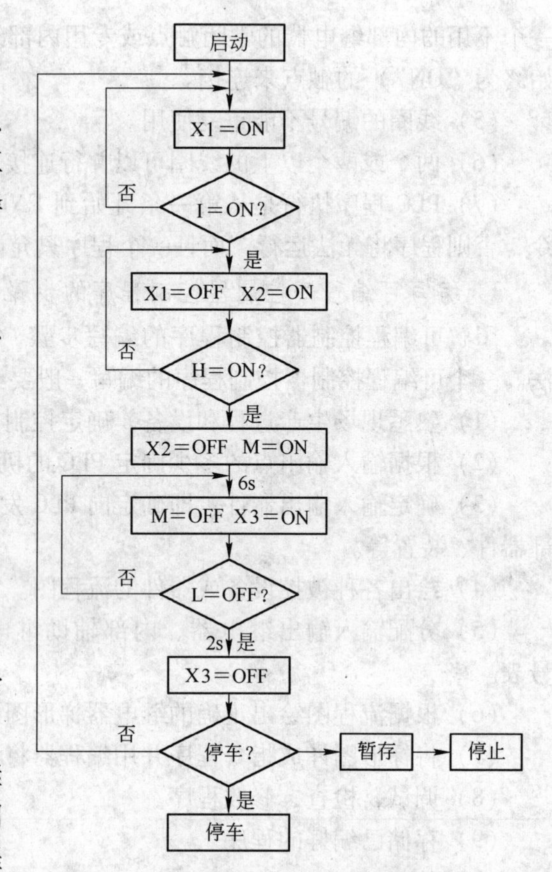

图4-31　控制系统运行流程图

d　输入输出继电器的分配及系统接线

输入输出继电器分配表：

输出（OUT）：X1　　X2　　X3　　M

0500　0501　0502　0508

输入（IN）：启动按钮　停止按钮　H　I　L

0000　0001　0002　0003　0004

系统接线如图4-32所示。

e　绘出继电器梯形图并根据梯形图写出PLC的控制程序

根据控制系统运行流程图可以绘出继电器梯形图，如图4-33所示。由梯形图用PLC指令可以写出其控制程序。其控制程序如下：

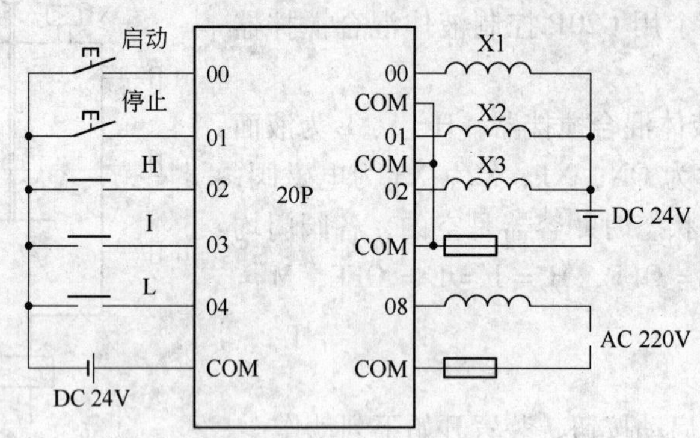

图4-32　系统接线图

```
LD          0000
OR          1000
LD NOT      1115
DIFU (13)   1100
LD          0001
OR          1001
DIFU (13)   0101
LD          0002
```

```
OR          1002
DIFU（13）  1102
LD          0003
OR          1003
DIFU（13）  1103
LD          0004
OR          1004
DIFD（14）  1104
LD          1100
LD          1101
KEEP（11）  1115
LD          1115
AND         TIM01
OR          1100
LD          1103
KEEP（11）  0500
LD          1103
LD          1102
KEEP（11）  0501
LD          1102
LD          TIM00
KEEP（11）  0508
LD          0508
TIM         00
            #60
LD          0508
DIFD（14）  1105
LD          1105
LD          TIM01
KEEP（11）  0502
LD          1104
LD          TIM01
KEEP（11）  1114
LD          1114
TIM         010
            #20
END（01）
```

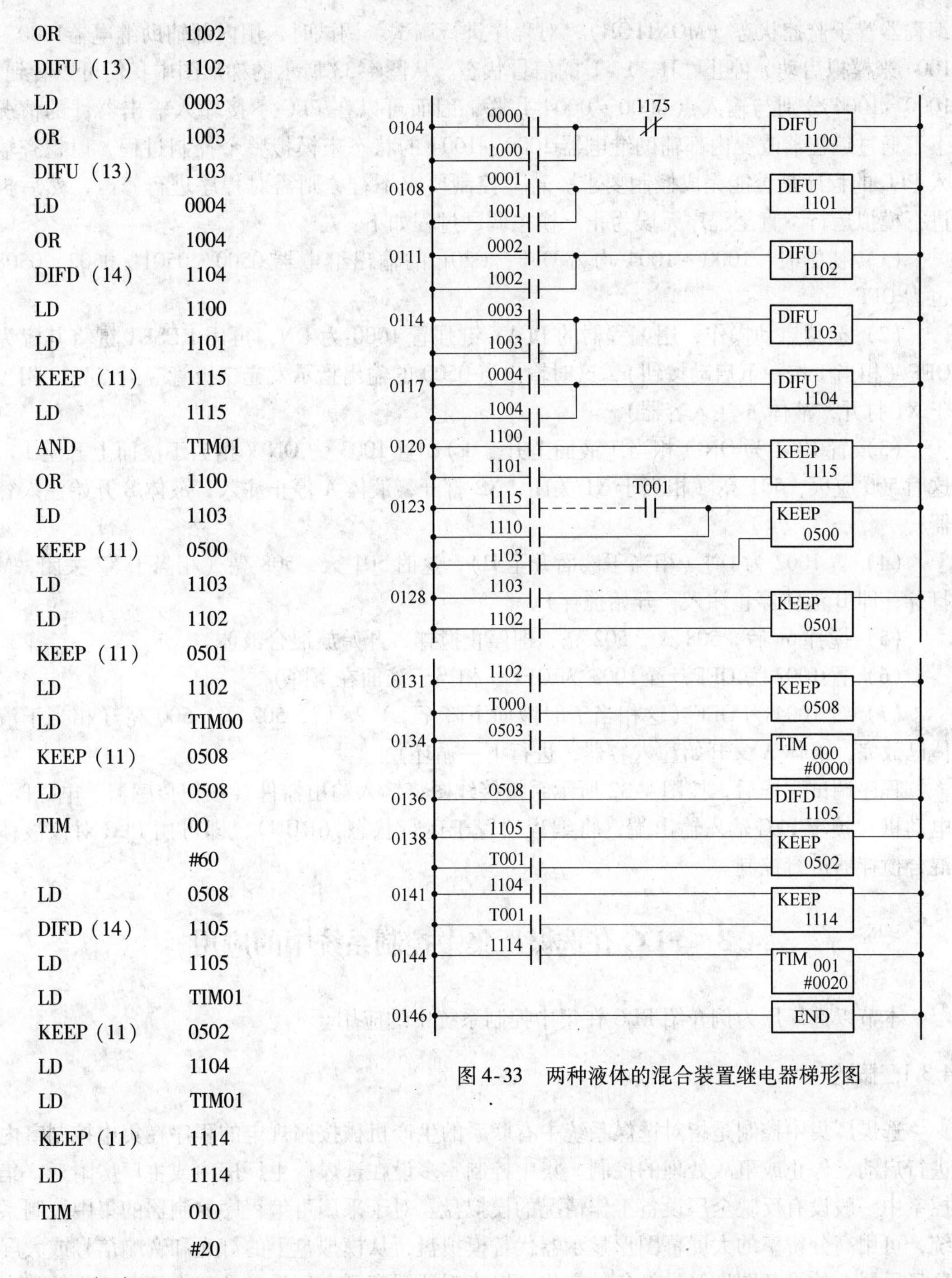

图4-33　两种液体的混合装置继电器梯形图

f　程序输入

将编程器的方式选择开关置于编程状态（PROGRAM），按照先后顺序逐条将控制程序输入PLC。

g　调试、修改

当程序输入完毕后，用编程器对已输入的程序进行逐条检查。确定输入无误以后，将编程器置于监控状态（MONITOR），对程序进行调试。调试时，用内部辅助继电器1000～1004 来模拟启动、停止，H、I、L 的信号状态。从图 4-33 所示的梯形图中我们可以看到，1000～1004 分别与输入点 0000～0004 并联，因而可以在 PLC 不接输入输出器件的情况下，通过编程器改变内部辅助继电器 1000～1004 的状态来模拟整个控制过程，以检查输入 PLC 的程序是否能完成控制要求。若与控制要求不符，则需对程序进行修改，然后再进行模拟运行，直至程序无误为止。模拟调试过程如下：

（1）初始时，1000～1004 均为 OFF，C20P 的输出继电器 0500、0501、0502、0508 也为 OFF。

（2）模拟启动操作，用编程器的 PLAY 键强置 1000 为 ON，再用 RESET 键将其置为 OFF（相当于按一下启动按钮），这时输出点 0500 的输出指示发光二极管应当点亮（相当于 X1 打开，液体 A 注入容器）。

（3）置 1004 为 ON（相当于液面上升至 L），置 1003 为 ON（相当于液面上升至 1），这时 500 应灭，501 亮（相当于 X1 关闭，X2 打开，液体 A 停止注入，液体 B 开始注入容器）。

（4）置 1002 为 ON（相当于液面升至 H），这时 501 灭，508 亮（相当于 X2 关闭，M 打开，即 B 液体停止注入，开始搅拌）。

（5）搅拌 6s 后，508 灭，502 亮，即停止搅拌，开始放混合液体。

（6）置 1002 为 OFF，置 1003 为 OFF（相当于液面在下降）。

（7）置 1004 为 OFF（这相当于时液面下降至 L）2s 后，502 灭，500 亮（相当于液体已放完，液体 A 又开始注入容器，进行下一循环）。

程序调试完毕后，按图 4-32 所示系统接线图将输入输出器件（按钮传感器、电磁阀、电动机）接至 PLC 输入输出端，将编程器置于运行状态（RUN），即可用 PLC 对该液体混合搅拌器进行控制。

4.3　PLC 在选煤厂集中控制系统中的应用

本节以选煤厂为例介绍 PLC 在集中控制系统中的应用。

4.3.1　概述

选煤厂集中控制是指对选煤系统中有联系的生产机械按照规定的程序在集中控制室内进行启动、停止或事故处理的控制。集中控制室多设在选煤厂主厂房内或主厂房附近，集控室中一般设有反映全厂设备工作情况的模拟盘。对于采用可编程序控制器的集中控制系统，可用高分辨率的大屏幕图形显示器代替模拟盘，从模拟盘上的灯光和音响信号或大屏幕显示器上的设备图形符号颜色的变化可以直观地观察到全厂设备的工作情况。集控室中还设有安装有各种显示仪表、控制开关和控制按钮的集中控制台，可以随时利用这些控制开关、控制按钮来启、停相应的生产设备，在发生设备故障时可以及时停掉部分或全部设备，以避免事故的扩大。

选煤厂生产的特点是设备台数多且相对集中，拖动方式简单，生产连续性强。因此，实现设备的集中控制，可以缩短全厂设备的启、停车时间，提高劳动生产率。例如，采用单机就地控制的选煤厂全厂起车一次约需要30min，而采用集中控制时只需要几分钟即可启动全厂设备。模拟盘或大屏幕图形显示器可以及时地显示设备的运行状况，大大方便了生产调度，并能够及时对设备故障进行处理，提高了生产的安全性。

我国选煤厂集中控制系统的类型大体有这样几种：

(1) 继电器-接触器集中控制系统。这种控制系统自20世纪50年代起开始使用，有些选煤厂至今仍使用这种系统。其优点是控制原理简单，操作维护人员容易掌握。但这种系统的缺点也很明显，体积大，使用电缆芯线多，触点多，故障率高，维护工作量大。

(2) 无触点逻辑元件集中控制系统。20世纪60年代至70年代在选煤厂中使用的半导体分立元件或集成电路元件组成的无触点控制系统缩小了控制系统的体积，性能也得到很大提高，同时也大大降低了系统造价。

(3) 矩阵式顺序控制器控制系统。前两种控制系统，其控制线路一经完成后。逻辑关系就固定下来，再改动就很困难了。而60年代末出现的矩阵式顺序控制器克服了这个缺点，采用一块二极管矩阵板可以灵活地实现各种逻辑组合关系，更改极为方便，且配线简单。

(4) 一位计算机集中控制系统。采用大规模集成电路组成的一位微处理器具有集成度高，体积小，指令少（仅有16条指令），原理简单易学等优点。用一位微处理器组成的一位微型计算机称为一位机。一位机在20世纪80年代初被广泛用于各种工业自动化装置。由于一位机对量大面广的开关的控制极为方便，因而一位机也曾被许多选煤厂采用。

(5) 可编程序控制器（PLC）控制系统。可编程序控制器（简称PLC）是一种主要针对开关量控制的工业控制微型计算机。它具有编程简单，使用操作方便、抗干扰能力强，能够适应各种恶劣的工业环境等特点，较前几种可靠性要高得多。因此，可编程控制器（PLC）集控系统将逐步取代其他几种控制系统。

鉴于目前上述几种集中控制系统在国内选煤厂中均有使用，以可编程序控制器（PLC）控制系统使用比例较大。因此，本节将着重介绍可编程序控制器（PLC）集中控制系统。对继电器-接触器控制系统，本节也将作较详细的介绍，其他系统因已逐渐被淘汰，本章不作过多说明。

4.3.2 选煤厂生产工艺对集中控制系统的要求

选煤厂工艺流程的连续性使生产设备之间的制约性强，一般均为连续生产，不能单独开某一台设备进行生产。在贮存及缓冲装置设备之后的任何一台设备的突然停车，都将会造成堆煤、压设备、跑煤和跑水等现象，引起事故范围扩大。因此，选煤厂集中控制系统应遵循如下原则。

4.3.2.1 启动、停车顺序

选煤厂生产工艺流程的连续性要求选煤厂设备的启动、停车必须严格按顺序进行。

(1) 启动顺序。原则上是逆煤流逐台延时启动，启动延时时间一般为3~5s，以避开前台电动机启动时产生的冲击电流，减小对电网的冲击。逆煤流逐台延时启动的优点是在生产机械未带负荷之前能够对生产机械的运行情况进行检查，待所有其他设备运转正常后启动给煤设备，可以避免因某台设备故障而造成压煤等现象。若采用顺煤流启动，则能够减少设备的空转时间，从而节省电能，减少机械磨损，但无法避免因设备故障而引起的压

煤现象。因此，选煤厂一般采取逆煤流方向启动设备。

(2) 停车顺序。正常时，应顺煤流方向逐台延时停车，延时时间为该台设备上的煤全部被转运至下台设备所需的时间；故障时，应在最短的时间内停掉全部设备或故障设备至给煤设备之间的所有设备。

4.3.2.2　闭锁关系

集中控制系统应有严格的闭锁关系，以确保某台设备故障时不至于引起事故范围的扩大，同时还应能方便地解锁。

4.3.2.3　控制方式的转换

集中控制应能方便地转换成单机就地手动控制，以确保集中控制系统故障时不至于影响生产。一般在选煤厂集中控制室的集中控制台上都装有控制方式转换开关。

4.3.2.4　工艺流程及设备的选择

当生产系统有并行流程或多台并行设备时，集中控制系统应具有对并行流程或并行设备选择的能力，以满足不同情况的工艺要求。

4.3.2.5　信号系统

信号系统应满足的要求主要有：

(1) 预告信号：在启动前，集中控制室应发出启动预告信号，提醒现场操作人员回到各自工作岗位，靠近设备的人员远离即将开车的设备，靠近信号站的操作人员应检查设备，向集控室发出允许启动的应答信号或禁启信号，以保障启动时人员和设备的安全。同样，在停车前也应当发出停车预告信号。

(2) 事故报警信号：当系统中某台设备发生故障时，集控系统应能够及时发出报警信号提醒工作人员注意。

(3) 运转显示：为了及时掌握全厂设备运行状况，集中控制室应装有显示全厂设备的模拟盘或者大屏幕图形显示器。模拟盘或大屏幕图形显示器上各台设备正常运行和事故状态的显示要反差明显，宜于判断。

选煤厂集中控制系统除需满足上述要求外，还应具有较高的可靠性和较强的抗干扰能力。

4.3.3　继电器-接触器集中控制系统

继电器-接触器集中控制系统是出现最早的一种集控系统。由于它结构简单，易于掌握和维修，曾被广泛采用，至今仍有部分选煤厂延用。继电器-接触器集控系统是采用中间继电器和时间继电器为控制元件、接触器为执行元件而构成的集中控制系统。继电器、接触器控制电路的基本原理已在前面章节中讲过，这里是继电器、接触器控制电路的具体应用。本节我们以某厂原煤准备系统为例分析继电器-接触器集控系统的构成和工作原理。

图4-34所示为某厂原煤准备系统工艺流程及启、停车逻辑关系图。该系统的继电器-接触器集控系统由四个部分组成：信号电路，控制方式转换电路，启、停车延时电路，接触器控制电路。下面分别叙述各部分的电路组成和工作原理。

4.3.3.1　信号电路

信号电路包括预告电路、事故报警电路和设备运行状态显示电路三部分。

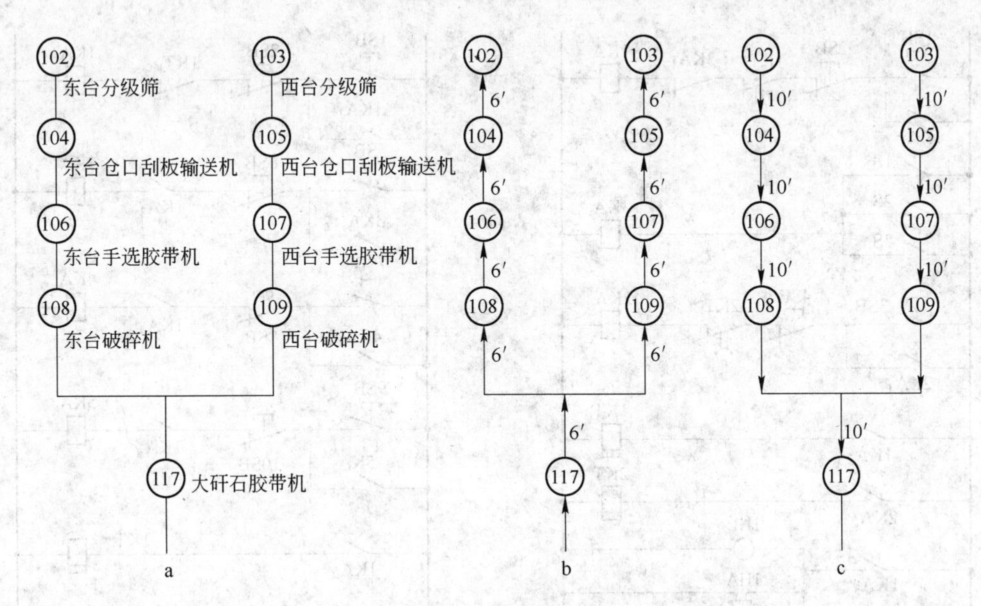

图4-34 某厂原煤准备系统工艺流程及启、停车逻辑关系图

a—工艺流程；b—启动顺序；c—停车顺序

A 预告电路

集控操作人员向现场发出启动、停车预告信号的电路。它包括启动预告电路和停车预告电路。停车预告电路较为简单，停车前，按下停车预告按钮3SB，则2KA线圈得电，其触点接通停车预告电铃，同时停车延时继电器2KT线圈得电，延时一段时间（如30s）后常闭触点2KT断开，2KA失电，预告结束。其电路如图4-35所示。

启动预告电路有两种形式，一种是禁启制启动预告电路，另一种是信号应答制启动预告电路。前者电路较为简单，如图4-35所示。它是由集控室发出预告信号，各岗位无特殊情况即可启动，若某一设备故障不能启动，操作人员则可到附近的信号站合上禁启开关(图4-35中1S~3S)，使3KA线圈得电，其常闭触点3KA断开，1KA线圈失电，撤除预告，从而达到禁启目的。

图4-36所示为信号应答预告电路。集控操作人员按下启动预告按钮1SB，1KA线圈得电，其触点接通预告电铃，开始预告，各岗位若无特殊情况，由信号站返回信号，各信号站按下按钮5SB、7SB、9SB，3KA~5KA线圈得电，其触点闭合，若此时启动预告延时继电器尚未达到其设定的延时时间，则启动控制继电器KA得电，系统开始启动。若在规定的启动预告延时时间内，因现场故障，某信号站未返回信号，KA无法得电，则该次预告失败，需重新预告。

信号站实际上是一个装有信号预告灯、预告电铃、事故报警灯、事故报警电笛、禁启开关或信号应答按钮的信号箱。信号站可以根据生产系统来设置，一般每个生产系统可设置2~3个信号站，也可根据楼层来设置，每层可设2~3个，具体设置数量视各厂情况而定，不宜太多。本例中所介绍的原煤准备系统设有3个信号站，分别设在102、104、117号设备附近。

B 设备运行状态显示电路

设备运行状态可以通过集中控制室模拟盘的状态指示灯来显示，当指示灯亮时，表示

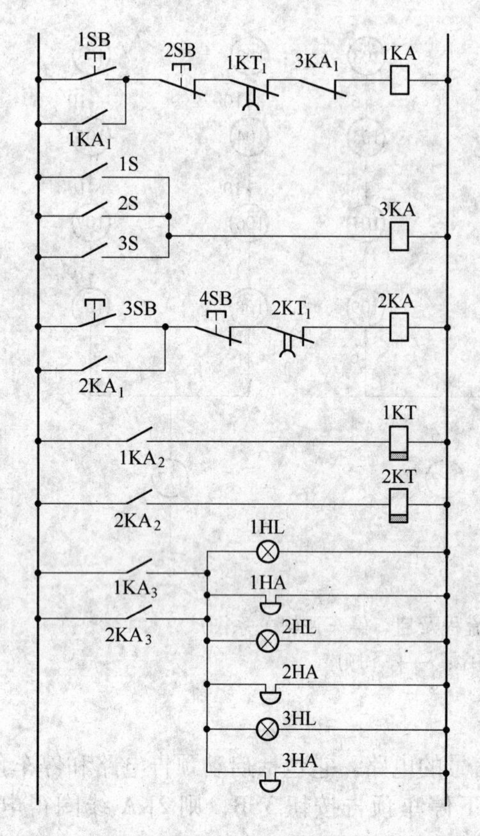

图 4-35　信号预告电路

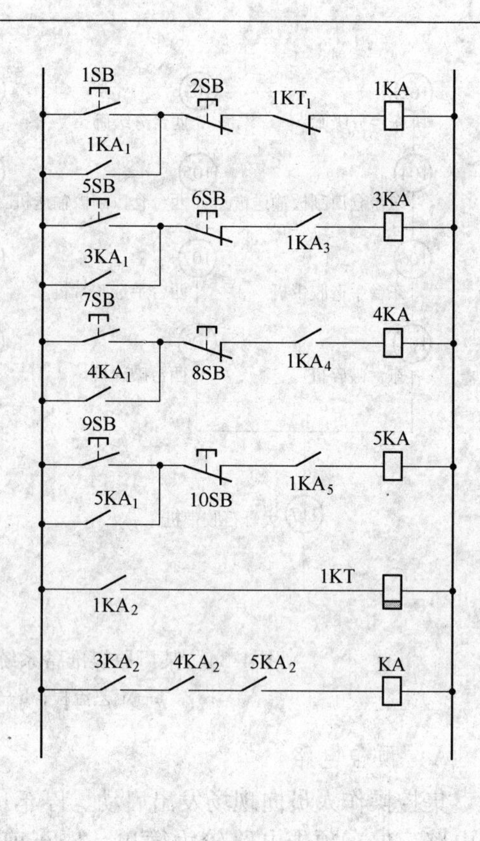

图 4-36　信号应答预告电路

该台设备处于运行状态，指示灯由设备控制接触器的辅助触点来控制。如图 4-37 所示，102KM～117KM 为 102～117 号设备的控制接触器的辅助触点，当设备运行时，其接触器的辅助触点吸合，该台设备的运行指示灯被点亮，设备停车时，其接触器辅助触点断开，指示灯熄灭。

C　事故报警和显示电路

图 4-38 所示为事故报警和显示电路。当某台设备发生故障时，其保护电路动作，同

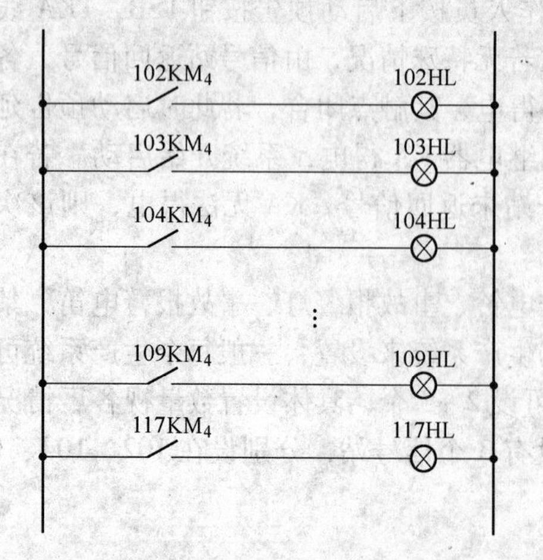

图 4-37　设备运行状态显示电路

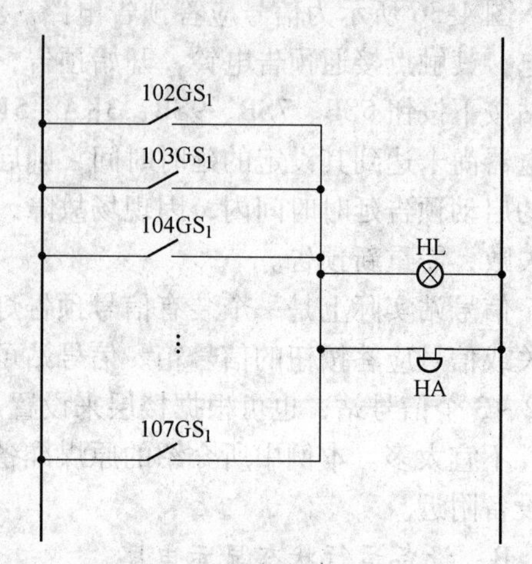

图 4-38　事故报警和显示电路

时触点 $102GS_1$ ~ $117GS_1$ 闭合，接通各信号站及集控室的报警电笛和报警指示灯，发出声光信号提醒工作人员注意。

4.3.3.2 控制方式转换电路

控制方式的转换是利用安装在集中控制室集中控制台上的控制方式转换开关来实现的。图4-39所示为控制方式转换电路，当转换开关S打至集中控制位置时，S的1、2接点闭合，JKM线圈得电，进入集控状态，当打至就地手动位置时，S的3、4接点闭合，SKM线圈得电，转入就地手动运行状态。

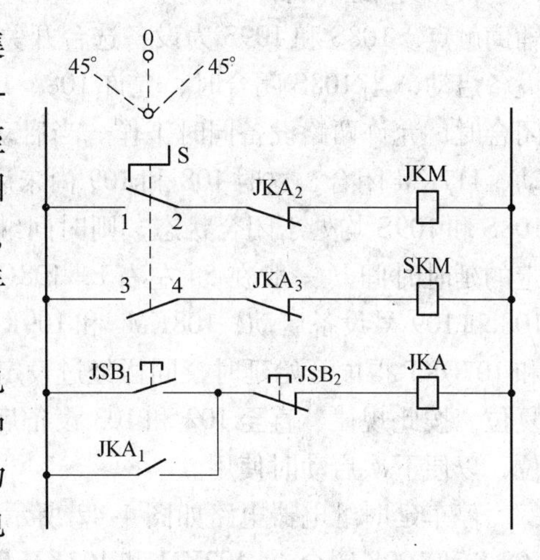

图4-39 控制方式转换电路

图4-40所示为集控/就地转换控制中间继电器电路。集控时，JKM闭合接通集中控制方式中间继电器线圈电路。图中102JKA~117JKA为102~117号设备的集中控制方式控制中间继电器，其在主控接触器线圈电路中的触点102JKA~117JKA闭合，使主控接触器进入集中控制状态。就地手动时，JKM断开，SKM闭合，接通就地手动控制中间继电器102SKA~107SKA线圈电路，其触点102SKA~117SKA闭合，使主控接触器进入手动状态。

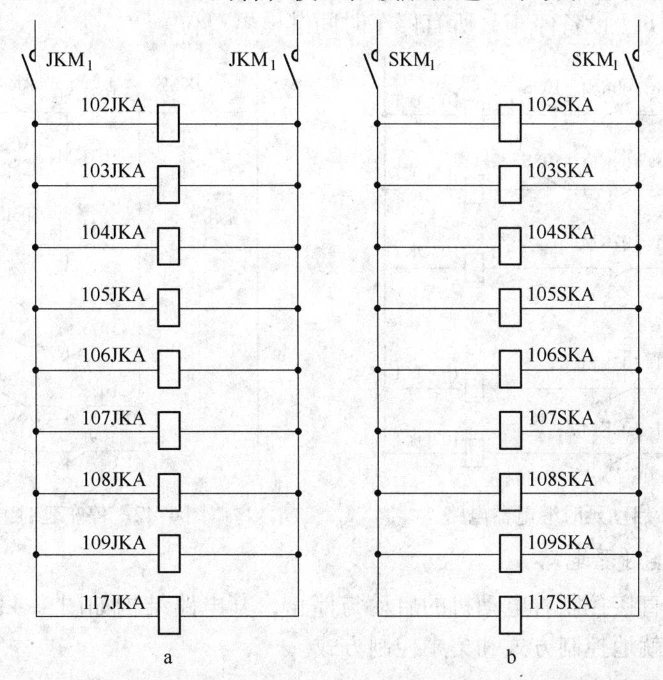

图4-40 控制方式转换控制中间继电器电路

4.3.3.3 启停车延时电路

设备的启停车延时电路由时间继电器组成。启动延时电路的作用是为主控电路提供一个逆煤流启动的延时时序，停车延时电路的作用是为主控电路提供一个顺煤流停车的延时时序。

图 4-41 所示为启动延时继电器电路。当控制方式转换开关置于集中控制状态时，JKM 的常开触点闭合。图中 102KMs ~ 117KMs 分别为 102 ~ 117 号设备控制接触器的常开辅助触点。108S 和 109S 为设备选台开关，当 109S 闭合时，允许 109、107、105、103 号设备启动，当 108S 闭合时，允许 108、106、104、102 号设备启动，当 108S 和 109S 同时闭合时，允许两路设备同时工作。当启动预告结束、现场允许启动时，117 号设备首先启动，117KM 闭合，这时 108 和 109 尚未启动，常闭触点 108KMs 和 109KMs 闭合，若此时 108S 和 109S 均处于闭合状态，则时间继电器 108QKT 和 109QKT 线圈同时得电，经过设定的延时时间（一般在 5s 左右），108QKT 和 109QKT 闭合，使 108KM 和 109KM 得电，108 和 109 号设备启动，$108KM_6$ 和 $109KM_6$ 断开，108QKT 和 109QKT 复位，同时 106QKT 和 107QKT 得电开始延时，同样经过设定延时时间后 106 和 107 启动，106QKT 和 107QKT 复位。按此规律，直至 102 和 103 设备启动以后，系统进入运行状态，延时继电器都被复位，以便下次启动时使用。

停车延时继电器电路如图 4-42 所示。当停车预告结束时，102 和 103 首先停车（设 108 S 和 109S 闭合），102KM 和 103KM 闭合，此时 104 和 105 设备还在运行，$104KM_7$ 和 $105KM_7$ 也处于闭合状态，因此停车延时继电器 104TKT 和 105TKT 得电；经过设定的延时时间（视具体设备而定），104TKT 和 105TKT 断开，104KM 和 105KM 失电，104 和 105 设备停车，$104KM_7$ 和 $105KM_7$ 断开，104TKT 和 105TKT 复位，同时 106TKT 和 107TKT 得电开始延时，直至 117 设备停车，所有停车时间继电器复位。

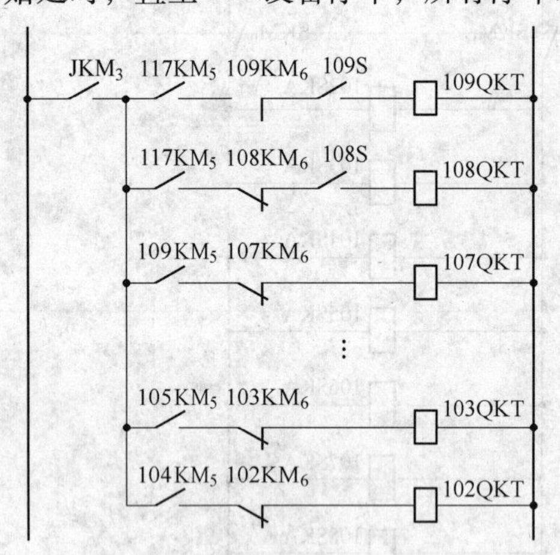

图 4-41 启动延时继电器电路

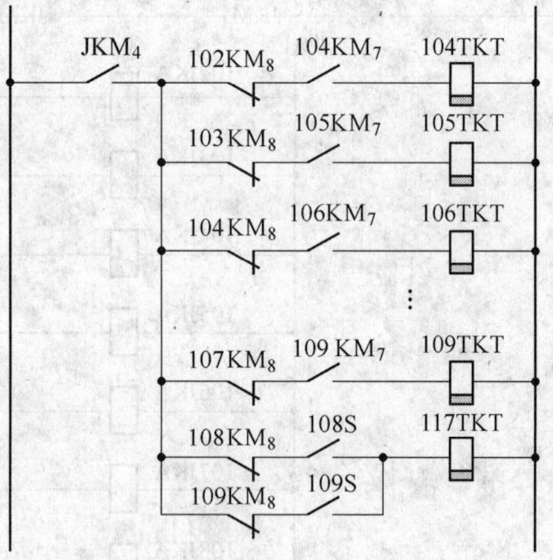

图 4-42 停车延时继电器电路

4.3.3.4 接触器电路

接触器电路直接控制着电动机的启动与停止，其电路结构如图 4-43 所示。它有两种工作方式：手动就地控制方式和集中控制方式。

A 手动控制方式

当控制方式转换开关置于就地手动位置时（见图 4-43），就地继电器 102 SKA ~ 117SKA 得电，$102SKA_1$ ~ $117SKA_1$ 闭合，此时每台设备的接触器电路相对独立，设备的启停由现场就地启停按钮控制，任意一台设备可以单独启停，不受其他设备的影响。如 102 设备的控制，当按下启动按钮 $102SB_1$ 时，102KM 得电，其主触点 $102KM_1$ 闭合，102

设备启动，同时 $102KM_2$ 闭合，电路自保，当按下停止按钮 $102SB_2$ 时，102KM失电，102设备停车。

B 集中控制方式

当控制方式开关置于集中控制位置时，$102JKA_1$ ~ $117JKA_1$ 闭合，$102SKA_1$ ~ $117SKA_1$ 断开，接触器电路进入集中控制状态，这时接触器控制电路之间有严格的闭锁关系。

(1) 启动。集控启动前需要对并行设备进行选台，若要选左路102~108号，则合上选台开关108S；若要选右路103~109号设备，则合上109S；若两路设备都选，则108S和109S同时闭合。集控启动时，首先按下启动预告按钮1SB，则继电器1KA得电，向各信号站发出启动预告信号，当设定预告时间结束时，若现场允许启动（对于应答式预告电路，在规定的预告时间内各信号站应返回信号），则117设备自动启动，此时若108S闭合，则108QKT得电（若109S闭合，则109QKT得电），经过设定的延时时间，$108QKT_1$ 闭合，108KM得电，108设备启动，同时106KT线圈得电，经过延时后，106设备启动，按此规律，直至102设备启动完毕，系统进入运行状态。

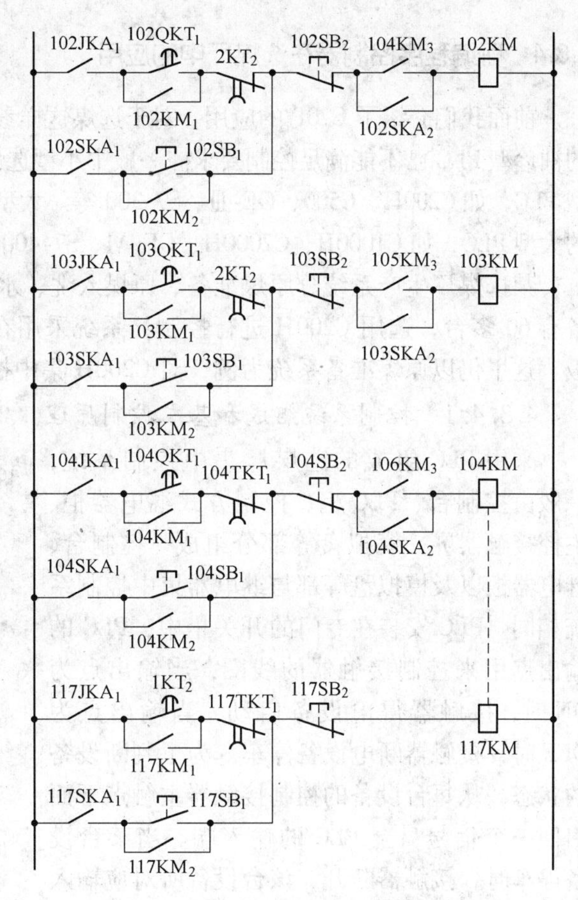

图4-43 接触器控制电路

(2) 停车。正常情况下，应按顺煤流逐台延时停车。停车时，按下停车预告按钮3SB，则继电器2KA得电，向各信号站发出停车预告信号，经过设定的预告时间，时间继电器2KT的常闭触点 $2KT_1$ 断开，预告结束后，同时常闭触点 $2KT_2$ 断开，102KM（103KM）失电，102设备停车，104TKT得电，延时后触发104设备停车，直至117设备停车。

故障时，应在尽量短的时间内停下全部设备或故障设备至给煤设备之间的设备，以减小事故范围。当系统中某台设备故障时，由现场操作人员按下该台设备的就地停车按钮，故障设备立即停车；同时通过事故闭锁触点，按逆煤流方向从故障设备至给煤设备依次停车，从而避免了堆煤、压设备等现象。如106设备故障时，按下 $106SB_2$，则106KM失电，106设备停车，同时串接在104KM电路中的 $106KM_3$ 断开，使104KM失电，104设备停车，同样104KM断开，使102KM失电，102设备紧接着停车。当发生严重事故需要全部停车时，由集控操作人员按下急停控制按钮 JSB_2（如图4-39所示），使急停控制继电器JKA失电，其常开触点 JKA_2、JKA_3 断开，使得JKM线圈或SKM线圈失电，其对应常开触点断开，切断设备控制接触器的控制线圈电路，系统中全部设备停车。

4.3.4 可编程序控制器在选煤厂中的应用

前面我们介绍了 C20P 的应用。对于选煤这样参控设备较多的生产过程，采用点数较少的袖珍型 PLC 已不能满足控制要求。一般中小型选煤厂多采用输入输出点在 500 点左右的中型 PLC，如 C200H、C500、GE-Ⅲ、S7-300 等。大型选煤厂可采用输入输出点数在 1000 以上的大型 PLC，如 C1000H、C2000H、GE-Ⅵ、S7-400 等。这里介绍一个 C200H 的应用实例。

某选煤厂生产系统分原煤准备、原煤入洗、水洗、浮选四个部分，参加集中控制的设备有 60 多台，选用 C200H 进行控制，系统采用在 C200H 基本配置的基础上加两块扩展板。这里仍以原煤准备系统为例，对 C200H 集中控制系统的结构和原理进行分析。

4.3.4.1 控制系统组成和基本控制原理

采用 PLC 组成的选煤厂集中控制系统，一般由控制台、PLC 柜、控制方式继电器柜、主控接触器屏、模拟盘等部分组成。控制台、继电器柜以及模拟盘等都与继电器集中控制系统相同。PLC 安装在专门的开关柜中，PLC 的输出点用来控制接触器的线圈，当输出点为 ON 时，接触器得电设备启动，当输出点为 OFF 时，接触器断电设备停车。为了判断设备的状态，从每台设备的控制接触器主触点下面引回一个信号，至 PLC 的输入端。当某台设备停车时，接触器断开，该台设备所对应输入点为 OFF，设备运行时，其输入点为 ON。PLC 集中控制系统的主控接触器电路如图 4-44 所示。

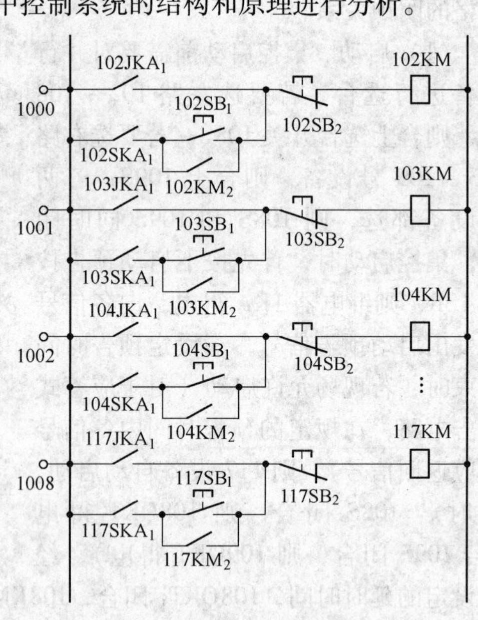

图 4-44 接触器控制电路原理图

4.3.4.2 输入输出点及输入输出模块的确定

系统的流程及启动、停车顺序如图 4-34 所示，控制方案与继电器控制系统基本相同，信号预告采用禁启制。该系统共需启动按钮、复位按钮、停车预告按钮 3 个控制按钮，一个启停预告电铃，3 个禁启返回信号，需要控制的设备有 9 台，每台设备占一个输入点和一个输出点，因此，该系统共有 15 个输入信号，10 个输出信号。我们可以选择两块 16 点输入模块，一块 12 点输出模块。其中一块输入模块插在母板的 000 通道，另一块插在第一块扩展板的 020 通道，输出模块插在第二块扩展板的 010 通道。输入输出继电器的分配如表 4-16 所示。

除表 4-16 中所列的输入输出继电器以外，编程时还要使用大量的内部辅助继电器和定时器计数器。

4.3.4.3 梯形图

根据前面介绍的编程方法，我们由图 4-34 所示的设备启动、停车顺序图，可以绘出用 C200H 组成的控制系统的继电器梯形图，如图 4-45 所示。它由信号预告、启动延时、停车延时、启动保护、事故闭锁和接触器控制电路等部分组成。

表4-16 输入输出点分配表

输入点		输出点	
0000	启动按钮	1000	102设备输出
0001	复位按钮	1001	103设备输出
0002	停止按钮	1002	104设备输出
0003	禁启开关S_1	1003	105设备输出
0004	禁启开关S_2	1004	106设备输出
0005	禁启开关S_3	1005	107设备输出
2000	102设备输入	1006	108设备输出
2001	103设备输入	1007	109设备输出
2002	104设备输入	1008	117设备输出
2003	105设备输入	1009	原煤准备预告电铃
2004	106设备输入		
2005	107设备输入		
2006	108设备输入		
2007	109设备输入		
2008	117设备输入		

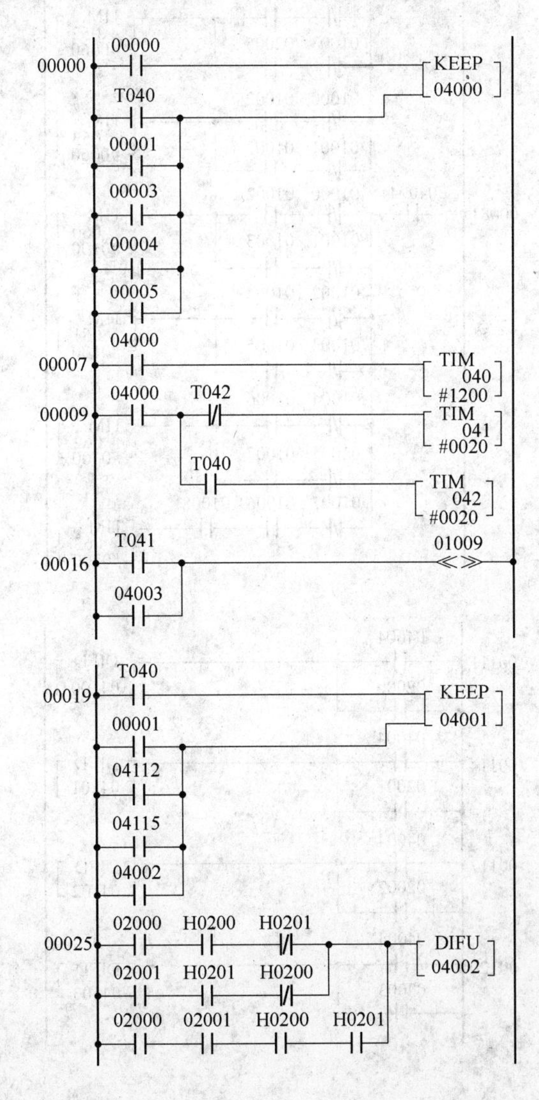

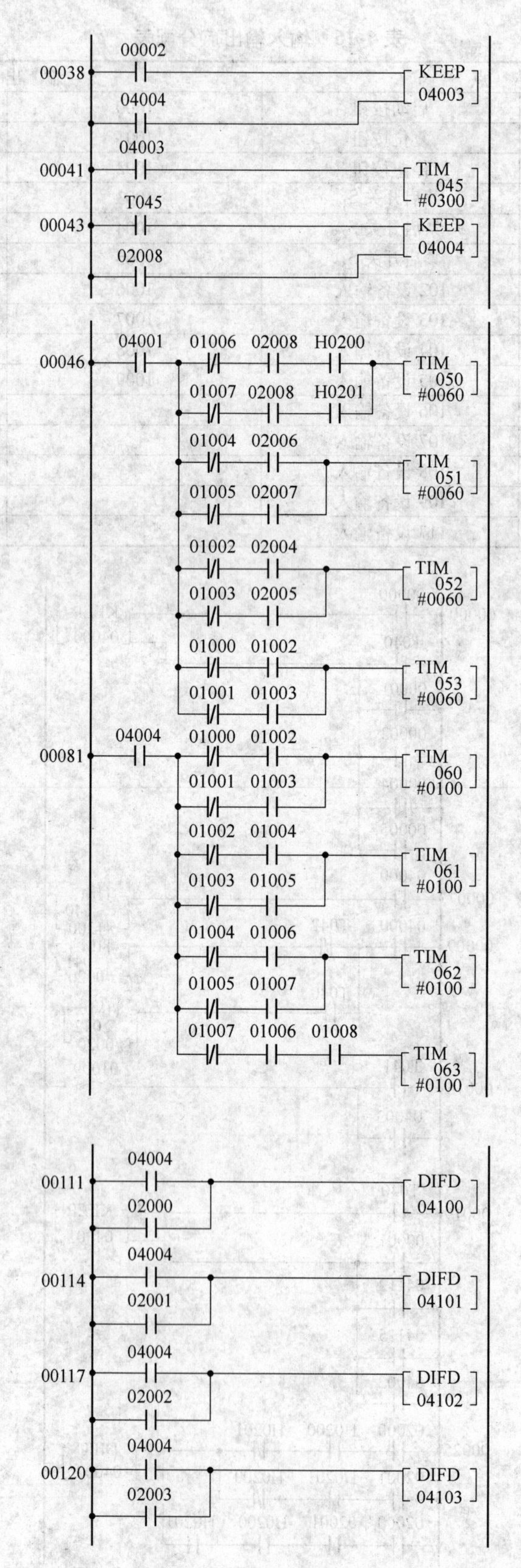
00038
00002
04004
KEEP
04003
00041
04003
TIM
045
#0300
00043
T045
02008
KEEP
04004
00046
04001
01006
02008
H0200
TIM
050
#0060
01007
02008
H0201
01004
02006
TIM
051
#0060
01005
02007
01002
02004
TIM
052
#0060
01003
02005
01000
01002
TIM
053
#0060
01001
01003
00081
04004
01000
01002
TIM
060
#0100
01001
01003
01002
01004
TIM
061
#0100
01003
01005
01004
01006
TIM
062
#0100
01005
01007
01007
01006
01008
TIM
063
#0100
00111
04004
02000
DIFD
04100
00114
04004
02001
DIFD
04101
00117
04004
02002
DIFD
04102
00120
04004
02003
DIFD
04103

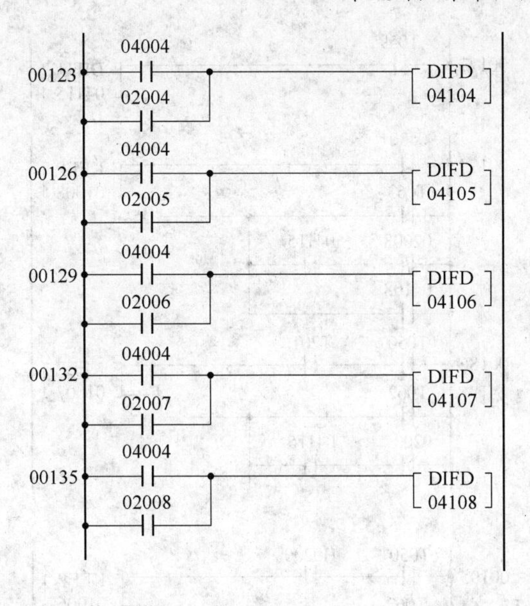
00123
04004
02004
DIFD
04104
00126
04004
02005
DIFD
04105
00129
04004
02006
DIFD
04106
00132
04004
02007
DIFD
04107
00135
04004
02008
DIFD
04108

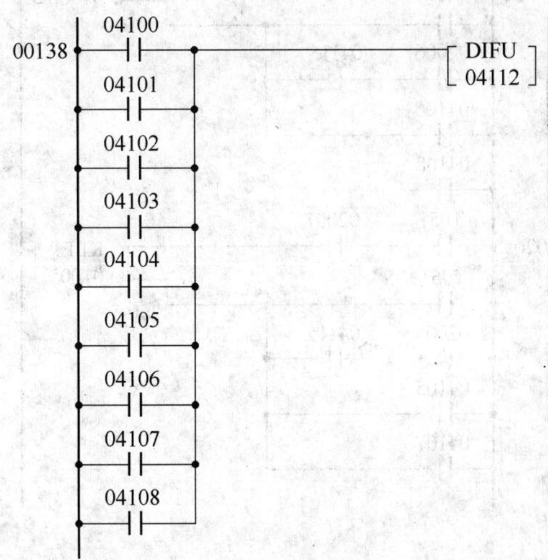
00138
04100
04101
04102
04103
04104
04105
04106
04107
04108
DIFU
04112

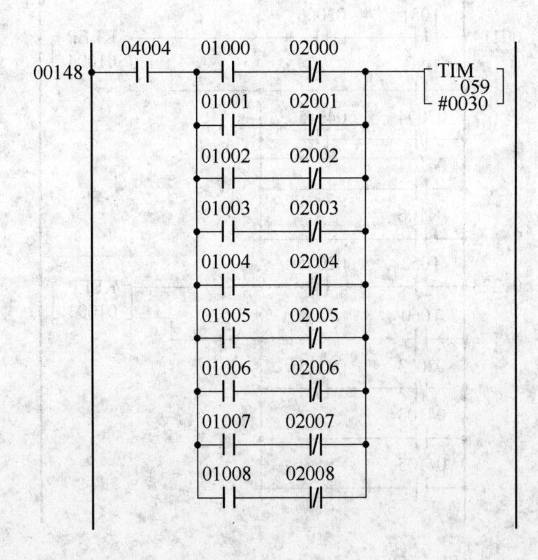
00148
04004
01000
02000
01001
02001
01002
02002
01003
02003
01004
02004
01005
02005
01006
02006
01007
02007
01008
02008
TIM
059
#0030

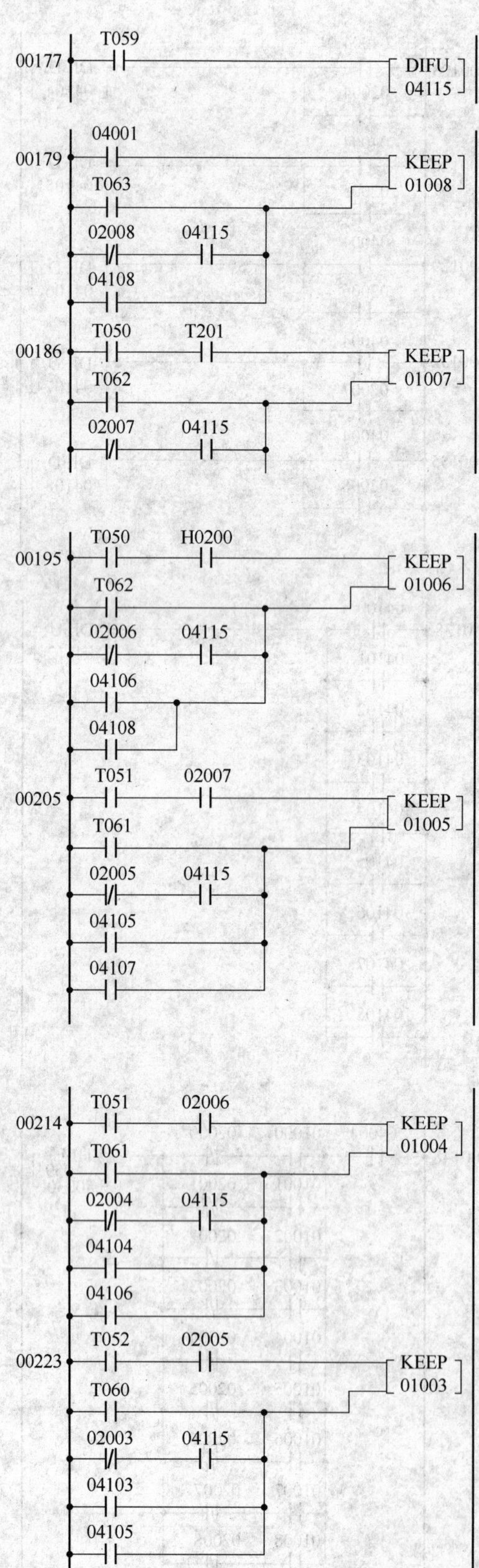

00177
T059
DIFU
04115
00179
04001
T063
02008
04115
04108
KEEP
01008
00186
T050
T201
T062
02007
04115
KEEP
01007
00195
T050
H0200
T062
02006
04115
04106
04108
KEEP
01006
00205
T051
02007
T061
02005
04115
04105
04107
KEEP
01005
00214
T051
02006
T061
02004
04115
04104
04106
KEEP
01004
00223
T052
02005
T060
02003
04115
04103
04105
KEEP
01003

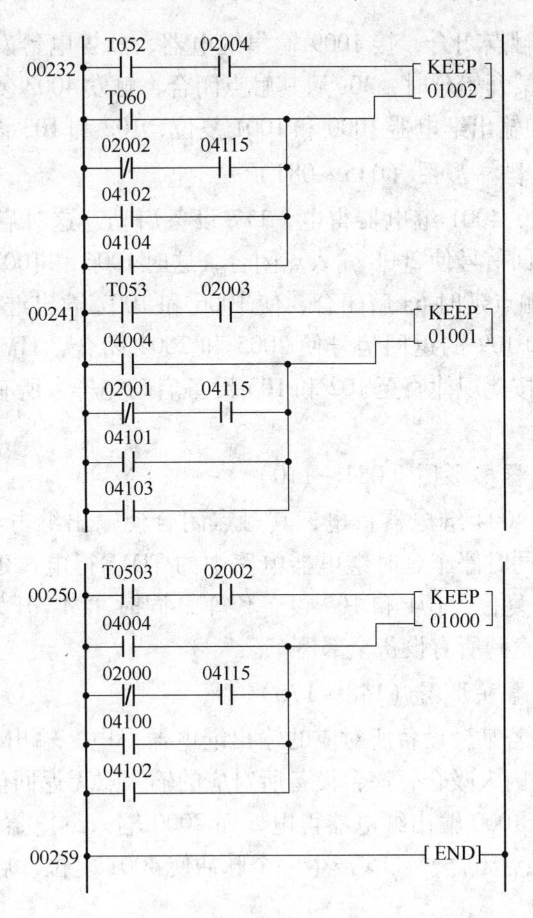

图 4-45　全部控制系统的继电器梯形图

A　启动预告（如图 4-45 中 0000 ~ 0016 地址）

当按下启动按钮 SB 时，输入点 0000 闭合，KEEP 指令使内部辅助继电器 4000 得电动作，其触点 4000 闭合，启动预告定时器 TIM_{40} 得电开始工作，TIM_{40} 的设置值为 120s。内部辅助继电器 4000 触点闭合以后，定时器 TIM_{41} 和 TIM_{42} 交替得电。TIM_{41} 先得电，延时 2s 后，其触点闭合使输出继电器 1009 得电，电铃发出启动预告信号。同时 TIM_{42} 得电，TIM_{42} 延时 2s 后，其常闭触点断开，TIM_{41} 失电。TIM_{41} 的触点用来控制输出继电器 1009，使 1009 间断得电，电铃发出脉冲预告信号。现场操作人员听到启动预告后检查现场设备，若某台设备故障不允许启动时，则到就近的信号站合上禁启开关（S_1 ~ S_3），使输入点 0003 至 0005 闭合。禁启输入信号迅速触发 4000 内部辅助继电器复位，其触点断开电铃停止预告，若无故障允许启动，则预告延时继电器 TIM_{40} 延时 120s 后触点闭合，使 4000 继电器失电，停止预告，4001 继电器得电，4001 触点闭合使 117 设备开始启动（由 1008 控制），同时启动延时继电器电路开始工作。

在启动预告和启动期间，若想中止启动预告或启动，则可以按一下复位按钮 SB_1，使输入点 0001 闭合，4000 或 4001 复位，预告或启动中止。

B　停车预告（018 ~ 042）

停车预告的原理与启动预告相同，按下停车按钮 SB_1 输入点 0002 闭合，内部辅助继电器4003得电，4003触点闭合，接1009输出继电器，预告电铃发出预告信号，同时停车预告延时定时器TIM_{45}开始延时，30s后其触点闭合，触发4003复位，4004得电，开始停车，4004触点闭合使输出继电器1000和1001复位，102和103设备停车。

C 启动延时继电器梯形图（045～081）

当启动预告结束时，4001继电器得电，117设备启动，这时启动延时继电器开始工作，117启动后，其返回信号使2008输入点闭合，这时1006和1007常闭结点仍处于闭合状态，TIM_{50}得电，其触点延时6s后闭合，使1006和1007输出继电器得电，109和108设备启动，信号108和109的返回信号使2005和2004闭合，TIM_{51}得电，延时6s后使107和106设备启动。按此规律直至102和103设备启动完毕，所有延时继电器复位，为下次启动作准备。

D 停车延时继电器梯形图（081～110）

停车预告结束时，4004继电器得电，其触点闭合使输出继电器1000和1001复位，102和103设备停车，同时停车延时继电器电路中的TIM_{60}得电，延10s后触点闭合，触发1002和1003继电器复位，104和105设备停车，同时TIM_{01}开始延时，10s后106和107停车。按此规律，直到所有设备全部停车。

E 启动保护继电器梯形图（148～176）

在设备启动期间，若某台设备所对应的输出继电器得电，输出信号送至控制接触器，但接触器在规定的时间内未吸合，该台设备所对应的输入点无返回信号，则启动保护电路动作，停止启动。如当1000输出继电器得电，而2000输入继电器无返回信号时，TIM_{59}开始延时，3s后常开触点闭合，4115产生一个脉冲使4001复位，启动中止。在查清原因后方可重新启动。

F 事故停车继电器梯形图（111～147）.

当某台设备发生故障时，现场司机按下就地停车按钮使该台设备停车，则该设备返回PC的输入信号消失，闭锁关系使该台设备逆煤流方向的所有设备随之停车。例如当106号设备故障时，司机按下106设备的停车按钮，106设备停车，同时2008输入点断开，DIFD指令使4106输出一个脉冲信号，触发1008和1006复位，使104设备也随之停车，104停车，则2006输入点断开，同时又触发102停车。整个事故停车过程在数秒内完成，可以避免事故的扩大。

G 输出继电器的梯形图（179～258）

输出继电器1000～1009用来控制接触器102KM～117KM，当输出继电器1000～1009触点闭合时，102KM～117KM线圈得电，设备启动。当1000～1009触点断开时，接触器失电，设备停车。梯形图中用了KEEP锁存指令，当KEEP的置位端条件满足时，输出继电器得电，当KEEP复位端条件满足时，输出继电器失电。例如图中1004输出继电器输出至106KM，用来控制106设备的启、停。当2006闭合（108设备启动）且TIM_{51}触点延时后闭合时，1004输出继电器得电常开触点闭合，106设备启动。当TIM_{61}触点延时闭合（104停车10s后）时，1004复位，106停车。在1004的复位端，除TIM_{61}的触点以外，还有三个并联复位条件，常闭触点2004和内部辅助继电器4115的触点串联作为启动保护，4104和4106是事故闭锁触点，当106设备或108设备故障。现场司机按下就地停车按钮时，4104 或 4106 闭合（一个扫描周期），1004 复位，106 设备闭锁停车。

整个控制系统实现集中控制的程序如图 4-45 所示。

思 考 题

(1) 试述可编程控制器的功能与特点。
(2) 简述 PLC 的分类。
(3) PLC 主要由哪几部分组成?
(4) PLC 常用的编程语言有哪些?
(5) 试述我国选煤厂控制类型及其各自特点。
(6) 试述选煤厂生产工艺对集中控制系统的要求。
(7) 试述可编程控制器编程注意事项以及编程步骤。

工控组态软件及应用

【本章学习要求】

(1) 了解组态软件的产生、组成、特点、组态方式及发展趋势;

(2) 熟悉国内外常用的组态软件及其特点;

(3) 掌握组态软件的使用方法;

(4) 掌握选煤厂集中控制系统中组态软件的应用开发。

5.1 组态软件简介

5.1.1 组态软件的产生

“组态”的概念是伴随着集散控制系统 DCS 的出现才开始被广大的生产过程自动化技术人员所熟知的。

在控制系统中使用的各种仪表中，早期的控制仪表是气动 PID 调节器，后来发展为气动单元组合仪表，20 世纪 50 年代后出现电动单元组合仪表和直接数字控制系统（Direct Digital Control，DDC）。20 世纪 70 年代中期随着微处理器的出现，诞生了第一代 DCS。到目前，DCS 和其他控制系统在全球范围得到了广泛应用。计算机控制系统的每次大发展的背后都有着三个共同的推动力：(1) 微处理技术质的飞跃，促进硬件费用的大幅下降和控制设备体积的缩小；(2) 计算机网络技术的发展；(3) 计算机软件技术的飞跃。

由于每一套 DCS 都是比较通用的控制系统，可以应用到很多的领域中，为了使用户在不需要编代码程序的情况下，便可生成适合自己需求的应用系统，每个 DCS 厂商在 DCS 中都预装了系统软件和应用软件，而其中的应用软件，实际上就是组态软件，但一直没有人给出明确定义，只是将使用这种软件设计生成目标应用系统的过程称为“组态（configure）”。

组态软件是指一些数据采集与过程控制的专用软件，它们是在自动控制系统监控层一级的软件平台和开发环境。使用灵活的组态方式，为用户提供快速构建工业自动控制系统监控功能的、通用层次的软件工具。组态软件应该能支持各种工控设备和常见的通信协议，并且通常应提供分布式数据管理和网络功能。对应于原有的 HMI（人机接口软件，Human Machine Interface）的概念，组态软件应该是一个使用户能快速建立自己的 HMI 的软件工具，或开发环境。在组态软件出现之前，工控领域的用户通过手工或委托第三方编写 HMI 应用，开发时间长，效率低，可靠性差；或者购买专用的工控系统，通常是封闭的系统，选择余地小，往往不能满足需求，很难与外界进行数据交互，升级和增加功能都受到严重的限制。组态软件的出现，把用户从这些困境中解脱出来，可以利用组态软件的功能，构建一套最适合自己的应用系统。随着它的快速发展，实时数据库、实时控制、SCADA、通讯及联网、开放数据接口、对I/O设备的广泛支持已经成为它的主要内容，随着技术的发展，监控组态软件将会不断被赋予新的内容。

世界上第一个把组态软件作为商品进行开发、销售的专业软件公司是美国的Wonderware。它于20世纪80年代末率先推出第一个商品化监控软件Intouch。此后监控组态软件在全球得到了蓬勃发展。目前世界上的组态软件有几十种之多，总装机量有几十万套。

组态软件是伴随着计算机技术的突飞猛进发展起来的。20世纪60年代虽然计算机开始涉足工业过程控制，但由于计算机技术人员缺乏工厂仪表和工业过程的知识导致计算机控制走向成熟。首先，微处理器在提高计算能力的基础上，大大降低了计算机的硬件成本，缩小了计算机的体积，很多从事控制仪表和原来一直就从事工业控制计算机的公司先后推出了新型控制系统。这一时期较有代表性的就是1975年美国Honeywell公司推出的世界上第一套DCS TDC-2000。而随后的20年间，DCS及其计算机控制技术日趋成熟，得到了广泛应用，此时的DCS已具有较丰富的软件，包括计算机系统软件（操作系统）、组态软件、控制软件、操作员软件以及其他辅助软件（如通信软件）等。

这一阶段虽然DCS技术、市场发展迅速，但软件仍是专用和封闭的，除了在功能上不断加强外，软件成本一直居高不下，造成DCS在中小型项目上的单位成本过高，使一些中小型应用项目不得不放弃使用DCS。20世纪80年代后期，随着个人计算机的普及和开放系统概念的推广，基于个人计算机的监控系统开始进入市场，并发展壮大。组态软件作为个人计算机监控系统的重要组成部分，比PC监控的硬件系统具有更为广阔的发展空间。这是因为，第一，很多DCS和PLC厂家主动公开通信协议，加入“PC监控”的阵营。目前，几乎所有的PLC和一半以上的DCS都使用PC作为操作站。第二，由于PC监控大大降低了系统成本，使得市场空间得以扩大。第三，各类智能仪表、调节器和PC-based设备可与组态软件构建完整的低成本自动化系统，具有广阔的市场前景。第四，各类嵌入式系统和现场总线的异军突起，把组态软件推到了自动化系统主力军的位置，组态软件越来越成为工业自动化系统的灵魂。表5-1所示为国际上较知名的监控组态软件。

表5-1 国际上较知名的监控组态软件

公司名称	产品名称	国别
Intellution	FIX，iFIX	美国
Wonderware	Intouch	美国
通用电气	Cimplicity	美国
西门子	Wincc	德国
Citech	Citech	澳大利亚

5.1.2 组态软件组成

5.1.2.1 组态软件的设计思想

在单任务操作系统环境下（例如MS-DOS），要想让组态软件具有很强的实时性，就必须利用中断技术，这种环境下的开发工具较简单，软件编制难度大，目前基本上已退出市场。

在多任务环境下，由于操作系统直接支持多任务，组态软件的性能得到了全面加强。因此组态软件一般都由若干组件构成，而且组件的数量在不断增长，功能不断加强。各组态软件普遍使用了“面向对象”（ Object Oriental）的编程和设计方法，使软件更加易于学习和掌握，功能也更强大。

一般的组态软件都由下列组件组成：图形界面系统、实时数据库系统、第三方程序接口组件、控制功能组件。下面将分别讨论每一类组件的设计思想。

在图形画面生成方面，构成现场各过程图形的画面被划分成几类简单的对象：线、填充形状和文本。每个简单的对象均有影响其外观的属性。对象的基本属性包括：线的颜色、填充颜色、高度、宽度、取向、位置移动等。这些属性可以是静态的，也可以是动态的。静态属性在系统投入运行后保持不变，与原来组态时一致。而动态属性则与表达式的值有关，表达式可以是来自 I/O 设备的变量，也可以是由变量和运算符组成的数学表达式。这种对象的动态属性随表达式值的变化而实时改变。例如，用一个矩形填充体模拟现场的液位，在组态这个矩形的填充属性时，指定代表液位的工位号名称、液位的上、下限及对应的填充高度，就完成了液位的图形组态。这个组态过程通常叫做动画连接。

在图形界面上还具备报警通知及确认、报表组态及打印、历史数据查询与显示等功能，各种报警、报表、趋势都是动画连接的对象，其数据源都可以通过组态来指定，这样每个画面的内容就可以根据实际情况由工程技术人员灵活设计，每幅画面中的对象数量均不受限制。

在图形界面中，各类组态软件普遍提供了一种类 Basic 语言的编程工具——脚本语言来扩充其功能。用脚本语言编写的程序段可由事件驱动或周期性地执行，是与对象密切相关的。例如，当按下某个按钮时可指定执行一段脚本语言程序，完成特定的控制功能，也可以指定当某一变量的值变化到关键值以下时，马上启动一段脚本语言程序完成特定的控制功能。

控制功能组件以基于 PC 的策略编辑/生成组件（也有人称之为软逻辑或软 PLC）为代表，是组态软件的主要组成部分，虽然脚本语言程序可以完成一些控制功能，但还是不很直观，对于用惯了梯形图或其他标准编程语言的自动化工程师来说简直是太不方便了，因此目前的多数组态软件都提供了基于 IEC1131—3 标准的策略编辑/生成控制组件，它也是面向对象的，但不是唯一地由事件触发，它像 PLC 中的梯形图一样按照顺序周期执行。策略编辑/生成组件在基于 PC 和现场总线的控制系统中是大有可为的，可以大幅度地降低成本。

实时数据库是更为重要的一个组件，因为 PC 的处理能力太强了，因此实时数据库更加充分地表现出了组态软件的长处。实时数据库可以存储每个工艺点的多年数据，用户既可浏览工厂当前的生产情况，也可回顾过去的生产情况，可以说，实时数据库对于工厂来说就如同飞机上的“黑匣子”。工厂的历史数据是很有价值的，实时数据库具备数据档案管理功能，工厂的实践告诉我们：现在很难知道将来进行分析时哪些数据是必需的，因此，保存所有的数据是防止丢失信息的最好的方法。

通讯及第三方程序接口组件是开放系统的标志，是组态软件与第三方程序交互及实现远程数据访问的重要手段之一，它有下面几个主要作用：

(1) 用于双机冗余系统中，主机与从机间的通讯。

(2) 用于构建分布式 HMI/SCADA 应用时多机间的通讯。

(3) 在基于 Internet 或 Browser/Server（B/S）应用中实现通讯功能。

通讯组件中有的功能是一个独立的程序，可单独使用，有的被“绑定”在其他程序当中，不被“显式”地使用。

5.1.2.2 组态软件的系统组成

在组态软件中，通过组态生成的一个目标应用项目在计算机硬盘中占据唯一的物理空间（逻辑空间），可以用唯一的一个名称来标识，就被称为一个应用程序。在同一计算机中可以存储多个应用程序，组态软件通过应用程序的名称来访问其组态内容，打开其组态内容进行修改或将其应用程序装入计算机内存投入实时运行。

组态软件的结构划分有多种标准，这里以使用软件的工作阶段和软件体系的成员构成两种标准讨论其体系结构。

A 以使用软件的工作阶段划分

从总体上讲，组态软件是由两大部分构成的：系统开发环境与系统运行环境。系统开发环境和系统运行环境之间的联系纽带是实时数据库。

系统开发环境是自动化工程设计工程师为实施其控制方案，在组态软件的支持下进行应用程序的系统生成工作所必需依赖的工作环境。通过建立一系列用户数据文件，生成最终的图形目标应用系统，供系统运行环境运行时使用。系统开发环境由若干个组态程序组成，如图形程序、实时数据库组态程序等。

在系统运行环境下，目标应用程序被装入计算机内存并投入实时运行。系统运行环境由若干个运行程序组成，如图形界面运行程序、实时数据库运行程序等。组态软件支持在线组态技术，即在不退出系统运行环境的情况下可以直接进入组态环境并修改组态，使修改后的组态直接生效。

自动化工程设计工程师最先接触的一定是系统开发环境，通过一定工作量的系统组态和调试，最终将目标应用程序在系统运行环境投入实时运行，完成一个工程项目。

B 按照成员构成划分

组态软件因为其功能强大，而每个功能相对来说又具有一定的独立性，因此其组成形式是一个集成软件平台，由若干程序组件构成。

(1) 应用程序管理器。应用程序管理器是提供应用程序的搜索、备份、解压缩、建立新应用等功能的专用管理工具。在自动化工程设计工程师应用组态软件进行工程设计时，经常会遇到下面一些烦恼：经常要进行组态数据的备份；经常需要引用以往成功应用项目中的部分组态成果（如画面）；经常需要迅速了解计算机中保存了哪些应用项目。虽然这些要求可以用手工方式实现，但效率低下，极易出错。有了应用程序管理器的支持，这些操作将变得非常简单。

(2) 图形界面开发程序。它是自动化工程设计工程师为实施其控制方案，在图形编辑工具的支持下进行图形系统生成工作所依赖的开发环境。通过建立一系列用户数据文件，生成最终的图形目标应用系统，供图形运行环境运行时使用。

(3) 图形界面运行程序。在系统运行环境下，图形目标应用系统被图形界面运行程序装入计算机内存并投入实时运行。

(4) 实时数据库系统组态程序。有的组态软件只在图形开发环境中增加了简单的数据管理功能，因而不具备完整的实时数据库系统。目前比较先进的组态软件（如力控等）都有独立的实时数据库组件，以提高系统的实时性，增强处理能力。实时数据库系统组态程序是建立实时数据库的组态工具，可以定义实时数据库的结构、数据来源、数据连接、数据类型及相关的各种参数。

(5) 实时数据库系统运行程序。在系统运行环境下，目标实时数据库及其应用系统被实时数据库系统运行程序装入计算机内存并执行预定的各种数据计算、数据处理任务。历史数据的查询、检索、报警的管理都是在实时数据库系统运行程序中完成的。

(6) I/O 驱动程序。它是组态软件中必不可少的组成部分，用于和 I/O 设备通讯，互相交换数据，DDE 和 OPC Client 是两个通用的标准 I/O 驱动程序，用来和支持 DDE 标准和 OPC 标准的 I/O 设备通讯。多数组态软件的 DDE 驱动程序被整合在实时数据库系统或图形系统中，而 OPC Client 则多数单独存在。

5.1.3 组态软件的功能分析

组态软件的功能分析如下：

(1) 丰富的画面显示组态功能。目前，工控组态软件大都运行于 Windows 环境下，充分利用了 Windows 的图形功能完善界面美观的特点。可视化的 IE 风格界面和丰富的工具栏，使得操作人员可以直接进入开发状态，节省时间。丰富的图形控件和工况图库，提供了大量的工业设备图符及仪表图符，还提供趋势图、历史曲线、组数据分析图等，既提供所需的组件，又是界面制作向导。提供给用户丰富的作图工具，使用户可以随心所欲地绘制出各种工业界面，并可以编辑，从而将开发人员从繁重的界面设计中解放出来。丰富的动画连接方式。画面丰富多彩，为设备的正常运行、操作人员的集中控制提供了极大的方便。

(2) 通信功能与良好的开放性。组态软件向下应能与数据采集部分硬件通讯，向上应能与高层管理网互联。开放性是指组态软件能与多种通讯协议互联，支持多种硬件设备。组态软件要在冶金、电力、机械等各行各业通用，必须满足不同的测点要求，必须适应各类测控硬件设备。开放性是衡量一个组态软件好坏的重要指标。

(3) 丰富的功能模块。组态软件提供工业标准数学模型库和控制功能库，满足用户所需的测控要求，而不应将固定的模式强加给用户。利用各种功能模块，完成实时监控、产生功能报表、显示历史曲线、实时曲线、提供报警等功能，使系统具有良好的人机界面，易于操作。

(4) 强大的数据库。配有实时数据库，可存储各种数据，如模拟量、离散量、字符型等，实现与外部设备的数据交换。

(5) 可编程的命令语言及仿真功能。有可编程的命令语言，使用户可根据自己的需要编写程序，增强图形界面。同时提供强大的仿真功能，使系统能够并行设计，从而缩短开发周期。

5.1.4 组态软件的特点

组态软件最突出的特点是实时多任务。例如，数据采集与输出、数据处理与算法实现、图形显示及人机对话、实时数据的存储、检索管理、实时通讯等多个任务要在同一台计算机上同时运行。

组态软件的使用者是自动化工程设计人员，组态软件的主要目的是使用者在生成适合自己需要的应用系统时不需要修改软件程序的源代码，因此在设计组态软件时应充分了解自动化工程设计人员的基本需求，并加以总结提炼，重点、集中解决共性问题。下面是组态软件主要解决的问题：

（1）如何与采集、控制设备间进行数据交换；

（2）使来自设备的数据与计算机图形画面上的各元素关联起来；

（3）处理数据报警及系统报警；

（4）存储历史数据并支持历史数据的查询；

（5）各类报表的生成和打印输出；

（6）为使用者提供灵活、多变的组态工具，可以适应不同应用领域的需求；

（7）最终生成的应用系统运行稳定可靠；

（8）具有与第三方程序的接口，方便数据共享。

自动化工程设计技术人员在组态软件中只需填写一些事先设计的表格，再利用图形功能把被控对象（如反应罐、温度计、锅炉、趋势曲线、报表等）形象地画出来，通过内部数据连接把被控对象的属性与I/O设备的实时数据进行逻辑连接。当由组态软件生成的应用系统投入运行后，与被控对象相连的I/O设备数据发生变化后直接会带动被控对象的属性发生变化。若要对应用系统进行修改，也十分方便，这就是组态软件的方便性。

从以上可以看出，组态软件具有实时多任务、接口开放、使用灵活、功能多样、运行可靠的特点。

5.1.5 组态软件的组态方式

常用的组态方式有：系统组态、控制组态、画面组态、数据库组态、报表组态、报警组态、历史组态和环境组态。

（1）系统组态。系统组态又称为系统管理组态，这是整个组态工作中的第一步，也是最重要的一步。系统组态的主要工作是对系统的结构以及构成系统的基本要素进行定义。以DCS的系统组态为例，硬件配置的定义包括：选择什么样的网络层次和类型，选择什么样的工程师站、操作员站和现场控制站以及其具体的配置。

（2）控制组态。控制组态又称为控制回路组态，这同样是一种非常重要的组态。为了确保生产工艺的实现，一个计算机控制系统要完成各种复杂的控制任务。因此，有必要生成相应的应用程序来实现这些控制。组态软件往往会提供各种不同类型的控制模块，组态的过程就是将控制模块与各个被控变量相联系，并定义控制模块的参数。另外，对于一些被监视的变量，也要在信号采集之后对其进行一定的处理，这种处理也是通过软件模块来实现的。因此，也需要将这些被监视的变量与相应的模块相联系，并定义有关的参数。这些工作都是在控制组态中来完成。

（3）画面组态。它的任务是为计算机控制系统提供一个方便操作人员的人机界面。显示组态的工作主要包括两个方面：一是画出一幅（或多幅）能够反映被控制的过程概貌的图形；二是将图形中的某些要素与现场的变量相联系，当现场的参数发生变化时，就可以及时地在显示器上显示出来，或者是通过在屏幕上改变参数来控制现场的执行机构。

现在的组态软件都会为用户提供丰富的图形库。图形库中包含大量的图形元件，只需在图形库中将相应的子图调出，再作少量修改即可。因此，即使是完全不会编程序的人也可以“绘制”出漂亮的图形来。图形又可以分为两种：一种是平面图形；另一种是三维图形。平面图形虽然不是十分美观，但占用内存少，运行速度快。

（4）数据库组态。数据库组态包括实时数据库组态和历史数据库组态。实时数据库组态的内容包括数据库各点的名称、类型、工位号、工程量转换系数上下限、线性化处理、报警限和报警特性等。历史数据库组态的内容包括定义各个进入历史库数据点的保存周期，有的组态软件将这部分工作放在了历史组态之中，还有的组态软件将数据点与 I/O 设备的连接放在数据库组态之中。

（5）报表组态。一般的计算机控制系统都会带有数据库，因此，可以很轻易地将生产过程形成的实时数据形成对管理工作十分重要的日报、周报或月报。报表组态包括定义报表的数据项、统计项、报表的格式以及打印报表的时间等。

（6）报警组态。报警功能是计算机控制系统很重要的一项功能，它的作用就是当被控或被监视的某个参数达到一定数值的时候，以声音、光线、闪烁或打印机打印等方式发出报警信号，提醒操作人员注意并采取相应的措施。报警组态的内容包括报警的级别、报警限、报警方式和报警处理方式的定义。有的组态软件没有专门的报警组态，而是将其放在控制组态或显示组态中顺便完成报警组态的任务。

（7）历史组态。计算机控制系统对实时数据采集的采样周期很短，形成的实时数据很多，这些实时数据不可能也没有必要全部保留，可以通过历史模块将浓缩实时数据形成有用的历史记录。历史组态的作用就是定义历史模块的参数，形成各种浓缩算法。

5.1.6 组态软件的使用

5.1.6.1 组态软件的使用步骤

组态软件通过 I/O 驱动程序从现场 I/O 设备获得实时数据，对数据进行必要的加工后，一方面以图形方式直观地显示在计算机屏幕上；另一方面按照组态要求和操作人员的指令将控制数据送给 I/O 设备，对执行机构实施控制或调整控制参数。具体的工程应用必须经过完整、详细的组态设计，组态软件才能够正常工作。

下面列出组态软件的使用步骤：

（1）将所有 I/O 点的参数收集齐全，并填写表格，以备在控制组态软件和控制、检测设备上组态时使用。

（2）搞清楚所使用的 I/O 设备生产商、种类、型号，使用的通讯接口类型，采用的通讯协议，以便在定义 I/O 设备时作出准确选择。

（3）将所有 I/O 点的 I/O 标识收集齐全，并填写表格。I/O 标识是唯一地确定一个 I/O 点的关键字。组态软件通过向 I/O 设备发出 I/O 标识来请求对应的数据。在大多数情况下，I/O 标识是 I/O 点的地址或位号名称。

(4) 根据工艺过程绘制、设计画面结构和画面草图。

(5) 按照第1步统计出的表格，建立实时数据库，正确组态各种变量参数。

(6) 根据第1步和第3步的统计结构，在实时数据库中建立实时数据库变量与I/O点的一一对应关系，即定义数据连接。

(7) 根据第4步的画面结构和画面草图，组态每一幅静态的操作画面。

(8) 将操作画面中的图形对象与实时数据库变量建立动画连接关系，规定动画属性和幅度。

(9) 对组态内容进行分段和总体调试。

(10) 系统投入运行。

在一个自动控制系统中，投入运行的控制组态软件是系统的数据收集处理中心、远程监视中心和数据转发中心，处于运行状态的控制组态软件与各种控制、检测设备共同构成快速响应的控制中心。控制方案和算法一般在设备上组态并执行，也可以在PC上组态，然后下装到设备中执行，根据设备的具体要求而定。

监控组态软件投入运行后，操作人员可以在它的支持下完成以下6项任务。

(1) 查看生产现场的实时数据及流程画面。

(2) 自动打印各种实时/历史生产报表。

(3) 自由浏览各个实时/历史趋势画面。

(4) 及时得到并处理各种过程报警和系统报警。

(5) 在需要时，人为干预生产过程，修改生产过程参数和状态。

(6) 与管理部门的计算机网络，为管理部门提供生产实时数据。

5.1.6.2 基于组态软件的工业控制系统组态过程

基于组态软件的工业控制系统组态过程包括：

(1) 工程项目系统分析。首先要了解控制系统的构成和工艺流程，弄清被控对象的特征，明确技术要求。然后在此基础上进行工程的整体规划，包括系统应实现哪些功能，控制流程如何，需要什么样的用户窗口界面，实现何种动画效果以及如何在实时数据库中定义数据变量。

(2) 设计用户操作菜单。在系统运行的过程中，为了便于画面的切换和变量的提取，通常应由用户根据实际需要建立自己的菜单来方便用户操作。例如，制定按钮来执行某些命令或通过其输入数据给某些变量等。

(3) 画面设计与编辑。画面设计分为画面建立、画面编辑和动画编辑与连接几个步骤。画面由用户根据实际需要编辑制作，然后将画面与已定义的变量关联起来，以便运行时使画面上的内容随变量变化。用户可以利用组态软件提供的绘图工具进行画面的编辑制作，也可以通过程序命令即脚本程序来实现。

(4) 编写程序进行调试。用户程序编写好后，要进行在线调试。在实际调试前，先借助于一些模拟手段进行初调，通过对现场数据进行模拟，检查动画效果和控制流程是否正确。

(5) 连接设备驱动程序。利用组态软件编写好的程序最后要实现和外围设备的连接，在进行连接前，要装入正确的设备驱动程序和定义彼此间的通讯协议。

(6) 综合测试。对系统进行整体调试，经验收后方可投入试运行。在运行过程中如发现问题则及时完善系统设计。

5.1.7 组态软件的发展趋势

5.1.7.1 组态软件的发展和现状

在20世纪80年代后期，由于个人计算机的普及，PC机开始走上工业监控的历史舞台，与此同时开始出现基于PC总线的各种数据I/O板卡，加上软件工业的迅速发展，开始有人研究和开发通用的PC监控软件——组态软件。世界上第一个把组态软件作为商品进行开发，销售的专业软件公司是美国Wonderware公司，它于20世纪80年代末率先推出第一个商品化监控组态软件Intouch。此后组态软件得到了迅猛发展。目前世界上的组态软件有几十种之多，国际上较知名的监控组态软件有：Fix、Intouch、Citech等。

在当前的工业自动化领域，监控软件是一个热点，据统计，在国内，从事组态软件开发的公司达几十家之多，从事组态软件的工作的人员达2000人之多，而且，这些厂家都在高速地发展，不断地扩大。

5.1.7.2 组态软件在我国的发展

组态软件产品于20世纪80年代初出现，并在20世纪80年代末期进入我国。但在20世纪90年代中期之前，组态软件在我国的应用并不普及。究其原因，大致有以下几点：

（1）国内用户还缺乏对组态软件的认识，项目中没有组态软件的预算，或宁愿投入人力物力针对具体项目做长周期的繁冗的上位机的编程开发，而不采用组态软件。

（2）在很长时间里，国内用户的软件意识还不强，面对价格不菲的进口软件（早期的组态软件多为国外厂家开发），很少有用户愿意去购买正版。

（3）当时国内的工业自动化和信息技术应用的水平还不高，组态软件提供了对大规模应用、大量数据进行采集、监控、处理并可以将处理的结果生成管理所需的数据，这些需求并未完全形成。

随着工业控制系统应用的深入，在面临规模更大、控制更复杂的控制系统时，人们逐渐意识到原有的上位机编程的开发方式对项目来说是费时费力、得不偿失的，同时，MIS（管理信息系统）和CIMS（计算机集成制造系统）的大量应用，要求工业现场为企业的生产、经营、决策提供更详细和深入的数据，以便优化企业生产经营中的各个环节，因此，在1995年以后，组态软件在国内的应用逐渐得到了普及。

5.1.7.3 组态软件的功能特点发展方向

目前看到的所有组态软件都能完成类似的功能：比如，几乎所有运行于32位Windows平台的组态软件都采用类似资源浏览器的窗口结构，并且对工业控制系统中的各种资源（设备、标签量、画面等）进行配置和编辑；都提供多种数据驱动程序；都使用脚本语言提供二次开发的功能，等等。但是，从技术上说，各种组态软件提供实现这些功能的方法却各不相同。从这些不同之处，以及PC技术发展的趋势，可以看出组态软件未来发展的方向。

A 数据采集的方式

大多数组态软件提供多种数据采集程序，用户可以进行配置。然而，在这种情况下，驱动程序只能由组态软件开发商提供，或者由用户按照某种组态软件的接口规范编写，这为用户提出了过高的要求。由 OPC 基金组织提出的 OPC 规范基于微软的 OLE/DCOM 技术，提供了在分布式系统下，软件组件交互和共享数据的完整的解决方案。在支持 OPC 的系统中，数据的提供者作为服务器（Server），数据请求者作为客户（Client），服务器和客户之间通过 DCOM 接口进行通信，而无需知道对方内部实现的细节。由于 COM 技术是在二进制代码级实现的，所以服务器和客户可以由不同的厂商提供。在实际应用中，作为服务器的数据采集程序往往由硬件设备制造商随硬件提供，可以发挥硬件的全部效能，而作为客户的组态软件可以通过 OPC 与各厂家的驱动程序无缝连接，故从根本上解决了以前采用专用格式驱动程序总是滞后于硬件更新的问题。同时，组态软件同样可以作为服务器为其他的应用系统（如 MIS 等）提供数据。OPC 现在已经得到了包括 Intellution、Simens、GE、ABB 等国外知名厂商的支持。

随着支持 OPC 的组态软件和硬件设备的普及，使用 OPC 进行数据采集必将成为组态中更合理的选择。

B 脚本的功能

脚本语言是扩充组态系统功能的重要手段。因此，大多数组态软件提供了脚本语言的支持。具体的实现方式可分为三种：一是内置的类 C/Basic 语言；二是采用微软的 VBA（Visual Basic for Application）编程语言；三是有少数组态软件采用面向对象的脚本语言。类 C/Basic 语言要求用户使用类似高级语言的语句书写脚本，使用系统提供的函数调用组合完成各种系统功能。应该指明的是，多数采用这种方式的国内组态软件，对脚本的支持并不完善，许多组态软件只提供 IF…THEN…ELSE 的语句结构，不提供循环控制语句，为书写脚本程序带来了一定的困难。微软的 VBA 是一种相对完备的开发环境，采用 VBA 的组态软件通常使用微软的 VBA 环境和组件技术，把组态系统中的对象以组件方式实现，使用 VBA 的程序对这些对象进行访问。由于 VisualBasic 是解释执行的，所以 VBA 程序的一些语法错误可能到执行时才能发现。而面向对象的脚本语言提供了对象访问机制，对系统中的对象可以通过其属性和方法进行访问，比较容易学习、掌握和扩展，但实现比较复杂。

C 组态环境的可扩展性

可扩展性为用户提供了在不改变原有系统的情况下，向系统内增加新功能的能力，这种增加的功能可能来自于组态软件开发商、第三方软件提供商或用户自身。增加功能最常用的手段是 ActiveX 组件的应用，目前还只有少数组态软件能提供完备的 ActiveX 组件引入功能及实现引入对象在脚本语言中的访问。

D 组态软件的开放性

随着管理信息系统和计算机集成制造系统的普及，生产现场数据的应用已经不仅仅局限于数据采集和监控。在生产制造过程中，需要现场的大量数据进行流程分析和过程控制，以实现对生产流程的调整和优化。现有的组态软件对大部分这些方面需求还只能以报表的形式提供，或者通过 ODBC 将数据导出到外部数据库，以供其他的业务系统调用，在绝大多数情况下，仍然需要进行再开发才能实现。随着生产决策活动对信息需求的增加，可以预见，组态软件与管理信息系统或领导信息系统的集成必将更加紧密，并很可能以实现数据分析与决策功能的模块形式在组态软件中出现。

E 对 Internet 的支持程度

现代企业的生产已经趋向国际化、分布式的生产方式。Internet 将是实现分布式生产的基础。组态软件能否从原有的局域网运行方式跨越到支持 Internet，是摆在所有组态软件开发商面前的一个重要课题。限于国内目前的网络基础设施和工业控制应用的程度，笔者认为，在较长时间内，以浏览器方式通过 Internet 对工业现场的监控，将会在大部分应用中停留于监视阶段，而实际控制功能的完成应该通过更稳定的技术，如专用的远程客户端、由专业开发商提供的 ActiveX 控件或 Java 技术实现。

F 组态软件的控制功能

随着以工业 PC 为核心的自动控制集成系统技术的日趋完善和工程技术人员的使用组态软件水平的不断提高，用户对组态软件的要求已不像过去那样主要侧重于画面，而是要考虑一些实质性的应用功能，如软件 PLC、先进过程控制策略等。

5.2 国内外主要组态软件

组态软件产品于20 世纪 80 年代初出现，并在 80 年代末期进入我国，在 1995 年以后，组态软件在国内的应用逐渐得到普及。下面就几种组态软件分别进行介绍。

5.2.1 iFIX

iFIX 是 Intellution Dynamics 工业自动化软件解决方案家族中的 HMI/SCADA 解决方案，用于实现过程监控，并在整个企业网络中传递信息。基于组件技术的 Intellution Dynamics 还包括了高性能的批次控制组件，软逻辑控制组件，及基于 Internet 功能组件。所有组件能无缝地集成为一体，实时、综合地反映复杂的动态生产过程。为追求系统的稳定性及易扩展性，iFIX 只支持 Windows NT/2000 平台。它支持 Windows 2000 的终端技术（Terminal Server），支持基于因特网的远程组态。

该系列软件以 SCADA（Supervisory Control and Data Acquisition）为核心，实现包括监视、控制、报警、保存和归档数据、生成和打印报告、绘图和视点创建数据的显示形式等多种功能。它们包括数据采集、数据管理和集成 3 个基本功能。数据采集是指从现场获取数据并进行处理的能力。数据管理包括有 SAC（Scan、Alarm、Control）从 DIT 驱动程序映象表（Driver）读数据、进行处理并送到过程数据库以及内部数据库，并传达到需要的应用中。在上述两者的基础上可简单方便地实现数据的全面集成。包括一系列如监视、控制等重要功能。由于其各方面的显著优点，已被广泛应用于各种生产过程自动化系统。

5.2.1.1 iFIX 的基本结构

iFIX 的基本结构如图 5-1 所示。

（1）过程硬件设备。iFIX 软件用于连接工厂中的仪表，它们使用的实时数据来自现场 PLC 中的数据寄存器或另外一些输入/输出设备。

（2）输入/输出驱动程序。它作为 iFIX 和 PLC 之间的接口，其功能是不断地从输入设备读取数据并送到对应驱动程序映象表的地址里，同时读取输出驱动程序映象表数据并送到相应的输出设备。

(3) 驱动程序映象表(DIT)。可以把它看成是内存中的一个数据区域，被划分为许多“邮箱”，由输入输出驱动程序创建和维护。其中每个邮箱称为一个记录，每个记录可以装一个或连续的数据点。驱动程序根据用户设置的通讯参数及轮询时间等信息创建和维护驱动程序映象表。通过访问驱动程序映象表，iFIX可以向操作员显示接收的数据。然而，在访问数据之前，iFIX需要有一个地方来保存得到的信息，这就需要建立一个过程数据库。

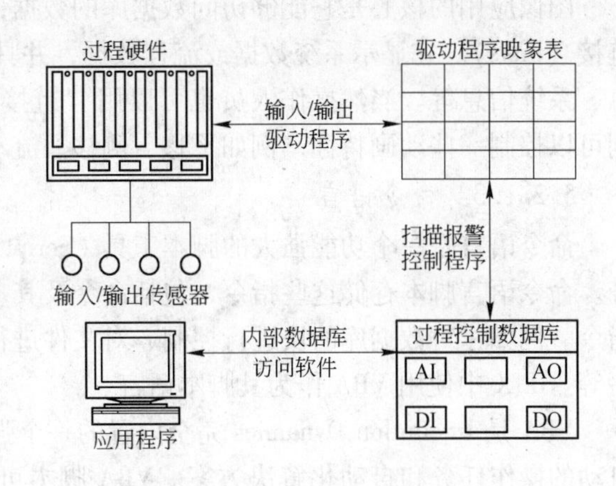

图5-1 iFIX基本结构

(4) 过程数据库(PDB)。它是iFIX的核心，由流程控制逻辑回路组成。描述形式是块(Block)和链(Chain)。一个块是一组被编码能实现具体任务的控制指令。一个链是一串连接在一起能创建控制回路的“块”序列。在iFIX中创建块可通过iFIX提供的数据库建立程序功能模块(Database Builder)来实现。用户要创建一个新的块，必须输入块名，规定块接收值来源，块输出值去向，报警优先权，对临界值或一般数据值的改变怎样反应等来完成一个块的创建过程。然后，把创建的块连接起来构成链，每个链实现流程规定的操作。创建链之后，SAC程序就会在规定时间内处理每个块里的指令。假如你想从输入输出设备读数据，经过计算后写回到该输入输出设备，则执行这一策略的链可以是模拟输入块(AI)-计算块(CA)-模拟输出块(AO)。

(5) 扫描、报警、控制程序(SAC)。它是一个运行在SCADA(数据采集监控节点)节点上的系统任务，功能包括从驱动程序映象表中读数据，进行处理并传送到过程数据库中。

(6) 内部数据库访问软件。从本地或远程数据库读数据，并把它们传送到需要的应用当中，当然，数据也可以被写回过程硬件。它包括操作员显示、数据库标识信息及数据流程等内容。总之，I/O驱动程序、SAC程序、过程数据库组成了iFIX软件的数据采集和管理功能。一个SCADA节点就是一个有过程数据库、运行输入输出驱动程序和SCADA程序的单元。在此基础上iFIX实现数据的全面集成。它是iFIX系列软件的核心内容，主要包括监视、报警、控制、保存和归档数据、生成和打印报表以及绘图和视点创建数据的诸多显示形式等内容。

5.2.1.2 iFIX的人机接口(HMI)

当采集到数据并送入通道后，就能够以各种方式对数据进行集成和描述了。iFIX系列在现场最重要的应用是提供“流程窗口”。这种通过与计算机打交道来了解流程中发生了什么的设计就是众所周知的人机界面(HMI-Human Machine Interface)。

iFIX使用Intellution Work Space作为其人机界面。Intellution Work Space为所有Intellution Dynamics组件提供集成化的开发平台，其特有的动画向导、智能图符生成向导等强大的图形工具方便了系统开发，并且标签组编辑器大量节省系统开发时间。

图像应用的核心是它能够访问数据库的数据，为直接显示数据、图像应用提供了各种链接（links）。它显示系统数据或流程数据，并具有多种形式，如棒图、多笔图、时间信息、系统信息等。当然操作人员也可以用“链接”把数据写回数据库，而数据库的数据则可以控制一些动画特性，例如平移、侧移、流动、上升、下降、旋转等。

5.2.1.3　命令语言

命令语言是一个功能强大的脚本工具（Script Tool），它通过一系列指令，执行自动任务。命令语言脚本存储这些指令，包括命令及其参数，然后在运行时，按照要求执行这些指令。例如：对数据库的块进行控制、对文件进行操作、管理报警、自动运行其他应用程序等。iFIX 中使用 VBA 作为其脚本语言。

VBA 是 Intellution Dynamics 完全内置的一个强有力的编程工具，可以快速方便地生成自动的操作任务和自动化解决方案。VBA 脚本可以根据需要写简单或复杂的程序。VBA 替代了以往 iFIX 的脚本语言，提供了一个 VB 开发者非常熟悉的完整的集成开发环境。它提供了对 Intellution Dynamics 组件和外部数据及对象无限制的读取和扩展能力。Intellution Dynamics 的 VBA 工具包括以下特性：可以访问所有列出的 Intellution Dynamics 对象的属性、方法和事件；支持多种数据源，包括 Intellution Dynamics 过程数据库、任何 OPC 服务器、其他对象的属性和 SQL 数据库；ODBC 的支持；ActiveX 控件支持；VBA 脚本生成向导及 Intellution Dynamics 命令可以帮助你为常用任务自动生成程序代码；第三方 ActiveX 控件的安全容器。

Intellution 工作间提供了访问 Visual Basic Editor（VBE），一个内置编辑器和调试器，允许观看、停止、暂停和恢复当前程序的运行。在 VBE 中，可以对所有的 Intellution Dynamics 对象生成 VBA 形式，获得任何有效数据源，使用对象浏览器显示并调试你的脚本。你可以使用 VBA 为工具条按钮写程序，还可以为 Scheduler 的调度任务入口写程序脚本。

5.2.1.4　iFIX 与第三方软件通信方式

DDE（Dynamic Data Exchange，动态数据交换）是进程间通讯（Inter Process Communication，IPC）的方法。进程间通讯（IPC）包括进程之间和同步事件之间的数据传递。DDE 使用共享内存来实现进程之间的数据交换以及使用 DDE 协议获得传递数据的同步。DDE 协议是一组所有的 DDE 应用程序都必须遵循的规则集。DDE 协议可以应用于两类 DDE 应用程序：第一类是基于消息的 DDE，第二类是动态数据交换管理库（DDEML）应用程序（使用动态链接库 DLL，该库随 Windows 系统一起发行）。DDE 的工作原理与结构见图 5-2。

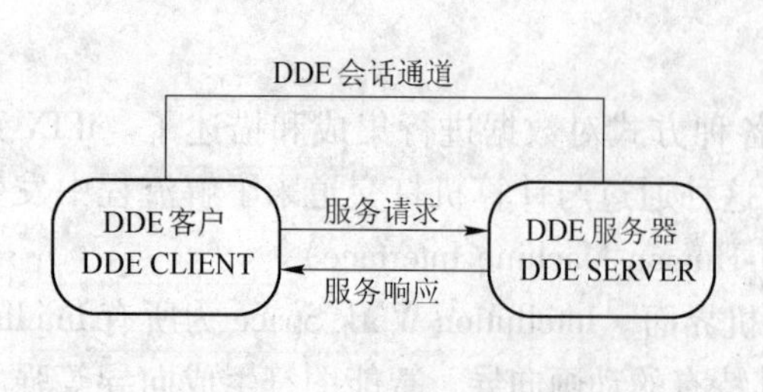

图 5-2　DDE 工作原理与结构

DDE 应用程序可以分为四种类型：客户、服务器、客户/服务器和监视器。DDE 会话发生在客户应用程序和服务器应用程序之间。客户应用程序从服务器应用程序请求数据或服务，服务器应用程序响应客户应用程序的数据或服务请求。客户/服务器应用程序既是客户应用程序又是服务器应用程序，它既可发出请求又可提供信息。监视器应用程序用于调试目的。DDE 应用程序可拥有多重进发会话。DDE 协议规定会话中的消息必须同步控制，但应用程序可以在不同的会话之间异步切换。

DDE 应用程序采用三层识别系统：应用程序名（Application）、主题名（Topic）和项目名（Item）。应用程序名位于层次结构的顶层，用于指出特定的 DDE 服务器应用程序名。主题名更深刻地定义了服务器应用程序会话的主题内容，服务器应用程序可支持一个或多个主题名。项目名更进一步确定了会话的详细内容，每个主题名可拥有一个或多个项目名。

DDE 会话的初始化是由客户应用程序发送 WM_ DDE_ INITIATE 消息开始。它传递窗口句柄，并为会话指定应用程序名和主题名，当然需要有服务器应用程序来响应该消息。一旦没有服务器响应或同时有多个服务器响应，则客户应用程序不得不发送 WM_ DDE_ TERMINATE 消息来终止所有不需要的会话。

建立 DDE 会话后，客户应用程序和服务器应用程序可通过三种链接方式进行数据交换。三种链接方式为：冷链接（Cold Link）、温链接（Warm Link）和热链接（Hot Link）。冷链接（Cold Link）：客户应用程序申请数据，服务器应用程序立刻给客户应用程序发送数据，服务器应用程序处于被动地位；温链接（Warm Link）：服务器应用程序通知客户应用程序数据项发生了变化，但并没有将已变化的值发送给用户应用程序；热链接（Hot Link）：当数据项发生变化时，服务器应用程序立即把变化后的值发送给客户应用程序，服务器应用程序处于主动地位。

iFIX 软件提供了强有力的 DDE 客户和服务器支持。DDE 客户支持允许把来自其他应用程序的信息传递到 iFIX 软件中，用于数据库和画面；服务器支持允许把 iFIX 软件的过程信息传送到其他应用程序中去处理。

5.2.2 组态王

组态王软件经过 7 年开发、5 年的各种突发环境的真实考验、9000 例工程的现场运行，现已成为国内组态软件的客户首选，并且作为首家国内组态软件应用于国防、航空航天等重大领域。

组态王 6.0 具有如下十大特点：

(1) 工程管理。对于系统集成商和用户来说，一个系统开发人员可能保存有很多个组态王工程，对于这些工程的集中管理以及新开发工程中的工程备份等都是比较烦琐的事情。组态王工程管理器的主要作用就是为用户集中管理本机上的所有组态王工程。工程管理器的主要功能包括：新建、删除工程，对工程重命名，搜索指定路径下的所有组态王工程，修改工程属性，工程的备份、恢复，数据词典的导入导出，切换到组态王开发或运行环境等。另外，组态王 6.0 开发系统提供工程加密，画面和命令语言导入、导出功能。

(2) 画面制作系统：

1）支持无限色和过渡色。组态王 6.0 调色板支持无限色，支持 24 种过渡色效果，组态王的任一种绘图工具都可以使用无限色，大部分图形都支持过渡色效果，巧妙地利用无限色和过渡色效果，可以使您轻松构造出无限逼真、美观的画面。

2）图库。使用图库具有很多好处：降低了工程人员设计界面的难度，缩短开发周期；用图库开发的软件将具有统一的外观，方便工程人员学习和掌握；利用图库的开放性，工程人员可以生成自己的图库元素，“一次构造，随处使用”，节省了工程人员投资。6.0 图库全新改版，提供具有属性定义向导的图库精灵，用户只需稍做调整即能制作具有个性化的图形。

3）按钮和图形。组态王 6.0 支持按钮的多种形状和多种效果，并且支持位图按钮，用户可以构造无限漂亮的按钮。另外，组态王 6.0 支持多种图形格式，如 Gif 、Jpg、Bmp 等，用户可以充分利用已有的资源，轻松构造自己功能强大且美观的应用系统。

4）可视化动画连接向导。通过可视化图形操作，直接完成移动、旋转的动画连接定义。

(3) 报警和事件系统。组态王 6.0 报警系统全新改版，具有方便、灵活、可靠、易于扩展的特点。组态王分布式报警管理提供多种报警管理功能。包括：基于事件的报警、报警分组管理、报警优先级、报警过滤、新增死区和延时概念等功能，以及通过网络的远程报警管理。组态王还可以记录应用程序事件和操作员操作信息。报警和事件具有多种输出方式：文件、数据库、打印机和报警窗，并且可以利用控件等工具轻松浏览和打印报警数据库的内容。

(4) 报表系统。组态王 6.0 提供一套全新的、集成的内嵌式报表系统，内部提供丰富的报表函数，用户可创建多样的报表。提供报表工具条，操作简单明了，比如：日报表的组态只需用户选择需要的变量和每个变量的收集间隔时间；提供报表模板，方便用户调入其他的表格。报表能够进行组态，例如有日报表、月报表、年报表、实时报表的组态，另外，报表打印时可以进行预览和页面设置。

(5) 控件。组态王 6.01 支持 Windows 标准的 ActiveX 控件（主要为可视控件），包括 Microsoft 提供的标准 ActiveX 控件和用户自制的 ActiveX 控件。ActiveX 控件的引入在很大程度上方便了用户，用户可以灵活地编制一个符合自身需要的控件，或调用一个已有的标准控件，来完成一项复杂的任务，而无须在组态王中做大量的复杂的工作。一般的 ActiveX 控件都具有属性、方法、事件，用户通过控件的这些属性、事件、方法来完成工作。组态王 6.0 版本中新增三个功能强大的控件，即数据表格控件（可将 ODBC 数据源里的大量数据在组态王中进行显示和打印）；历史曲线控件（可动态增删曲线，进行曲线比较，并且数据来源可以是 ODBC 数据源）；PID 调节控件（对过程量进行闭环控制，可实现三种 PID 控制算法：标准型，归一参数型和近似微分型）。

(6) OPC。全面支持 OPC 标准（组态王 6.0 既可以作为 OPC 服务器，也可以作为 OPC 客户端），开发人员可以从任何一个 OPC 服务器直接获取动态数据，并集成到组态王中；同时组态王作为 OPC 服务器，可向其他符合 OPC 规范的厂商的控制系统提供数据。OPC 节省了不同厂商的控制系统相连的工作量和费用。并且组态王提供 SDK 开发包，用户可以自己利用 VC，VB 编制程序，利用组态王的 OPC 接口来访问组态王的变量和变量的域。

(7) 通讯系统。

1）支持远程拨号组态王 6.0 支持与远程设备间通过拨号方式进行通讯。组态王的远程拨号与组态王原有驱动程序无缝连接，硬件设备端无需更改程序。利用远程拨号能实时显示现场设备运行状况，随时打印、报警和历史数据自动上传等功能。

2）开发中进行硬件测试。开发系统中有硬件测试界面，在不启动运行系统的情况下，能测试对硬件设备的读写操作，并且I/O变量支持时间戳和质量戳，能随时判断数据采集的时间和检查通讯质量的好坏。

3）支持网络DDE，组态王6.0版本支持Win2000操作系统下的DDEshare方式，实现组态王与Excel和Vb程序间通过网络进行数据交换。

（8）安全系统。组态王6.0采用分级和分区保护的双重保护策略。新增用户组和安全区管理，999个不同级别的权限和64个安全区形成双重保护，另外组态王能记录程序运行中操作员的所有操作。

（9）网络功能。组态王6.0完全基于网络的概念，是一种真正的客户-服务器模式，支持分布式历史数据库和分布式报警系统。组态王的网络结构是一种柔性结构，可以将整个应用程序分配给多个服务器，如指定报警服务器和历史数据记录服务器，这样可以提高项目的整体容量结构并改善系统的性能。

（10）冗余系统。组态王6.0提供全面的冗余功能，能够有效地减少数据丢失的可能，增加了系统的可靠性，方便了系统维护。组态王提供三重意义上的冗余功能，即双设备冗余、双机冗余和双网络冗余。对于这3种冗余方式，设计者可综合运用，可以同时采取或采取其中的任意一种或两种。采用冗余后，系统运行时将更加稳定、可靠，对各种情况都能应付自如。

5.2.3 WinCC

WinCC是运行于Microsoft Windows 2000和XP下的Windows控制中心，已发展成为欧洲市场中的领导者，乃至业界遵循的标准。如果想使设备和机器最优化运行，最大程度地提高工厂的可用性和生产效率，WinCC当是上乘之选。

5.2.3.1 WinCC介绍

A SIMATIC WinCC系统概览

WinCC是进行廉价和快速的组态的HMI系统，从其他方面看，它是可以无限延伸的系统平台。WinCC的系统结构如图5-3所示。

WinCC为过程数据的可视化、报表、采集和归档以及为用户自由定义应用程序的协调集成提供了系统模块。此外，用户还可以合并自己的模块。WinCC的控制中心如图5-4所示。

B WinCC接口

WinCC的开放性：WinCC对用户所添加的任何形式的扩充是绝对开放的。该绝对开放性通过WinCC的模块结构及其强大的编程接口来获得。图5-5说明了和不同应用软件进行连接的可能性。

将应用软件集成到WinCC中：最重要的事实是WinCC提供了一些方法来将其他应用程序和应用程序块统一地集成到用于过程控制的用户界面中。正如图5-6所示，OLE应用程序窗口和OLE自定义控件（32位OCX对象）或ActiveX控件可以集成到WinCC应用软件中，就好像它们是真正的WinCC对象一样。

WinCC中的数据管理：在图5-7中，WinCC组成了整个中心部分。该图显示了缺省数据库Sybase SQL Anywhere从属于WinCC。该数据库用于存储所有面向列表的组态数

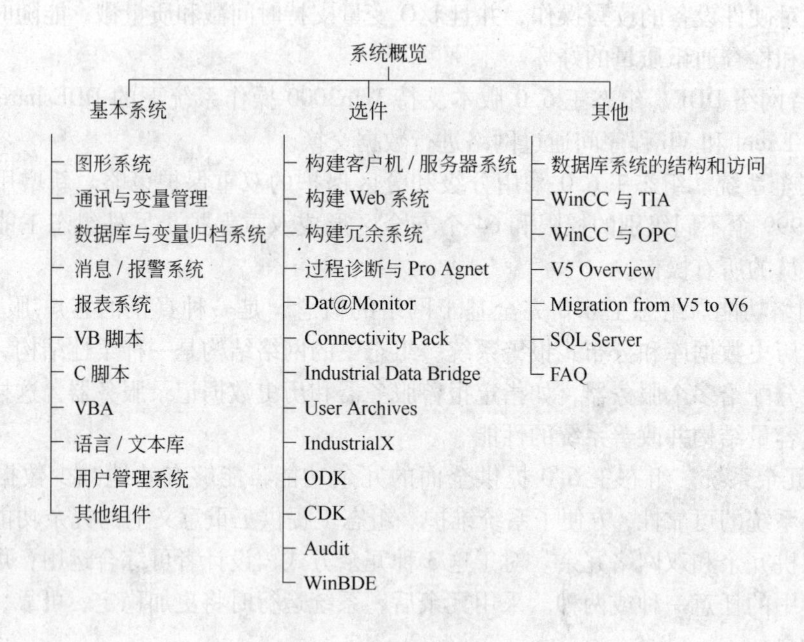

图 5-3 WinCC 系统结构

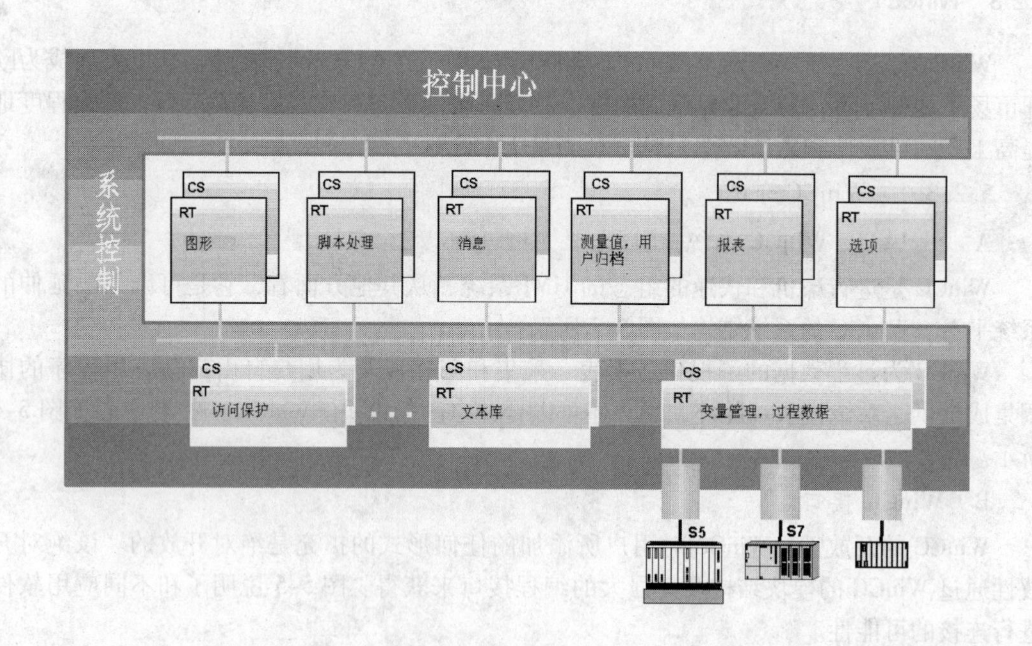

图 5-4 WinCC 控制中心

据（例如变量列表和消息文本），以及当前过程数据（例如消息、测量值和用户数据记录）。该数据库具有服务器的功能。WinCC 可以通过 ODBC 或作为客户通过开放型编程接口（C－API）来访问数据库。也可以将同样的权限授予其他程序。因此，不管应用程序是在同一台计算机上运行还是在联网的工作站上运行，Windows 电子表格或 Windows 数据

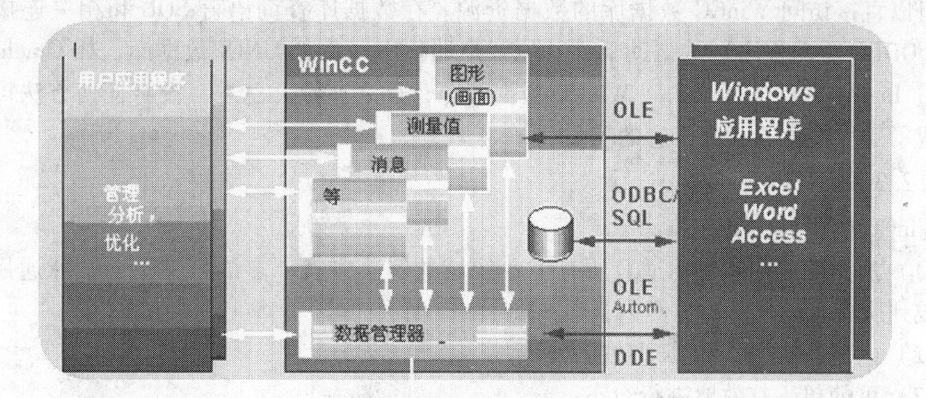

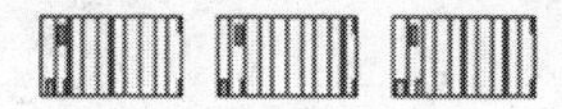

图 5-5 WinCC 接口

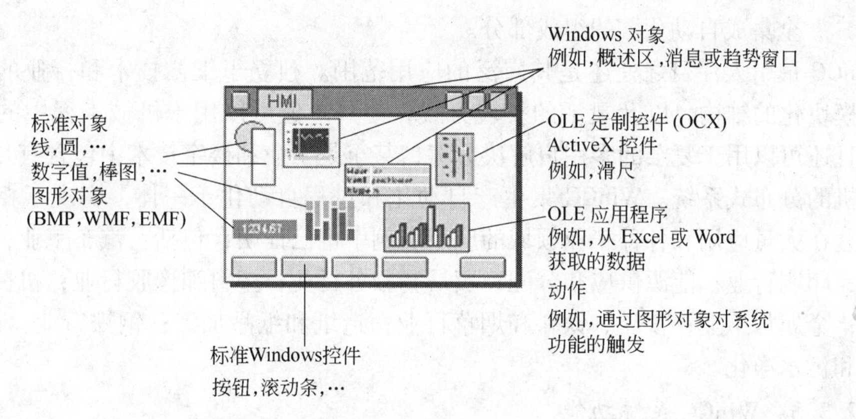

图 5-6 WinCC 控件

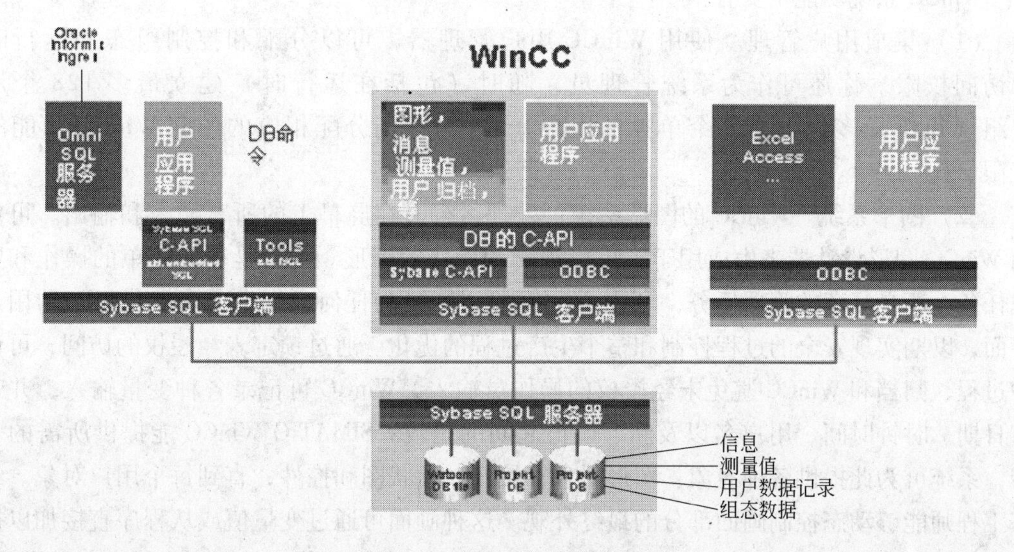

图 5-7 WinCC 数据管理中心

库都可以直接访问 WinCC 数据库的数据资源。在数据库查询语言 SQL 和相关连接工具（例如 ODBC 驱动程序）的帮助下，其他客户端程序（例如 UNIX 数据库，如 Oracle、Informix、Ingres 等）也可以访问 WinCC 数据资源，反之亦然。总之，没有任何方法可以取代集成了工厂概念或共同概念的 WinCC。

5.2.3.2 WinCC 的优点

WinCC 的优点主要有：

（1）通用的应用程序，适合所有工业领域的解决方案，多语言支持，全球通用，可以集成到所有自动化解决方案内；

（2）内置所有操作和管理功能；

（3）可简单、有效地进行组态；

（4）可基于 Web 持续延展；

（5）采用开放性标准，集成简便；

（6）集成的 Historian 系统作为 IT 和商务集成的平台；

（7）可用选件和附加件进行扩展；

（8）“全集成自动化”的组成部分。

WinCC 最引人注目之处还是其广泛的应用范围。独立于工艺技术和行业的基本系统设计，模块化的结构，以及灵活的扩展方式，使其不但可以用于机械工程中的单用户应用，而且还可以用于复杂的多用户解决方案，甚至是工业和楼宇技术中包含有几个服务器和客户机的分布式系统。WinCC 集生产自动化和过程自动化于一体，实现了相互之间的整合，这在大量应用和各种工业领域的应用实例中也已证明，包括：汽车工业；化工和制药行业；印刷行业；能源供应和分配；贸易和服务行业；塑料和橡胶行业；机械和设备成套工程；金属加工业；食品、饮料和烟草行业；造纸和纸品加工；钢铁行业；运输行业；水处理和污水净化。

5.2.3.3 WinCC 系统功能

WinCC 系统功能主要有：

（1）集成用户管理。使用 WinCC 用户管理器，可以分配和控制组态和运行时的访问权限。你还可作为系统管理员，随时（包括在运行时）建立最多 128 个用户组（每组最多包含 128 个单独的用户），并为它们分配相应的访问 WinCC 功能的权限。

（2）图形系统。WinCC 的图形系统可处理运行时在屏幕上的所有输入和输出。可使用 WinCC 图形设计器来生成用于工厂可视化和操作的图形。不管是少而简单的操作和监视任务，还是复杂的管理任务，利用 WinCC 标准，可为任何应用生成个性化组态的用户界面，以期实现安全的过程控制和整个生产过程的优化。通过锁定未经授权的访问，可保护过程、归档和 WinCC 避免未经授权的操作员输入。WinCC 可记录各种变量输入，并带有日期、时钟时间、用户名以及新、旧值之间的比较。SIMATIC WinCC 能提供所需的一切，系统可为此提供各种对象：图形对象，按钮、柱状图和控件，直到每个用户对象。组态工程师能够动态控制画面部分的最终外观。这种画面可通过变量值或从程序直接加以控制和设定。除了这种功能外，WinCC 还支持最多 4096 × 4096 像素的图形显示，包括平移、缩放和画面整理等。

(3) 消息报警系统。借助报警和消息，使停机时间最短。SIMATIC WinCC 不仅可以获取过程消息和本地事件，而且还能将这些消息顺序归档（有选择地）。就此而论，系统可打印出当前队列中消息的所有状态变化（到达、离开和确认）。在消息归档记录中，可有选择地生成归档消息的特殊视图。

(4) 归档系统。消息和测量值的高性能归档已经获得的值保存在过程值归档中。除了过程值外，WinCC 还能对消息进行归档。归档是在高性能的 Microsoft SQL Server 2000 数据库内完成的：使用一个专门的服务器，每秒最多归档 10000 个测量值和 100 个消息。高效率和无损失压缩功能意味着对存储器的要求非常低，可在事件或过程控制基础上（例如在临界场合），以及在压缩基础上（例如取平均值）或者循环地（连续）归档过程值。归档的大小和分段定制系统将测量值或消息保存在一个大小可组态的归档内。实际上，还可以确定最大归档周期（例如一个月或一年），也可以规定一个最大数据量。每种归档都可分段。可定期将完成的各个归档（例如一星期的归档）输出到长期归档服务器。如有需要，也可以读出 WinCC 的归档并利用内置工具对它们进行分析。

(5) 报表和记录系统。WinCC 有一个集成的记录系统，可用它打印来自 WinCC 或其他应用程序的数据。该系统还可打印运行时获得的数据，这些数据的布局可以组态。可使用不同的记录类型：从消息序列记录、系统消息记录和操作员记录，直至用户报表。显示当前消息的 WinCC 报警控件在打印报表之前，可将它们作为文件保存，并可在显示器上进行预览。可分别组态布局来实现灵活打印。用户能在时间或在事件驱动的基础上，或通过直接的操作员输入来启动一个报表的输出。用户也可以给每个打印作业指定不同的打印机。开放，易于集成 WinCC 还可以接收来自数据库的数据和 CSV 格式的外部数据（可以是表格数据或曲线数据），为了以表格或图形方式显示从其他应用程序来的数据，也可开发自己的“Report Provider”。

5.3 组态软件在选煤厂集中控制系统中的应用

5.3.1 设计方案

上位机界面采用西门子系列组态软件 WinCC 设计开发，能够很好地实现全厂生产过程信息的采集、传输、处理、显示、记录打印等功能。

所有参控设备的转换开关均分手动和自动两种状态。手动状态即现场就地控制状态，岗位操作人员可通过现场的设备开关对设备进行启停，监控系统只能监视设备运行状态而无法对其进行操作。自动状态即远程监视控制状态，可以通过监控界面的控制按钮实现对设备的控制。远程监控主要实现对设备启停和解/闭锁的控制，而设备的启停又分为单机方式和集中方式。集中方式下可实现整套系统的顺序延时启停车，为保证安全，在集中启车时必须设置应答，各应答站信号全部返回时方可开始顺序延时启车，以免发生事故。对于单台受控设备，分别设置单机启停车按钮和解闭锁按钮，以方便设备检修需要。

对于设备的突发故障及参数的超限，设置语音或视觉报警，以及时提醒操作人员，缩短故障处理时间，保证全厂生产的安全有序。对于重要的生产过程参数，可以实现随时查询及打印功能。

5.3.2　通讯组态

SIMATIC WinCC 是采用了最新的 32 位技术的过程监控软件，具有良好的开放性和灵活性，通过 ActiveX、OPC、SQL 等标准接口，WinCC 可以方便地与其他软件进行通信。而要实现利用监控软件来控制生产过程，就必须在上位机和下位机间建立通讯连接，使下位机采集到的现场信号能够传送到上位机，并将上位机的控制信号传回，触发相应接触器线圈动作，以达到控制生产的目的。

WinCC 与 S7-300 系列 PLC 的通信，可以采用 MPI、PROFIBUS 和 TCP/IP 的通信协议之一进行。综合实用性和经济性要求，本控制系统采用 MPI 的工业通讯方式实现 WinCC 和 PLC 的通讯连接。

MPI 是多点接口（MultiPoint Interface）的简称，是西门子公司开发的用于 PLC 之间通讯的保密协议。MPI 通讯是当通信速率要求不高、通信数据量不大时，可以采用的一种简单经济的通讯方式。MPI 通信可使用 PLC S7-200/300/400、操作面板 TP/OP 及上位机 MPI/PROFIBUS 通信卡，如 CP5512/CP5611/CP5613 等进行数据交换。MPI 网络的通信速率为 19. 2kbps ~12Mbps，最多可以连接 32 个节点，最大通讯距离为 50m，但是可以通过中继器来扩展长度，加中继器后可延长到 1000m。

建立 WinCC 与 PLC 的通讯步骤如图 5-8 所示。

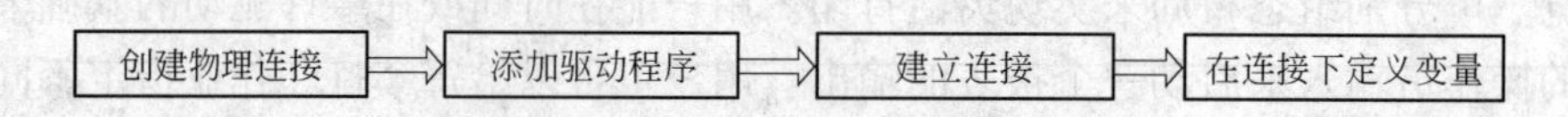

图 5-8　WinCC 与 PLC 的通讯步骤

5. 3. 2. 1　创建 WinCC 站与自动化系统间的物理连接

在大多数情况下，过程处理的基于硬件的连接是利用通讯处理器来实现的。WinCC 通讯驱动程序使用通讯处理器来向 PLC 发送请求消息，然后通讯处理器将相应回答消息中请求的过程值发回 WinCC。本项目的 WinCC 和 PLC 通讯在硬件上是通过 CPU315-2DP 上的 DP 接口来实现的，因此在上位机上安装了通讯网卡 CP5611，并用 MPI 电缆连接。

5. 3. 2. 2　在 WinCC 项目中添加适当的通道驱动程序

WinCC 提供了与各种不同类型 PLC 进行通讯所需的驱动程序，用于连接数据管理器和 PLC。通讯驱动程序具有扩展名 . chn，安装在系统中所有的通讯驱动程序可在 WinCC 安装目录下的子目录 \ bin 中查到。

本项目采用 S7 - 300PLC，从 WinCC 变量管理器右键添加驱动程序“SIMATIC S7 Protocol Suite. chn”，如图 5-9 所示。

5. 3. 2. 3　在通道驱动程序适当的通道单元下建立与指定通讯伙伴的连接

SIMATIC S7 Protocol Suite. chn 下有九个通道单元，由于我们选择使用 MPI 协议实现与 PLC 的通讯，故选择 MPI 通道单元来组态通讯连接。在此通道下建立新的连接，为连接命名并设置连接参数；如图 5-10 所示，设置的 MPI 地址应与 PLC 硬件配置中 CPU 的 MPI 地址相同。连接建立后，握手图标出现在 MPI 协议下，表明新连接 New Connection 已成功建立。

图 5-9 添加驱动程序

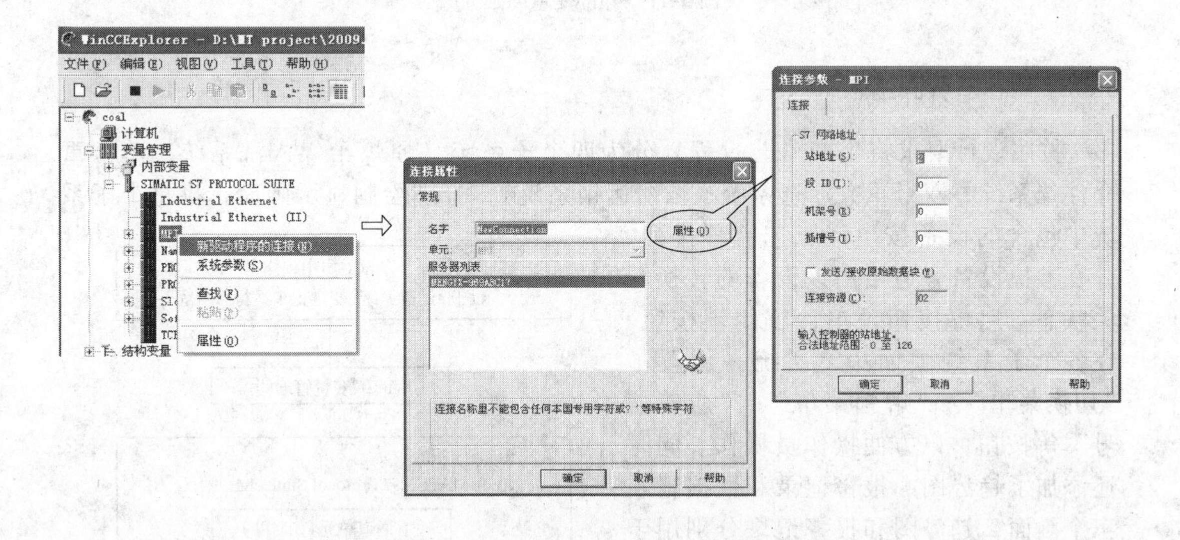

图 5-10 为新驱动程序建立连接

5.3.2.4 在连接下建立变量

要使 WinCC 能够正确读取现场的信息，还必须在所建立的通讯连接下为系统建立通讯所需要的外部变量。外部变量是 WinCC 与 PLC 通讯的桥梁，而通讯的关键不是变量名称，而是变量的外部地址，所以在建立的同时除定义其名称、数据类型外，还必须指定变量的地址，且此地址属性必须与 S7 - 300 中变量地址一一对应。外部变量的建立过程如图 5-11 所示。

此时，WinCC 就可与下位机 PLC 进行数据通讯了。WinCC 系统的通讯结构层次图如图 5-12 所示。

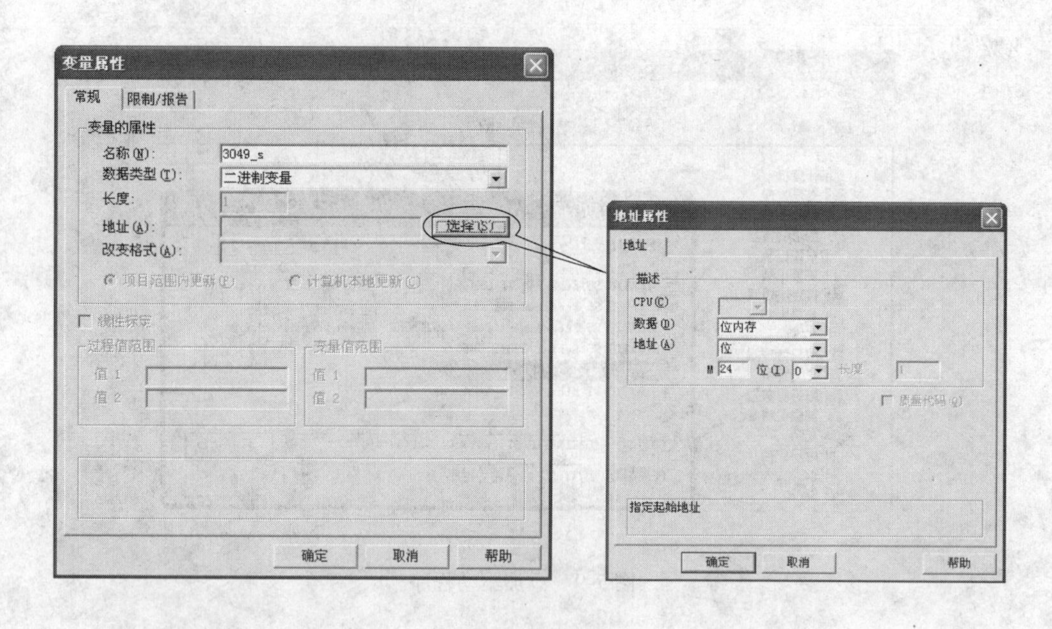

图 5-11　外部变量的建立

5.3.3　WinCC 界面组态

按照设计要求将生产工艺过程划分为四个子系统（原煤给煤入洗系统、单号重介浮选系统、双号重介浮选系统、浓缩运销系统），分别绘制显示画面，将每个子系统中包含的设备按生产工艺流程排列，并在参控设备旁边给出该设备的转换开关状态、启停按钮及单台解闭锁按钮，在各个子系统画面中，还统一放置了“切换菜单”、“解锁菜单”、“应答信号”等按钮，以方便操作员操作。同时还添加了趋势图、报警记录和数据报表三个画面，趋势图和报警记录分别用于显示生产过程中一些重要参数在一段时间内的趋势走向和超限值报警记录，数据报表主要用于进行历史数据查询、打印等功能。

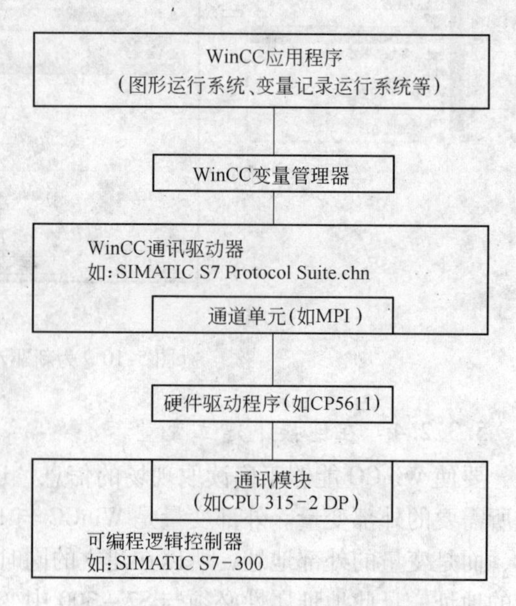

图 5-12　WinCC 通讯结构层次图

启动监控软件，进入主界面，如图 5-13 所示，在该界面上点击各系统按钮即进入相应的监控界面，若想退出该监控系统，可直接点击左下角的“退出 WinCC”按钮。

原煤系统的界面由“模拟量显示及设定”及“原煤给煤、入洗系统”两部分组成。

为了及时全面地了解全厂的重要数据参数，在此界面设置了重要参数的显示及用于PID调节的液位设定值的设定，以便于随时了解各参数，指导全厂生产。原煤系统的界面显示如图5-14所示。

图5-13　监控系统主界面

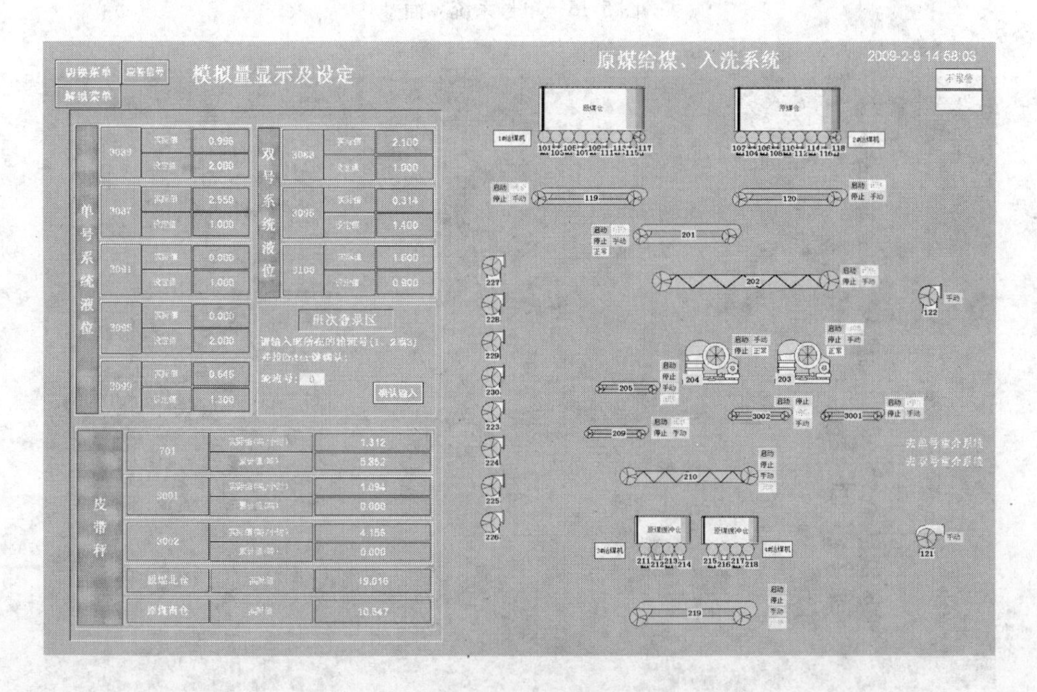

图5-14　原煤系统界面

单、双号系统是全厂生产的两大主系统，其生产运行状况直接决定全厂的效益，是全厂的命脉，因此，保证这两个系统有效稳定的运行是提高全厂产量的前提。单、双号系统的界面显示分别如图5-15、图5-16所示，在这两个系统中，除了统一配置的“切换菜单”、“解锁菜单”、“应答信号”按钮外，还单独设置了“单/双号启车控制”按钮，分别用于控制单、双号系统的集中启停车。

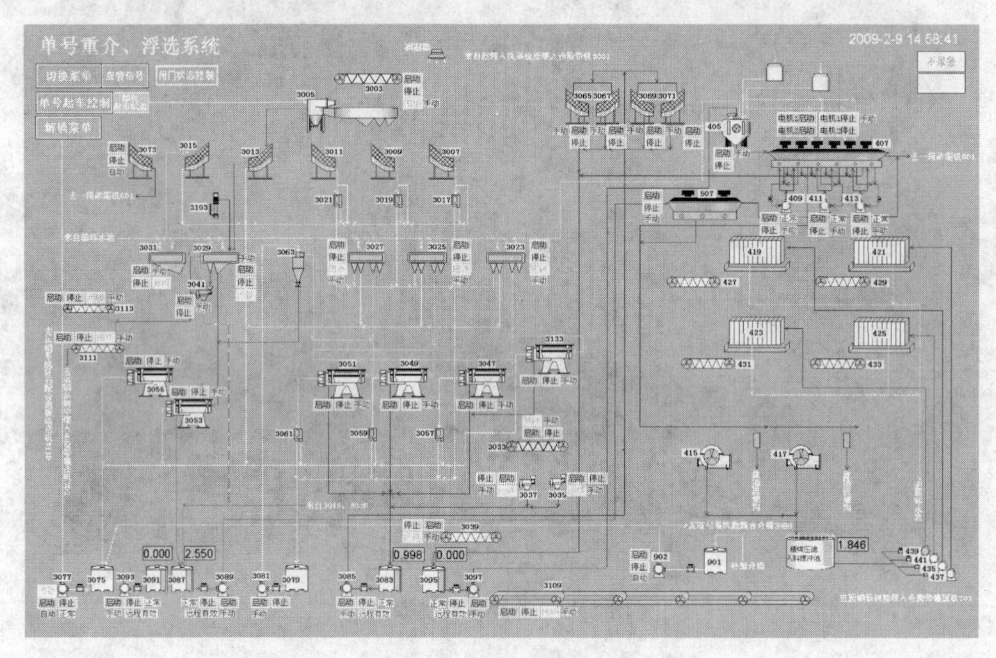

图5-15 单号系统界面

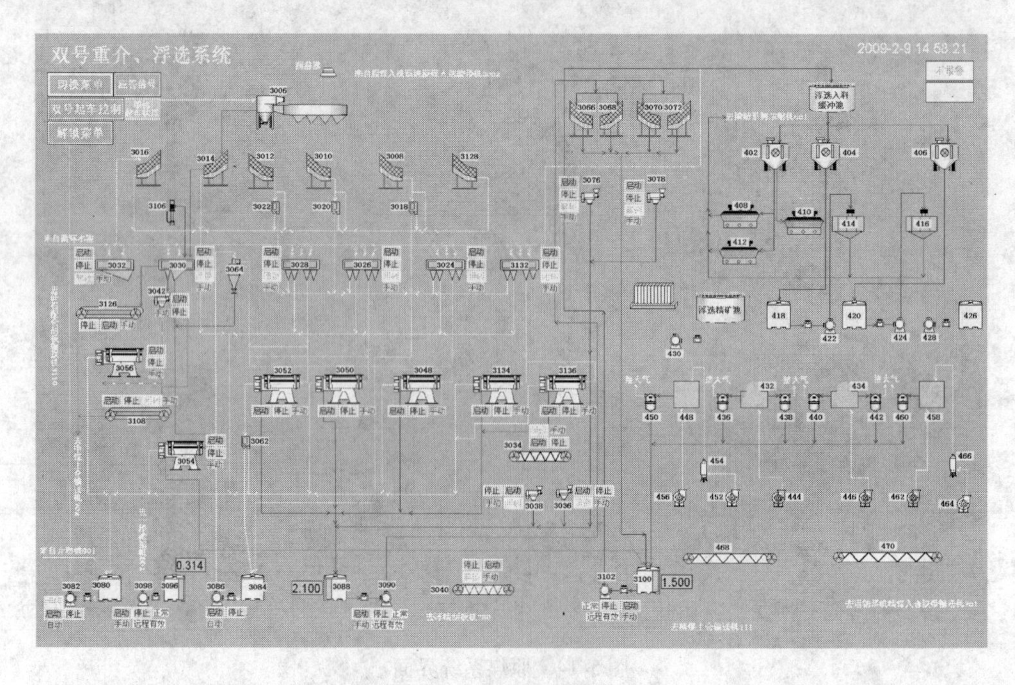

图5-16 双号系统界面

浓缩、运销系统界面显示如图 5-17 所示。

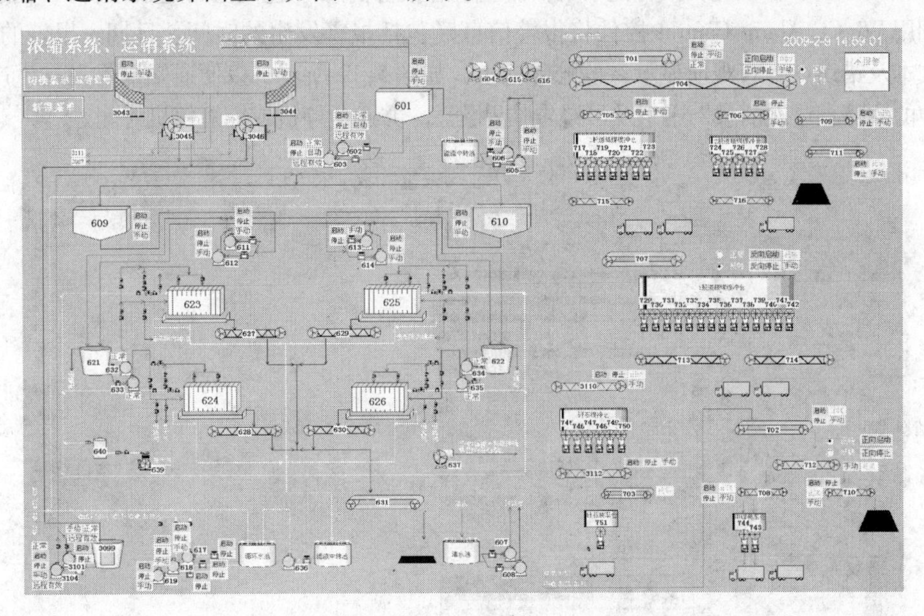

图 5-17　浓缩、运销系统界面

趋势图、趋势列表界面通过调用 WinCC Online Trend Control 和 WinCC Online Table Control 控件可以显示已经在变量记录编辑器里组态好的归档变量值（如各液位高度、皮带秤、原煤仓料位计实时值）在一段时间范围（该范围可由用户定义）内的趋势走向，界面显示如图 5-18 所示。为方便用户查询分析，各条曲线可集中显示，也可单独显示。

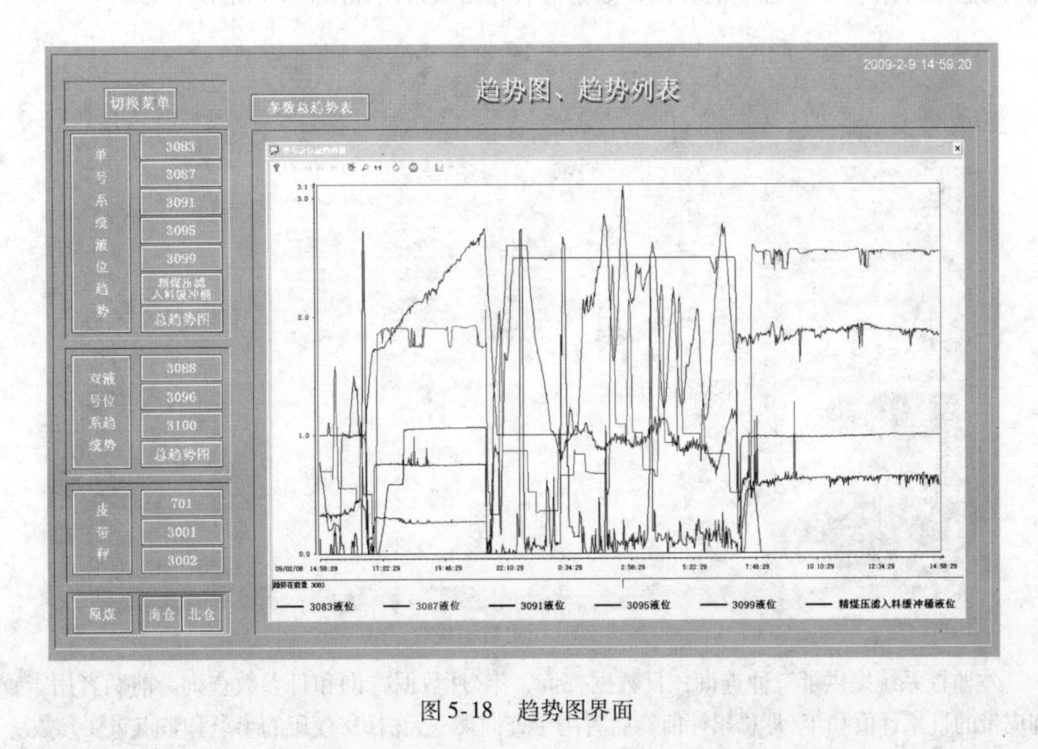

图 5-18　趋势图界面

根据用户要求，预先在报警记录编辑器里组态报警消息（过程值的超限报警），在运行系统中利用 WinCC Alarm Control 控件将报警信息（包括报警发生的时间、日期、报警的编号、消息文本及错误点）直观地显示在监控界面上，如图 5-19 所示，以便通知操作员在生产过程中发生的故障和错误消息，用于及早警告临界状态，并避免停机或缩短停机时间。

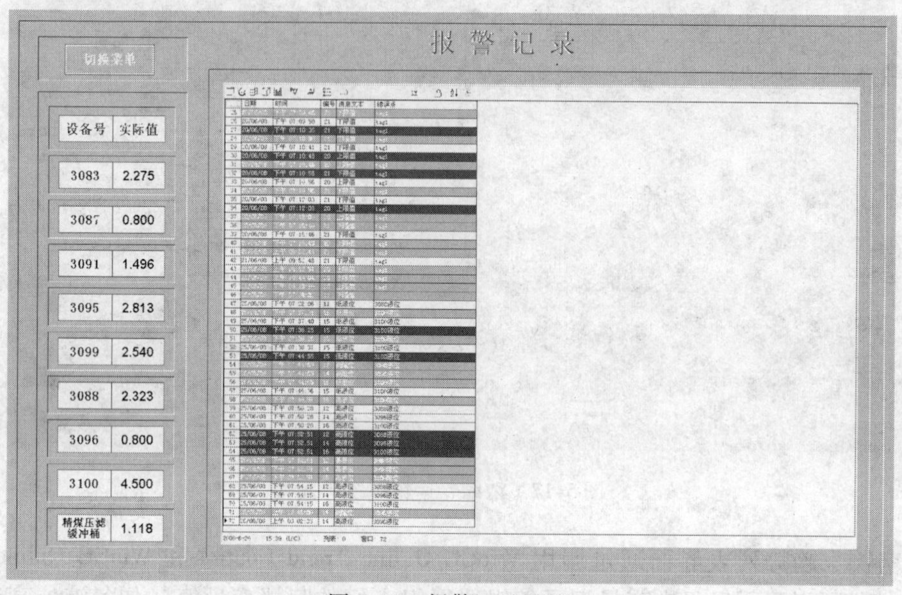

图 5-19　报警记录界面

为了方便用户查询及使用，将用户查询结果显示在 WinCC 界面上的 Spread Sheet 中，并将数据报表作为一个独立的界面，数据报表界面效果图如图 5-20 所示。

图 5-20　历史数据报表

本监控系统提供了三种查询：日数据查询、年/月数据查询和日参数查询。前两者用于查询皮带的日累计值和年/月总累计值，后者用于查询某一天白班/夜班的半点和整点重要参数。

思 考 题

(1) 什么是组态软件?
(2) 试述组态软件的组成。
(3) 试述组态软件的特点。
(4) 试述组态软件的组态方式。
(5) 试述组态软件的发展趋势。
(6) 试述国内外常用的组态软件种类及特点。

6 典型矿物加工过程的自动控制

【本章学习要求】

(1) 掌握跳汰过程自动控制系统控制原理；

(2) 掌握浮选过程工艺参数的检测与控制的原理和组成；

(3) 掌握重介悬浮液密度-液位自动控制系统原理及组成。

近年来，随着选矿生产需要和自动化技术的发展，选矿厂的自动化水平在不断地提高，由初期的只能对少数生产设备及个别工艺参数监测和事故报警，发展到目前能够对主要生产设备和工艺参数进行自动调节。从单机自动化、设备集中控制逐步向全厂自动化发展，特别是计算机技术在选矿厂控制和生产管理中的应用，使选矿厂的自动化水平有更大提高。

本章以选煤厂为例，简单介绍主要工艺参数的检测、工艺过程的自动控制。

选煤厂自动化的主要内容有：

(1) 对设备和生产过程的自动监视、自动保护和事故报警，在生产过程中对生产设备的运行状况进行自动监视，并设置必要的保护，实现事故的自动报警和自动排除。目前，许多选煤厂已采用了工业电视对主要生产设备进行监视，以确保设备的正常运行和安全生产。

(2) 对主要生产工艺过程的自动检测和主要工艺过程的自动控制选煤过程中影响分选效果的工艺参数很多：如跳汰系统的入料量、排料量，床层厚度等；浮选系统的入料流量、浓度、浮选药剂添加量等；重介系统的悬浮液密度、液位等。工艺参数检测系统的目的是通过必要的检测装置自动地对工艺参数进行跟踪检测，以便自动控制系统能够对这些参数进行自动调节。

6.1 跳汰分选过程的自动控制

跳汰选煤具有系统简单、操作维护方便，处理能力大和投资少等优点，因而在煤的可选煤性适宜的情况下可采用跳汰选煤。

跳汰机选煤是一个多参数的选煤过程，它与风量、水量、跳汰周期、给料量、排料量以及排料方式等多种因素有着密切的关系。跳汰机的自动控制一直是多年来研究的课题，国内外的研究人员提出了许多不同的控制方案，而真正能够在生产中得到广泛应用的却很少。就目前国内来看，只有跳汰机的自动排料控制系统被广泛应用于各种型号的跳汰机。

事实上，在跳汰机选煤的几个工艺参数中，排料也是在风水制度确定以后影响分选效果的主要因素，因而完善的自动排料装置是解决跳汰机自动化问题的关键设施之一。

进入跳汰机的原煤在脉动风水的作用下在筛板上跳跃前进，同时按密度ρ的大小来分层，密度大的重产物在最下层，形成重产物床层。在跳汰周期和风水量确定以后，为使筛上物料的跳跃前进的速度和幅度稳定在最佳状态，最下层的重物料床层厚度应保持相对稳定。床层太厚，影响跳动幅度和物料分层效果，会使重产物进入到轻产物中，降低了轻产物的质量，床层太薄，轻产物下沉，随重产物排出，降低煤炭回收率。因此，跳汰选煤过程中稳定床层厚度是提高分选效果的一个最重要环节，而床层厚度的稳定可以通过合理的排料来实现：当床层厚度增加时，提高排料速度，增大排料量，即可使床层厚度降低；当床层变薄时，可以减小排料速度，降低排料量，使床层厚度增加。因此，跳汰机排料自动控制装置是提高跳汰分选效果的关键设施之一。

跳汰机的自动控制装置形式很多，根据跳汰机排料机构的不同，排料自动控制系统的结构也有所不同。目前国内选煤厂使用的跳汰机多采用叶轮排料机构或闸板排料机构。采用叶轮排料机构的排料自动控制系统是调速型结构，即通过改变排料轮的转速来调节排料量。采用闸板排料机构的排料自动控制系统是位移型结构，即通过（调节）改变排料闸板的位置来调节排料量。目前这两种排料自动控制系统均有使用。

6.1.1　排料自动控制系统控制原理

自动排料控制系统的组成如图6-1所示。它由床层厚度检测传感器、调节器、执行机构、被控制对象（电动机或闸板）等部分组成；其控制原理为，床层检测传感器将跳汰机的重物料（Ⅰ段为矸石，Ⅱ段为中煤）层的厚度转换成相应的电信号，并与床层各段厚度给定值进行比较，其偏差值送入调节器，调节器根据偏差的大小，输出具有一定功率的电信号。执行机构根据调节器的输出信号来驱动被控对象（电动机或闸板）调节排料量，保持床层稳定，以实现排料的自动控制。

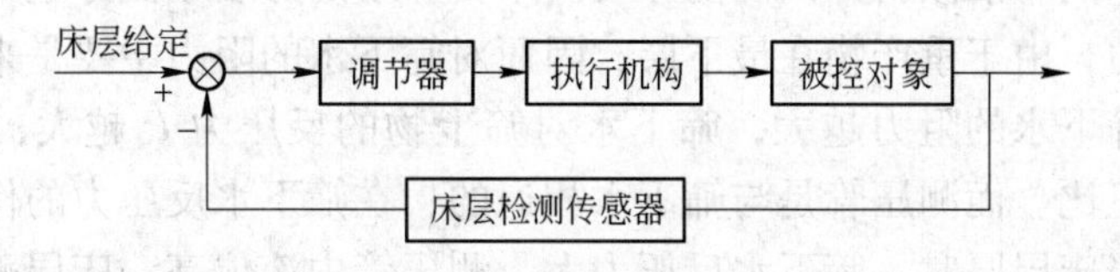

图6-1　跳汰机排料自动控制系统方框图

6.1.2　床层检测传感器

床层检测传感器的作用是把跳汰机重产物（Ⅰ段为矸石，Ⅱ段为中煤）层的厚度转换成电信号，以便对床层厚度进行(控制)调节。常用的床层检测传感器主要有浮标式传感器、筛下水反压力式传感器和放射性同位素传感器。其中放射性同位素传感器由于结构复杂、造价高且需要对射线进行防护，因而使用很少，而前两种传感器目前使用较多。

床层检测传感器应满足如下要求：（1）床层检测传感器应能够准确、真实地反映重产物床层的厚度；（2）当床层厚度变化时，传感器的输出信号应能及时跟踪其变化；（3）床层检测传感器的输出信号应和重产物床层厚度有一一对应关系，即具有良好的线性关系；（4）床层检测传感器应具有足够灵敏度，且非线性误差应小。

6.1.2.1　筛下水反压力式传感器

筛下水反压力式传感器是20世纪70年代末和80年代初在我国广泛使用的一种床层传感器。该传感器由筛下水反压力测压管和液位变换装置两部分组成，如图6-2所示。测压管的作用是将床层厚度转变成管内液面高度，而液位变换装置则是把测压管内液位的高度转换成相应的电信号。

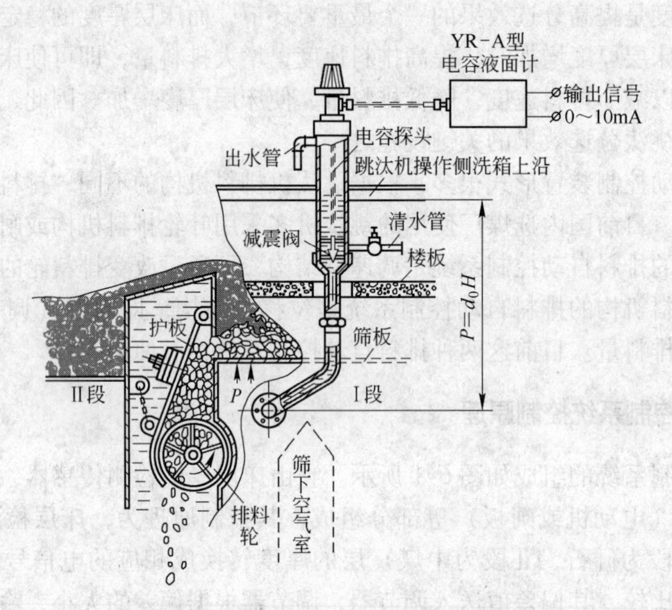

图6-2　筛下水反压力式床层传感器

筛下水反压力传感器测量床层厚度的原理如下：在脉动水流的作用下，进入跳汰机的原煤按密度分层，同时沿倾斜筛面向前移动。来自筛下的脉动水流穿过筛孔向上运动时受到筛上物料的阻力，由于重产物在最下层，因而对筛下水的阻力主要是来自重产物层。重产物层越厚，对筛下水的阻力越大，筛下水对筛上物的反压力 P 越大，即筛下水的反压力和床层厚度成正比。而测压管是与筛下水相通的，在筛下水反压力的作用下，测压管中的液位要上升。当床层厚时，筛下水反压力大，测压管中液位高；床层薄时，筛下水反压力小，测压管中液位低。因此，测压管中液位的高度反映了重产物床层的厚度。

正常工作时，矸石床层厚度一般控制在150mm左右（以入选原煤为0～50mm的筛下空气室跳汰机为例），当矸石层厚度在150～250mm范围内变化时，测压管液位将在1500～1600mm范围内变化。液位的变化可以用液位变换装置转变为4～20mA的电信号输出。

为了使测压管中的液位能真实地反映床层厚度，同时消除筛下水压力的脉动，稳定液位，在测压管中装有减震阀。减震阀是用尼龙制成的锥台形阀塞，上面有导向杆，在阀塞的锥面上有三条直径为2.5～3mm的半圆形槽沟，以构成泄流通道，称为泄流槽，如图6-3所示。当筛下水反压力增加时，将水压入测压管时冲击减震阀，减震阀升起，水位上升至一定高度。而筛下水反压力下降时，减震阀关闭，此时水

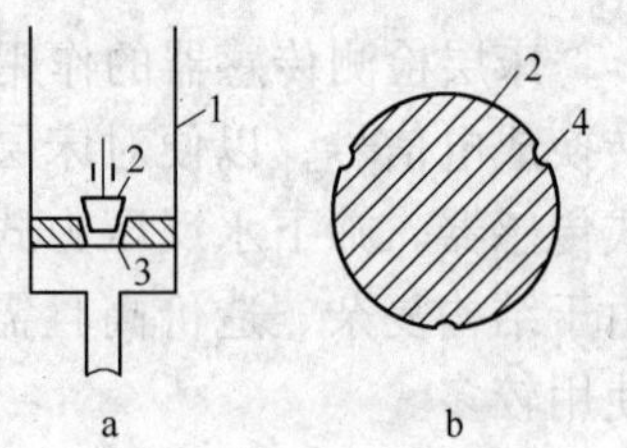

图6-3　减震阀结构示意图

a—测压管；b—减震阀断面
1—测压管；2—减震阀；
3—锥形孔板；4—泄流槽

流只能从阀塞锥面上的三条泄流槽缓慢流出，测压管中液位也缓慢下降，使测压管中的液位高度在一个跳汰周期中基本保持稳定，从而真实地反映重产物层的厚度。

液位变换装置的作用是将测压管中的液位高度转换成4～20mA的电信号。其形式有多种，早期的变换装置多采用电极电阻式液位变换器，利用液位变化引起电极间电阻变化，从而引起外电路电流发生变化。这种变换装置虽然简单，但其线性度差，且电极易电蚀，现在已很少使用。电容液位计是一种较理想的液位变换装置，其基本原理和电路图在前面章节中已介绍。这种液位计线性关系较好，调整方便，是筛下水反压力式传感器上广泛使用的液位变换装置。

不同类型的跳汰机，测压管的安装位置也不同。对于筛下空气室跳汰机，可安装在跳汰机的侧面排料口前，如图6-2所示，而对于筛侧空气室跳汰机，测压管可安装在跳汰室中点排料口前方。

筛下水反压力传感器具有维护简单、使用方便等优点。适于入选原煤单一且煤质稳定，或对可选性差异较大的不同煤种分别入选，或把不同煤种混合均匀后入选的选煤厂中使用。这种传感器的缺点是精度低，在跳汰机的Ⅰ段（即矸石段），由于矸石层的密度较中煤和精煤差别大，使用这种传感器灵敏度较高，使用效果也较理想。而对跳汰机的Ⅱ段（即中煤段），此时密度的差别已经不大，使用这种传感器往往不能满足要求。

6.1.2.2 浮标式床层传感器

浮标式床层传感器是目前使用最多的一种床层检测传感器。这种传感器是利用自由浮标作为重产物层厚度的检测元件，它由浮标和浮标位移变换装置两部分组成，如图6-4所示。

A 浮标

浮标的作用是检测重产物层的厚度。它具有一定的密度，在跳汰过程中同其他物料一样随脉动水流上下运动，并参与分层，与同密度的物料一起处在相应的层位上。若浮标的密度为重物料和轻物料（如矸石与中煤）的分割密度，则浮标应处于重物料层与轻物料层的分界面上（实际上很难找到一个分界面，这里指的是理想情况），浮标在床层中的高度即为重产物层的厚度。因此，用浮标可以检测重物料层的厚度。

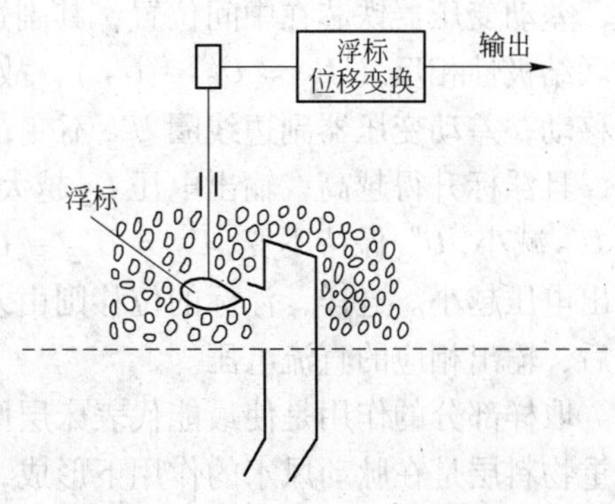

图6-4 浮标式床层检测传感器

为了使浮标能够准确反映与其密度相同的物料在床层中的位置，且减少对床层的阻力和干扰，浮标的尺寸应尽量小，使之与床层中最大物料粒度差别不要过大，因此，浮标的形状一般在水平方向要长，垂直方向要小，同时为了减小下降时的阻力，浮标底部一般做成尖形。浮标的形状有多种，如栓形、梨形、流线形、双棱形等。各种浮标各有其优缺点，以流线形浮标和栓形浮标较为常见。

浮标安装在排料口之前，浮标的高度随重物料层的厚度变化而变化，并通过浮标杆传递给位移变换装置。由位移变换装置将其变换成相应的电信号。

B 位置变换装置

浮标的位移可以通过多种变换装置转换成电量，如差动变压器、自感线圈等。下面分析两种浮标床层传感器的位移变换装置。

图 6-5 所示为浮标-差动变压器式床层传感器的示意图。该传感器由浮标、振荡器、差动变压器、整流电路、取样电路、保持电路及信号放大与输出电路等部分组成。

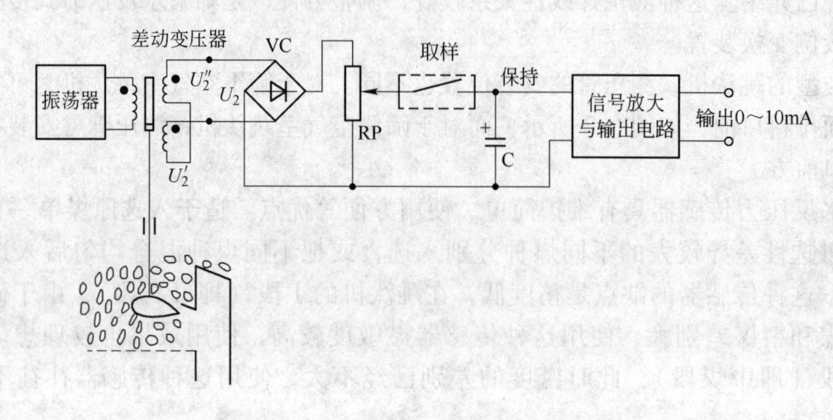

图 6-5 浮标-差动变压器式床层传感器

当床层发生变化时，浮标带动变压器的铁芯在垂直方向移动，差动变压器原边接有一振荡器，振荡器为差动变压器提供一个频率和电压一定的交流电源。当浮标位置为给定值，差动变压器铁芯在中间位置，其副边两线圈产生的电压 U_2' 和 U_2'' 大小相等，但两线圈联结极性相反（$U_2 = U_2' - U_2''$），故其输出电压 U_2 为零。当浮标上升时，带动铁芯向上移动，差动变压器副边线圈 U'_2 不变，U''_2 变小，$U_2 = U'_2 - U''_2 > 0$，输出电压 U_2 为正值，且浮标升得越高，输出电压 U_2 越大。当浮标低于给定位置时，铁芯由中间位置下移，使 U'_2 减小，U''_2 保持不变，$U_2 = U'_2 - U''_2 < 0$，故输出电压 U_2 为负值，且浮标位置越低，输出电压越小。这样，浮标的位移则由差动变压器变换为相应的交流电压信号，经整流分压后，输出相应的直流电压。

取样部分的作用是使最能代表床层厚度的电压信号输出给下一级电路。跳汰机床层中的重物料层是在脉动风水的作用下形成，浮标按其自身的密度存在于重物料和轻物料层之间，并随床层一起脉动。在风阀进气期，床层被水托起而呈松散状态，浮标随之上升。此时浮标差动变压器输出的电压信号并不能代表重物料层的实际厚度，而是比实际厚度大，因而不能输出给下一级电路。当风阀处于排气末期，浮标随床层返回筛面，床层处于紧密状态，此时浮标的高度才代表重物料层的真实厚度。取样电路的作用就是将这一时刻浮标差动变压器的输出电压取出，送入放大输出电路，同时由保持电路将此信号保持一个跳汰周期。

取样电路是一个由干簧开关和永久磁铁组成的同步开关（也可以是接近开关或其他的开关回路）。永久磁铁安装在跳汰机风阀轴上，随风阀作圆周运动，当风阀处于排气末期时，永久磁铁接近干簧开关，干簧开关瞬间闭合（干簧开关是一种靠外磁场作用来动作的开关）。这样，每个跳汰机周期中，风阀排气末期，干簧开关闭合，将代表床层真实厚度的浮标位移信号输出，使床层信号具有真实性。

保持电路的作用是将同步取样开关闭合瞬间输入的代表床层真实厚度的电压信号保持一个跳汰周期。当同步开关闭合时，整流电路输出的电压信号经 RP 向电容 C 充电，由于充电时间常数很小，使电容器 C 上电压迅速达到相应值 U_C。而信号放大电路的输入电阻很大，当同步开关断开后，电容器 C 的放电时间常数很大。因此，在一个跳汰周期内，电容 C 上的电压基本不变。

当下一周期同步开关闭合时，若重产物床层厚度保持不变，则电容 C 上的电压 U_C 将继续保持到下一周期。若重产物床层厚度变大，则差动变压器的输出增大，$U_{RP} > U_C$，则在同步开关闭合瞬间，对电容 C 继续充电，使 $U_C = U_{RP}$，并将此信号保持一个周期。当床层变薄时，$U_{RP} < U_C$，同步开关闭合瞬间，电容 C 迅速向 RP 放电，使 $U_{RP} = U_C$。因此 U_C 能及时随床层的变化而改变。具有良好的跟随性。

浮标-差动变压器式床层传感器的工作原理是，差动变压器将随浮标的位移转换成相应的电压信号，经取样同步开关，将最能代表床层真实厚度的信号取出，送入保持电路，由保持电路将该信号保持一个跳汰周期，作为信号放大电路的输入，经信号放大电路放大和恒流输出电路，最终输出 0 ~ 10mA 的电流信号。这个电流信号和重产物层的厚度保持良好的线性关系。

如图 6-6 所示为德国制造的 BATAC 筛下空气室跳汰机的浮标式床层传感器的示意图。它由浮标振荡器、自感式位移变换器、峰值检波器、同步脉冲时控开关、信号存储放大器等部分组成。

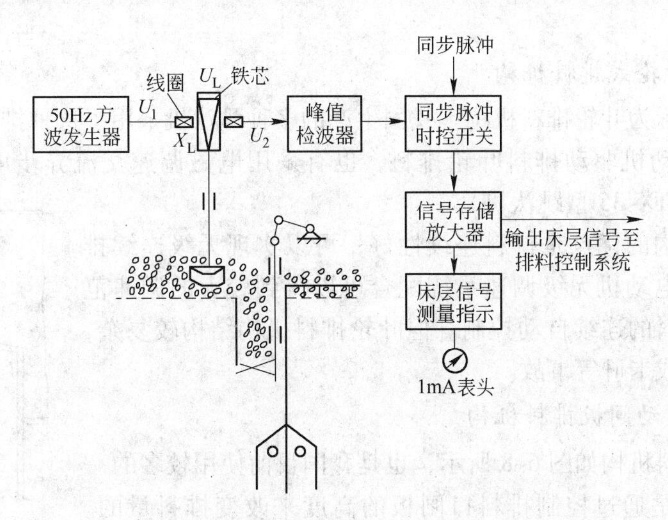

图 6-6 BATAC 跳汰机浮标式床层传感器示意图

该浮标用不锈钢板焊制而成，其形状如柱体，上面带有弧形，下面如尖形，水平截面为流线形，以减小阻力。

浮标的位移由自感式位移变换器转换成电信号。图中自感线圈和锥形铁芯组成自感式位移变换器。锥形铁芯固定在非导磁性材料制成的圆管中，随浮标杆上下移动。振荡器产生一个频率为 50Hz，电压为 U_1 的方波信号，在电感线圈中要产生一定电压降 U_L，而电感线圈与输出端是串联关系，位移变换器输出电压 $U_2 = U_1 - U_L$。当浮标带动锥形铁芯上下移动时，使线圈的感抗 X_L 发生变化，浮标位置越高，感抗 X_L 越小，线圈上的电压降 U_L 越小，输出电压 U_2 就越大；反之，浮标越低，感抗 X_L 越大，线圈上的电压降 U_L 越大，输出电压 U_2 就越小。因此输出电压 U_2 与浮标位移成正比。

位移变换器的输出电压要送至峰值检波器，峰值检波器的作用是将 U_2 的峰值电压检出。由振荡器产生 50Hz 的方波信号，因而检波器每个周期检出 50 个峰值电压，但这 50 个峰值电压，只有在风阀的排水末期时的峰值电压才真正代表床层的厚度，因而还需要经取样电路取出这一时刻的峰值电压，送入下一级电路。

图 6-6 中的同步脉冲时控开关相当于取样开关。由于这种传感器用于采用了数控电磁风阀的 BATAC 跳汰机，因此其取样电路不同于前面所述的电路。它是由数控电磁风阀每个周期在风阀排气末期发出一个同步脉冲信号，同步脉冲信号控制时控开关闭合，此刻的峰值检波器将能够代表床层真实厚度的峰值电压通过时控开关输出信号给存储放大器，作为该周期的床层信号，经存储放大器放大后输出给排料系统。信号存储电路的作用是将该峰值电压保持一个跳汰周期，直至下一个跳汰周期时控开关重新闭合时，再输出新的床层信号。

6.1.3　排料装置

排料自动控制系统通过检测床层厚度，最终变换成执行机构驱动排料装置动作，调节排料量。因而排料机构对整个自动排料系统有很大的影响。常用的排料装置有闸板式（包括直动闸板、扇形闸板、弧形闸板和托板闸板）和叶轮式两大类。下面简要分析一下各种排料装置。

6.1.3.1　叶轮式排料机构

如图 6-7 所示为叶轮排料机构。我国生产的多种跳汰机采用了这种排料机构，它一般由他激式直流电动机驱动排料叶轮排料，也有采用电磁调速交流异步电动机来驱动的（如我国生产的 LTX-35 型跳汰机）。

叶轮排料机构的优点是排料连续性好，可以实现无级连续排矸，与可控直流电动机无级调速系统配合可以得到较大的调速范围，便于实现排料的连续自动控制。但叶轮排料机构结构较复杂，维修量大，易造成卡矸等事故。

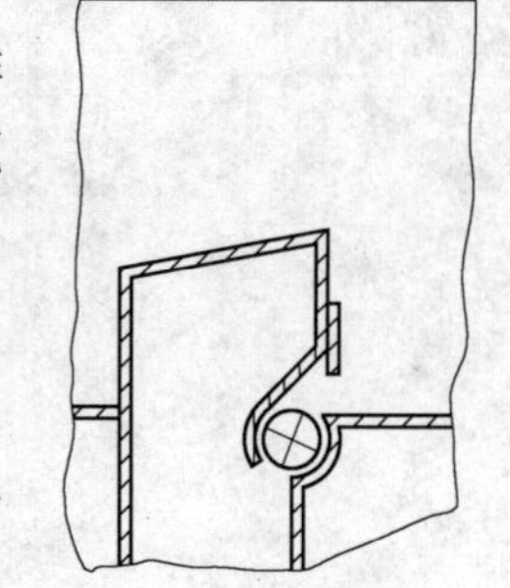

图 6-7　叶轮排料机构结构示意图

6.1.3.2　直动闸板排料机构

直动闸板排料机构如图 6-8 所示，也是我国目前使用较多的一种排料机构，它是通过控制排料口闸板的高度来改变排料量的。这种排料机构结构简单，制造方便，一般多用于末煤跳汰机。对于跳汰粒度较大的跳汰机，则不宜采用这种方式。因为当粒度较大而排料量又较小时，采用直动闸板会影响排料的连续性，闸板开度小时，容易造成大粒度物料堵塞排料口的现象；开度大时，排料量会突然增多，造成带煤损失。直动闸板可以由风动执行器或液动执行器来驱动。

6.1.3.3　托板闸门排料机构

图 6-9 所示为托板闸门排料机构。其特点是物料采用水平分离，不易出现堵塞排料

口、洗水窜动等现象。由于没有溢流堰，只设一适当高度的溢流挡板，所以矸石段溢流到中煤段的物料分层不断续，不会出现有溢流堰时物料翻筋斗、重新分层的现象，有利于中煤段的分选。

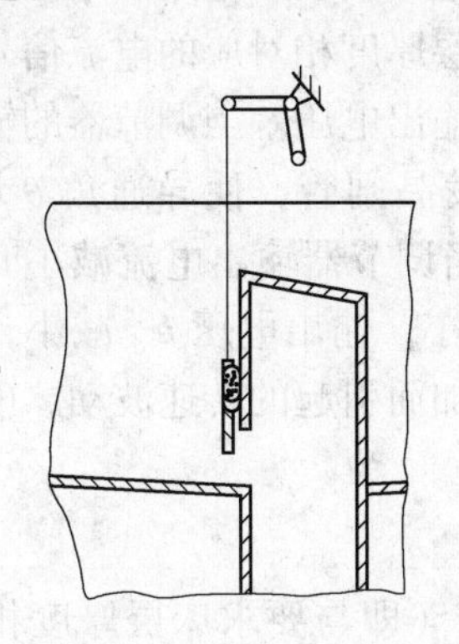

图 6-8 直动闸板排料机构示意图

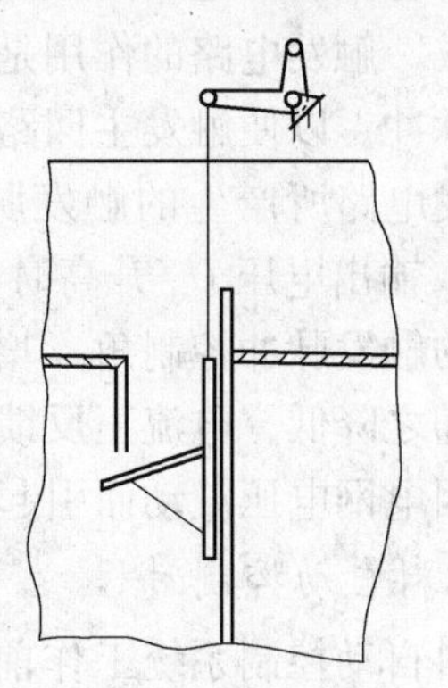

图 6-9 托板闸门排料机构示意图

6.1.4 排料自动控制系统的组成

这里介绍采用叶轮排料机构和自动闸板排料机构两种排料自动控制系统。

6.1.4.1 采用叶轮排料机构的排料自动控制系统

采用叶轮排料机构的自动排料系统结构如图 6-10 所示。图中 1 ~5 组成床层厚度检测装置。

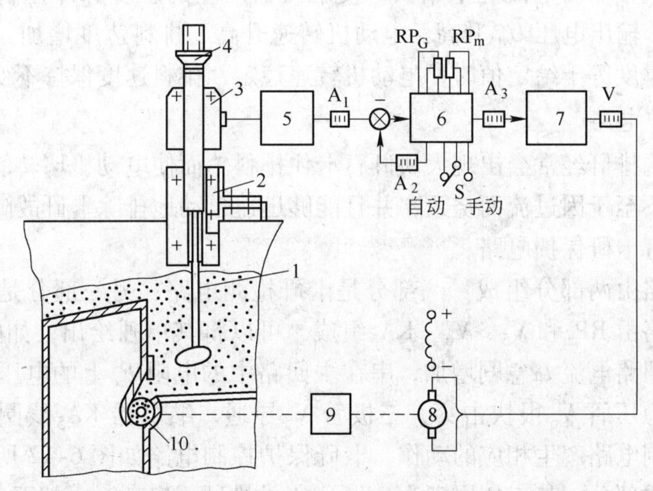

图 6-10 叶轮排料机构的自动排料系统结构原理图

1—浮标；2—浮标架；3—床层厚度传感器；4—机械调节手轮；5—床层厚度转换电路；6—PID 调节器；7—可控硅整流电路；8—他励直流电动机；9—减速器；10—排料叶轮；S—手动、自动转换开关；A_1—床层厚度信号表；A_2—调节器内给定电流表；A_3—调节器输出电流表；V—电枢电压表；RP_m—手动调速电位器；RP_G—内给定电位器

A 晶闸管整流调压电路

直流电动机的转速与电枢电压成正比，晶闸管整流调压电路的作用是将他激式直流电

动机电枢提供一个随床层信号而变化的直流电压，以便直流电动机随床层信号的变化改变转速，调节排料量。

晶闸管整流调压电路由触发电路、晶闸管主回路、电压负反馈电路、电流正反馈电路等部分组成。触发电路的作用是根据调节器输出的与床层厚度相对应的电流信号转换成相应的触发脉冲，以便触发主回路的晶闸管元件，调整其输出电压。当调节器的输出电流增大时，触发电路所产生的触发脉冲控制角 α 减小，触发晶闸管，使导通角 θ 增大（$\theta = 180° - \alpha$），输出电压 U_d 升高时，电动机转速 n 升高。当调节器输出电流减小时，触发电路所产生的触发脉冲控制角 α 增大，晶闸管导通角 θ 减小，输出电压 U_d 减小，直流电动机转速 n 随之降低，电流正反馈电路用于稳定因负载增加而引起的转速波动，电压负反馈用于稳定因电网电压波动而引起的电动机转速波动。

B　排料自动控制过程

在排料自动控制系统工作前，先将床层厚度给定值（即与要求床层厚度相对的电流信号）调至适当数值，床层厚度给定可以是外部给定，也可以用 PID 调节器内部给定。将 PID 调节器的开关打至“自动”位置，将 PID 调节器正反作用开关置“正”作用的位置。当系统投入工作以后，若床层厚度测检装置检测到的床层厚度小于给定值，这时调节器输入信号为负值，其输出电流则逐渐减小，使晶闸管整流电路中触发器产生的触发脉冲控制角 α 增大，晶闸管导通角 θ 减小，输出电压 U_d 降低，直流电动机转速下降，排料速度减小，于是床层厚度逐渐增加。直至实际床层厚度等于给定值时，调节器输入为零，其输出保持不变，电动机转速保持恒定。若检测装置检测到的实际床层厚度大于给定值，则调节器输入为正值，输出电流逐渐增大，使触发器产生的触发脉冲控制角 α 减小，晶闸管导通角 θ 增大，输出电压 U_d 升高，电动机转速升高、排料速度增加，使床层厚度逐渐减小至实际床层厚度等于给定值时，电动机转速稳定，排料速度保持不变。

C　卡矸保护电路

采用叶轮机构排矸经常会出现大块矸石卡住排料轮而使电动机堵转的现象。为了保证电动机在卡矸时不至于因过流而烧毁，并且能够迅速自动地排除卡矸故障，使跳汰机作业不间断，系统设有卡矸保护电路。

卡矸保护电路由两部分组成：一部分是卡矸检测电路；另一部分是卡矸保护控制电路。卡矸检测电路由 RP_3 和 V_5、V_6、KA_5 组成，可以将其单独绘出，如图 6-11 所示。当出现卡矸时，主回路电流 I_d 急剧增加，串在主回路中的电阻 R_c 上的电压降 I_dR_c 比正常工作时大很多，使稳压管 V_6 很快击穿，三极管 V_5 导通，继电器 KA_5 线圈得电，其触点动作，卡矸保护控制电路产生相应的动作。卡矸保护控制电路如图 6-12 所示。它是自动排料系统的重要组成部分。其工作原理为：（1）正常排矸。启动时，按下启动按钮 SB_2，接触器 KM_1 线圈得电，其常开触点闭合，接通图 6-11 电路的交流电源。当激磁电路电压正常时，电压继电器 KA_4 得电，其常开触点将图 6-12 中回路 2 ~ 13 的电源接通；这时回路 13 中的中间继电器 KA_3 线圈得电，其常开触点将回路 6 接通，使正向激磁接触器 KM_3 得电，直流电机的激磁线圈 L 有电而产生正向激磁。同时回路 7 中的电枢回路接触器线圈 KM_2 得电，KM_2 常开触点闭合，电枢得电，电动机正转，绿灯 HG 亮，指示正常排矸。（2）卡矸保护。当发生卡矸故障时，电动机应停止，同时发出声光报警，然后电机反转倒排矸。若在规定时间内倒排矸成功，则电动机停止，恢复正转正常排矸，若在规定的时

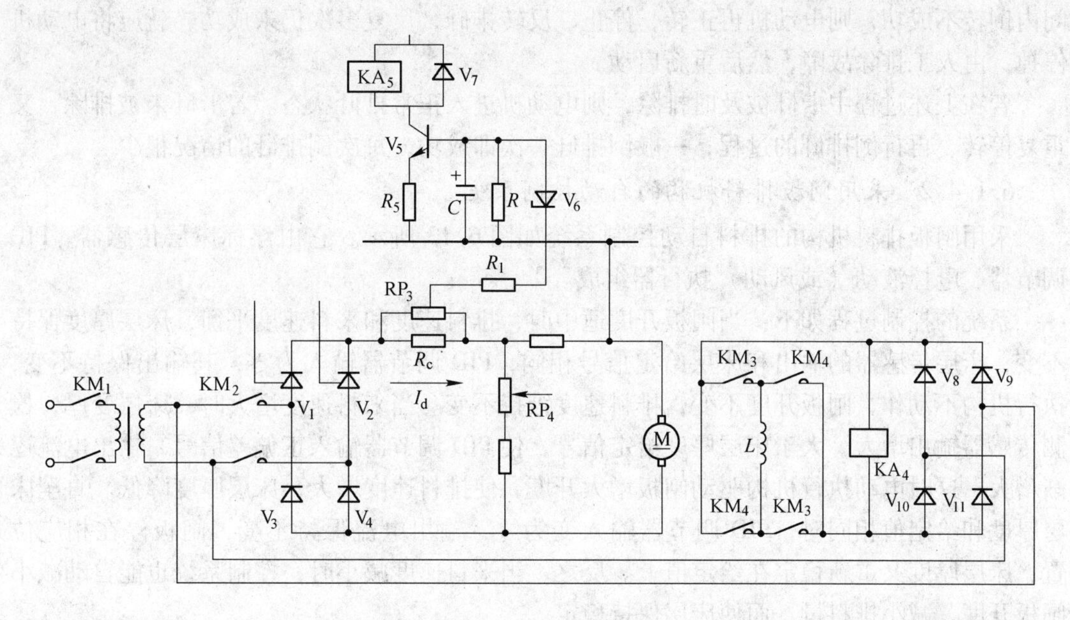

图6-11　卡斫检测电路

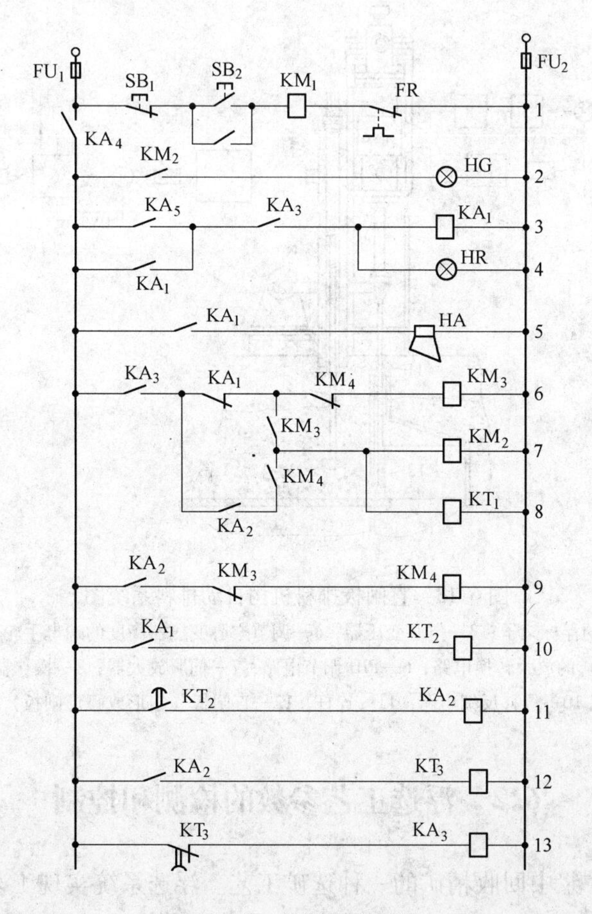

图6-12　卡斫保护电路

间内倒转不成功，则电动机再正转，停止，反转排矸，反复多次仍未成功，就应将电动机停掉，由人工排除故障，然后重新启动。

若在上述过程中卡矸被及时排除，则电动机进入正常排矸状态。若卡矸未被排除，又重复停转、再行倒排矸的过程；一般倒排矸一次即成功，每次倒排矸的情况很少。

6.1.4.2　采用闸板排料机构的自动控制系统

采用闸板排料机构的排料自动控制系统如图 6-13 所示。它由浮标床层传感器、PID 调节器、电控液动（或风动）执行器组成。

系统的控制过程如下：当闸板开度适中时，排料速度和来料速度平衡，床层厚度保持不变，床层传感器的输出和床层给定信号相同，PID 调节器输入为零，其输出保持不变，执行机构不动作，闸板开度不变，排料速度维持不变。当来料速度增大时，床层变厚，检测传感器输出增大，大于床层厚度给定信号，使 PID 调节器输入正偏差信号，输出电流逐渐增大。这时电动执行机构驱动闸板增大开度，使排料速度增大，床层厚度降低。直至床层厚度和给定值相同时，PID 调节器输入变为零，输出电流保持不变，闸板停在相应位置，床层厚度又重新稳定在给定值上。反之，当来料速度减小时，控制系统也能自动减小闸板开度，减小排料量，而使床层保持稳定。

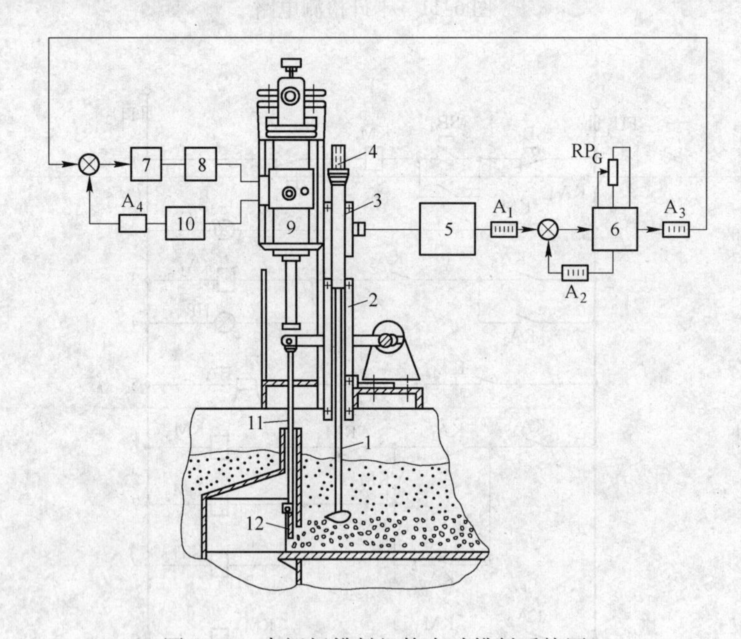

图 6-13　直闸板排料机构自动排料系统图

1—浮标；2—带导轮的浮标架子；3—空心变压器；4—调节空心变压器高度的螺母手轮；5—有空心变压器激磁电源（即振荡电路）的放大转换电路；6—PID 调节电路；7—伺服放大器；8—操作器；9—执行机构；10—位移反馈电路；11—连杆；12—直闸板（扇形或弧形闸板）

6.2　浮选工艺参数的检测和控制

浮选是从细粒矿浆中回收精矿的一种选矿工艺。浮选系统实现工艺参数自动控制的主要目的在于稳定产品质量，提高精煤回收率，节省药剂和电耗，减轻操作司机笨重、繁琐和盲目的劳动。目前对浮选系统的工艺参数的测控主要是把工艺参数稳定在按经验得到的最佳值上。

在浮选工艺过程中，影响其分选效果的参数很多，主要有入料矿浆的浓度、流量以及浮选药剂的增加量、起泡剂与捕收剂的配比等。若能够稳定入料矿浆的流量和浓度，并根据单位时间进入浮选的固体物料量按一定配比添加药剂，即可满足生产工艺要求。因此，浮选工艺参数自动控制是一个多变量的控制系统。图 6-14 所示为其控制原理图。为了便于分析我们将其分为四个部分：浓度自动控制、流量自动控制、加药自动控制和液位自动控制。

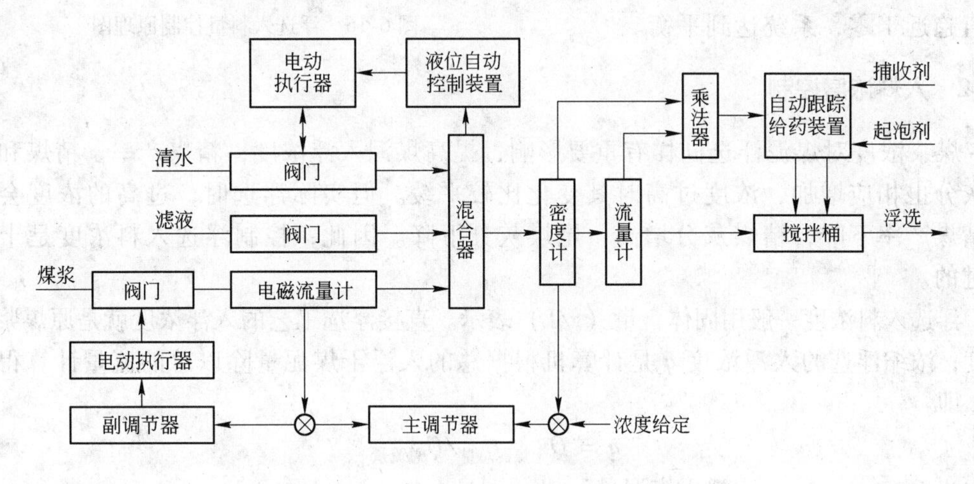

图 6-14　浮选工艺参数自动控制系统图

6.2.1 入料量控制

无论是浓缩浮选煤泥水流程还是直接浮选煤泥水流程，对入料量的控制都是针对原矿浆而言的。对于直接浮选，由于缓冲池一般容积有限，来自于重选系统的煤泥水全部由浮选系统来处理，因此浮选入料量一般只用一台流量计来测量。浓缩浮选的浮选机入料量由浓缩机底流、补加稀释水和滤液组成，检测它的流量计配置如图 6-15 所示。

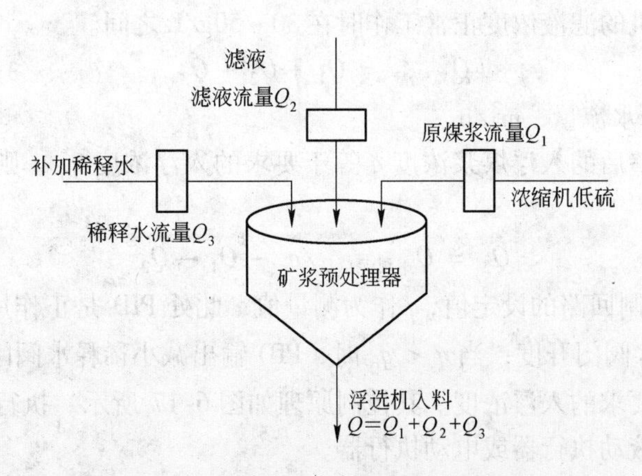

图 6-15　浮选入料流量计配置示意图

浓缩浮选的特点是缓冲能力大，浮选系统相对独立，故浮选入料量的控制一般采取煤浆管道闸阀控制或底流泵变频控制。控制原理如图6-16所示。

图中Q测量值和Q的设定值之间的差值经PID运算，输出信号作为伺服机构的给定信号，控制执行机构动作（执行机构是拖动管道闸阀的电控液动执行器或电动执行器或底流泵的变频器），改变流量使得$Q_{测}$和$Q_{设}$的差值趋近于零，系统达到平衡。

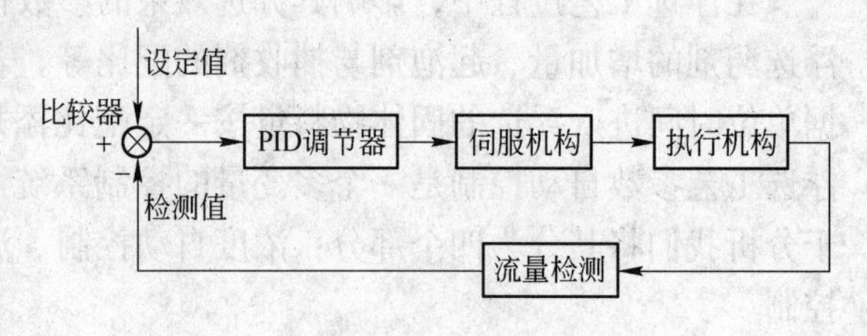

图6-16 浮选入料量控制原理图

6.2.2 入料浓度控制

煤浆浓度对煤泥浮选同样有重要影响，提高煤泥入浮浓度，精煤产率、精煤和尾煤灰分也相应增加，浓度过高时其变化比较平缓。但实际浮选时，过高的浓度会导致精煤产率下降，精煤灰分增高，尾煤灰分下降。因此，控制浮选入料浓度是十分关键的。

浮选入料浓度一般用固体含量（g/L）表示。直接浮选工艺的入浮浓度就是原煤浆的浓度；浓缩浮选的入浮浓度q是计算机根据总的入浮干煤泥量除以总的流量计算得到的，即

$$q = Q_{干煤泥总量}/Q_{总流量}$$

式中 $Q_{干煤泥总量}$——入浮干煤泥量，t/h；

$Q_{总流量}$——进入浮选机的总流量，m^3/h。

$$Q_{干煤泥总量} = (Q_1 \cdot q_1 + Q_2 \cdot q_2)/1000$$

式中 Q_1——煤浆流量，m^3/h；

Q_2——滤液流量，m^3/h；

q_1——煤浆浓度，g/L；

q_2——滤液浓度，g/L。

由于滤液中含有气泡，其浓度不易准确测出，故滤液浓度可根据实际情况给出一定值，例如真空过滤机的滤液浓度正常工作时在30~50g/L之间。

$$Q_{总流量} = Q_1 + Q_2 + Q_3$$

式中 Q_3——稀释水流量，m^3/h。

为使经控制调整后的入浮煤浆浓度q等于要求的入浮浓度q_0，则须按下式算出应加稀释水量Q_3，即

$$Q_3 = Q_{干煤泥总量}/q_0 - Q_1 - Q_2$$

q_0作为PID控制回路的设定值，q作为测量值，此处PID是正作用，即当$q > q_0$时，PID输出增大稀释水阀门开度；当$q < q_0$时，PID输出减小稀释水阀门开度。从而使实际入浮煤浆浓度等于要求的入浮浓度。其控制原理如图6-17所示。执行机构是控制稀释水管道上闸阀的电控液动执行器或电动执行器。

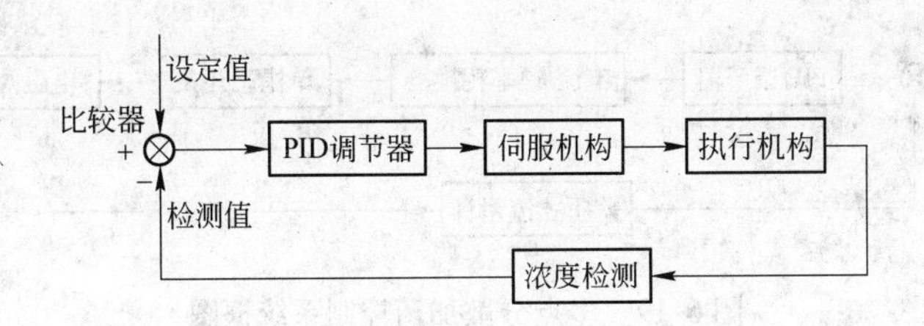

图 6-17 入浮煤浆浓度控制原理图

6.2.3 药剂自动添加系统

浮选药剂的自动添加是浮选自控系统的核心，根据入浮流量和入浮煤浆浓度，自动给出浮选剂添加量的设定值是自控系统的关键。在同一入浮浓度时，浮选剂的添加量和实际入浮的干煤泥量成正比。添加量随入浮干煤泥量的变化而变化，达到动态跟踪。

药剂量是根据进入浮选的固体物料量来确定，固体物料量可由流量与浓度的乘积得到。单位重量的固体物料量所需消耗的药剂量以及起泡剂与捕收剂的配比通常是根据经验来确定数据。药剂添加量的自动控制系统一般为开环控制系统，也可采用闭环控制。下面介绍两种药剂添加量自动控制系统。

6.2.3.1 药剂添加量开环随动控制系统

图 6-18 所示为一种药剂添加量的开环随动控制系统框图。煤浆流量和浓度作为输入信号送入乘法器，将其相乘后变换为相应的电压信号，再经 V/f 转换电路，变换频率与之对应的脉冲信号，经整形放大后输出至步进电机。步进电机按脉冲数步进运转，步进电机又驱动齿轮泵加药。齿轮泵的加药量正比于步进电机的转速，而步进电机的转速又正比于输入脉冲频率，脉冲频率正比于进入浮选的固体物料量（流量与浓度的乘积）。因此，齿轮泵的加药量正比于进入浮选的固体物料量。当固体物料量增加时，乘法器输出电压增大，频率增大，脉冲整形后放大电路输出的脉冲频率也随之增加，步进电机速度加快，使齿轮泵的加药量增加。反之，当进入浮选的固体物料量减小，齿轮泵的加药量也随之减小，从而实现加药量的随动控制。

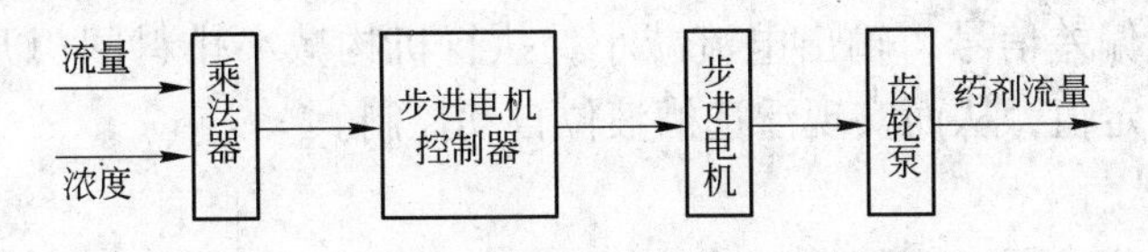

图 6-18 药剂添加量开环随动控制系统框图

6.2.3.2 分散多点加药控制装置

上述药剂添加量随动控制系统没有药剂添加量的检测装置，属于开环控制系统，因而控制精度不高。图 6-19 所示为一种多点分散加药闭环控制系统。这种控制系统改一点加药为多点加药，每台浮选机加药点用电磁阀控制加药剂量，并通过差压式流量计检测药剂流量，形成闭环控制系统，因而可以提高加药精度。

该系统的药剂流量采用差压式流量计来检测，在药管中插入适当厚度和孔径的节流孔板，用差压计测量节流孔板前后的压差来反应管路中的药剂流量。药剂的添加由电磁阀来控制，电磁阀由单稳态开关来控制。

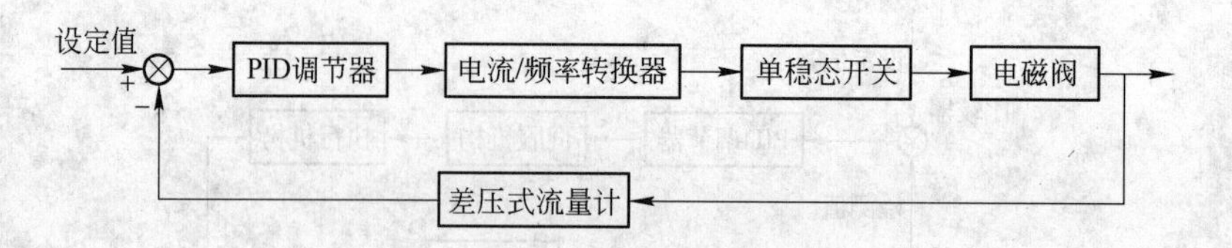

图 6-19 多点分散加药控制系统框图

系统工作原理：原矿浆流量与原矿浆浓度送入乘法器运算，其结果（代表固体物料量）作为药剂添加量的给定值。由差压式流量计检测出的药剂实现添加量与给定值比较，偏差信号送入 PID 调节器，调节器输出相应的电流（4～20mA），经电流频率变换装置变换成相应频率的脉冲信号，送入单稳态开关电路，控制电磁阀加药。

当进入浮选的固体物料量不变时，则药剂添加量的给定值不变。

当药剂流量检测装置检测到的实际药剂添加量小于给定值时，则 PID 调节器输入正偏差，其输出电流增大。经变换电路使其输出脉冲的频率增加，电磁阀打开次数增多，从而加大药剂添加量，直至药剂的实际添加量与给定值相等时，PID 调节器输出电流保持不变，变换电路输出脉冲频率保持不变，电磁阀加药量保持稳定。当实际药剂添加量大于给定值时，其调节过程与上述过程相反，最终也是使实际添加量和给定值相同。

6.2.4 浮选槽液位控制

图 6-20 所示为浮选槽液位自动控制系统框图。该系统主要由液位检测装置、调节器、执行机构等部分组成。常用的液位检测装置主要由电极、浮球、测压管等多种；执行机构可以用电动执行机构，也可以用电控风动（或液动）执行机构调节量为尾矿的排出量。

当矿浆入料和尾矿排出量均稳定时，浮选槽液位等于给定值，执行机构不动作，排料口适中，液位保持不变。当液位检测装置检测到浮选槽实际液位升高而大于给定值时，调节器输入负偏差，输出电流增大（调节器调至“反”作用状态），执行机构动作，使尾矿排料阀门开度加大，排料流量增大，液位降低。直至液位降至给定值时，调节器输入偏差为零，输出保持不变，执行机构不再动作，排料闸门开度不变。反之，当液位低于给定值时，调节器输入正偏差信号，输出电流减小，执行机构减小排料闸门开度，减小排料流量，使液位升至给定值，从而实现浮选槽液位自动控制。

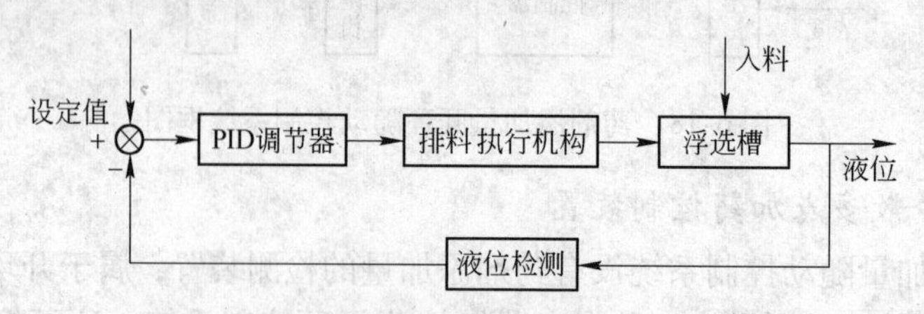

图 6-20 浮选槽液位自动控制系统框图

6.2.5 浮选灰分自动控制

煤泥浮选自动检控系统的目的是在保证精煤质量指标的前提下，最大程度地提高浮选精煤的产率，减少浮选剂的用量，监视、记录和统计浮选的生产指标。

要达到上述目的，浮选自动检测控制系统需要实时检测浮选入料、精煤和尾煤的质量，并研制以稳定产物灰分为目的的煤泥浮选闭环控制系统。这个系统的原理如图6-21所示。

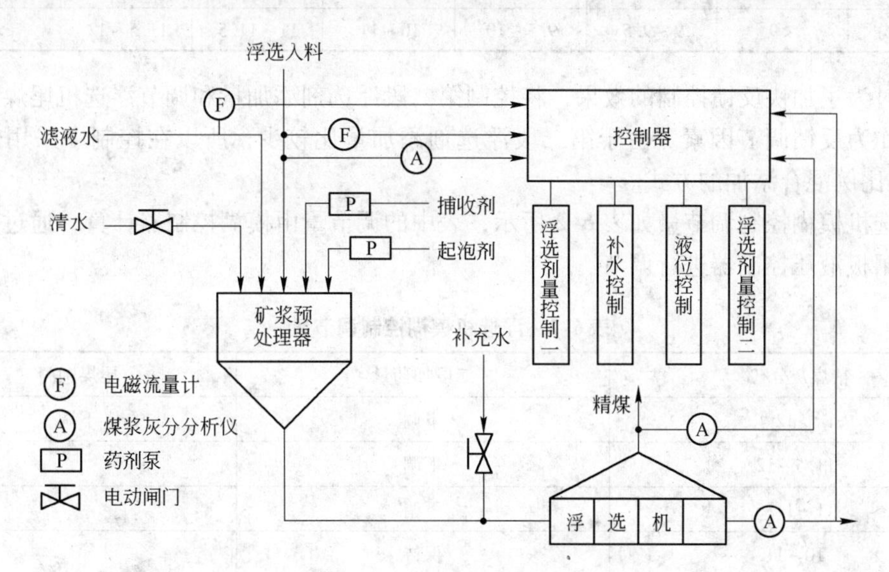

图6-21 煤泥浮选闭环控制原理图

图中煤浆灰分分析仪是一套仪表，采用旁线方式分别检测原煤浆、浮选精煤、浮选尾煤的灰分。该控制是在前馈控制基础上通过检测出的浮选产物灰分反馈修正前馈控制输出值，实现闭环控制的。

煤泥浮选闭环控制包括以下三种功能：

（1）根据浮选入料浓度、流量和滤液量，采用前馈控制，用自动阀门调节稀释水量，以保持浮选入料的设定浓度；

（2）根据浮选入料量及其灰分，确定和调节浮选剂的用量，并根据精煤灰分，改变浮选剂用量，以反馈控制的方式，稳定精煤质量，从而提高它的产率；

（3）为了加快控制速度，当精煤灰分偏移较大时，辅之以浮选机液位控制，改变浮选机液位高度，以调节精煤灰分和产率。

煤泥浮选自动控制的要求是根据煤浆灰分分析仪所检测的入料、精煤、尾煤灰分，反馈控制浮选的操作参数，使浮选工作处在最佳的工作条件下，达到实时最优。

浮选过程的影响因素多，关系复杂，很难建立浮选产物灰分与操作参数之间的数学模型，所以，也难以采用以数学模型为基础的优化控制技术。但是，浮选的优化控制可以采用模糊逻辑控制，使浮选工况达到最优。

模糊控制实际上是一种人工智能控制，它不依赖被控过程的数学模型，而是将现场操作人员和专家的生产经验和知识作为参数调节的依据。

浮选的闭环控制是一个新课题。在设计模糊控制器前，考虑了与浮选控制有关的4个问题：现场的实际要求，最合适反馈调节的参数，浮选生产过程的大滞后现象和旁线灰分检测所需的时间。

根据浮选的实际工作情况，浮选精煤灰分控制目标为10.5%，其主要判据如表6-1所示。

表 6-1　精煤指标判据

判据	超低	低	较低	可	较高	高	超高
精煤灰分	<9	9 ~ 9.5	9.5 ~ 10	10 ~ 11	11 ~ 11.5	11.5 ~ 12	>12

同时为了加快反馈控制的效果，将控制第二段浮选剂添加量和调节浮选机尾煤闸板升降位置作为反馈调节因素。由于第二段浮选剂添加量比较少，所以在控制中采用煤油与GF油按比例混合添加的方式。

浮选机模糊控制调节量如表 6-2 所示，表中的调节量由模糊控制器计算，通过定量泵和尾煤闸板液压控制器进行调节。

表 6-2　浮选机模糊控制调节量

精煤灰分/%	二段加药量	尾煤闸门
>12	下调	下调
11.5 ~ 12	下调	
11 ~ 11.5	下调	
10 ~ 11	保持	
9.5 ~ 10	上调	
9 ~ 9.5	上调	
<9	上调	上调

浮选是一个滞后的生产过程，煤浆在浮选机中停留时间约为 10 ~ 20min，而浮选剂二次添加后也大约在 10min 后才能显出效果，因此，浮选的操作应相对稳定，调节不宜频繁。按目前煤浆灰分分析仪的测灰时间，循环测灰一次约 12.5min，因此，二次浮选剂添加量和闸板的调节相应时间应为 25min 左右。

图 6-22 是浮选模糊控制系统的方框图。图 6-22 中，A_s 和 A 分别为精煤灰分的设定值和实测值，Q 为二次浮选剂添加量，L 为尾煤闸板提升高度。

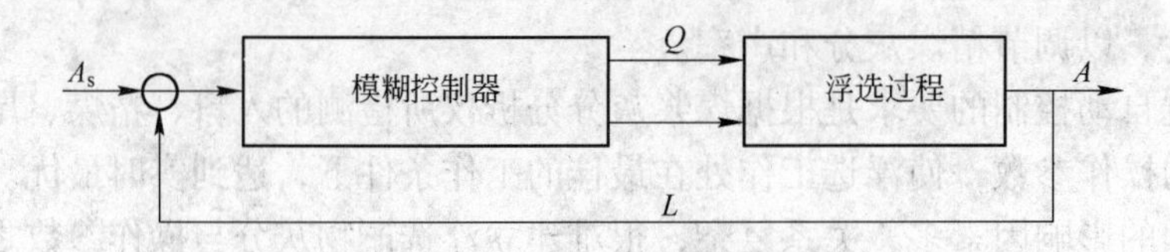

图 6-22　浮选模糊控制系统方框图

在与煤浆灰分分析仪相配合的煤泥浮选闭环控制过程中，灰分分析仪的精确度与测灰所需的时间，是影响控制系统调节品质的重要因素。对于滞后的煤泥浮选过程，采用旁线测灰的办法，控制的效果需要通过试验确定。

煤泥浮选检测与控制系统使用效果：

（1）根据澳大利亚 AMDEL 煤浆测灰仪的技术路线所研制的 3 个放射源的煤浆灰分分析仪，成功地检测了煤泥浮选的入料、精煤、尾煤灰分，灰分分析仪采用非接触式结构，在制造和使用上有一定的优越性。

（2）煤浆灰分分析仪既可手动方式工作又可自动方式工作。手动方式主要用于仪表调试，自动方式可用在生产监视和自动控制中。

（3）煤浆灰分分析仪的仪表精确度是用重复测定一种煤浆灰分的方法确定。经过试验，精煤测定的均方差可达 0.35%，入料可达 0.5%，在正常情况下，尾煤可达 2% ~3%。

（4）煤浆灰分分析仪的使用精确度表示仪表值与化验值偏差，它包括了仪表误差、采样误差和化验误差。对于精煤，使用的均方差可达 0.25% ~0.4%，对于入料，可达 0.63%，对于尾煤，在 3% ~3.5% 左右。

（5）浮选自动控制系统具有运行状态监视、浮选定值控制、浮选优化控制和数据管理分析等功能。

（6）浮选定值控制能稳定浮选生产操作，降低浮选药用量，并提高浮选产率。

（7）模糊控制是解决浮选优化控制的可行方法，它根据灰分分析仪的实时检测精煤灰分，反馈控制浮选过程，使浮选生产摆脱人工操作。

（8）浮选优化控制能稳定精煤灰分，在反馈控制下，精煤灰分的波动，均方差在 0.15% ~0.22%，优于人工操作，并可提高精煤产率 3% 以上。

6.3 重介质悬浮液密度-液位自动控制

在重介质旋流器选煤过程中，需要不断地对选煤工艺参数进行检测和调整，以保证产品质量和数量的稳定，并保证生产过程的安全进行。重介质悬浮液的密度和流变特性的检测和调整是重介质选煤工艺参数测控的重点。

选用先进的自动测控技术设备代替人工操作，是实现选煤厂生产自动化的前提。自动测控技术涉及自动检测、自动调节和自动控制。自动检测仪表可以为控制系统提供准确的工艺参数信息、设备运行状态及外部干扰条件；自动调节可使工艺过程变量保持稳定，或按给定的规律进行变化；自动控制是在没有人工干预时，根据预制规则或专家系统，自动完成系统控制过程。

对特定的重介质选煤工艺系统，影响选煤过程的主要工艺参数有：

（1）原煤性质：可选性、粒度组成、入选原煤数量。

（2）介质性质：重介质悬浮液的浓度、密度和流变特性、介质桶的液位。

（3）操作参数：旋流器的入口压力。

由于涉及的变量很多，变量间关系复杂，因而控制起来也很复杂。生产上一般以调节悬浮液密度参数为主，其他工艺参数采取稳定控制，使其波动范围尽量小。这样既可以抓住主要矛盾，又大大简化了控制系统的结构和难度。

6.3.1 介质悬浮液密度测控

在重介质选煤工艺中，重介质悬浮液密度的测控和调节是控制产品质量的关键。重介质悬浮液分为低密度（密度小于 1500kg/m^3）悬浮液、高密度悬浮液（密度大于 1600kg/m^3）和稀悬浮液（密度小于 1100kg/m^3）。

常用的自动测量装置有差压密度计、水柱平衡式密度计、浮子式密度计、射线密度计等，这些传感器已在前面的章节介绍，这里就不再赘述，主要讲解悬浮液密度自动调节系统。

重介质选煤的主要原理是靠控制悬浮液的密度，使不同的产品得以分离。如果悬浮液的密度不能按规定要求控制调整，那么将严重影响分选效果。因此，悬浮液密度的测量和调节非常关键。

密度调整的基本思想是加水或补介（其分流也可以，但牵涉到煤泥量等其他因素）。当悬浮液密度过高时，要及时加水，使其密度降低；当悬浮液密度过低时，要补介并及时分流一部分弧形筛下的合格介质到稀介质桶，由磁选机回收磁铁矿加重质，并返回到合格介质桶，提高介质悬浮液密度。具体调节还要将介质桶的桶位等协同考虑。

桶位很低、密度也低时，首先考虑补加浓介质；

桶位高、密度低时，可以首先考虑分流，为了提高调节的速度，也可同时补加浓介质；

桶位低，密度高时，应补加水；

桶位高、密度也高的情况一般不会出现。

图 6-23 为悬浮液密度自动调节系统示意图。由射线密度计测得密度信号，信号送至调节器的输入端，与给定值进行比较，形成偏差信号，调节器对偏差进行比例、积分、微分运算，根据运算结果发出的信号去调节被控分流箱的分流量，改变悬浮液的密度值，使密度值与给定值的偏差稳定在允许的范围内。

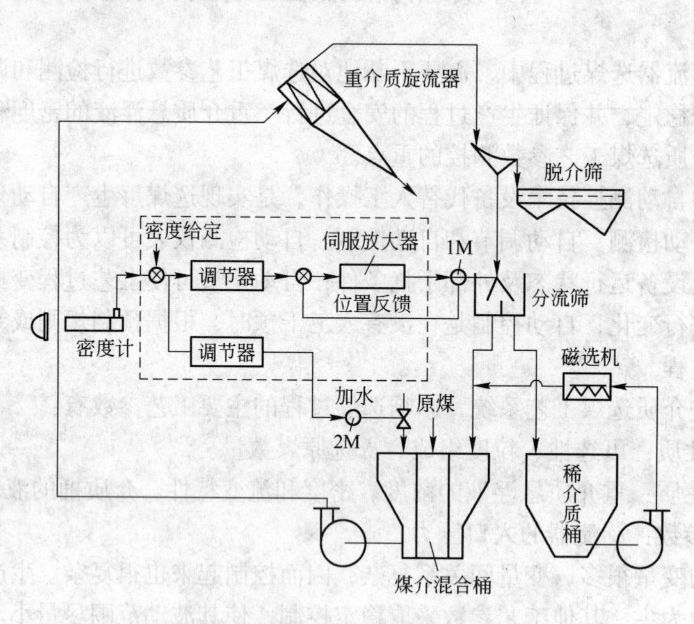

图 6-23 悬浮液密度自动调节系统示意图

6.3.2 介质桶桶位的自动控制

重介质选煤厂的介质桶有合格介质桶、煤介混合桶、浓介质桶、稀介质桶、煤泥桶、煤泥重介入料桶等，这些介质桶的液面在生产中会不断地变化。为了使液位保持在一定的范围内，不至过高或过低，需要对桶位进行及时的检测并调整。

液位测量仪表的类型很多，由于介质悬浮液的黏滞性和容易分层、沉淀等特点，用于介质桶桶位测量的仪器多是压力式、浮标式、射线式和超声波式等，这些具体的检测方法在前面的章节已作详细介绍，这里就不再赘述。

介质桶液位自动调节主要指合格介质桶的液位调节。悬浮液在循环使用中，由于不断地选煤、不断地分流、加水、加介质等，而导致介质桶的液位不断变化。液位过高会造成跑溢流。液位过低，可能把悬浮液抽空，无法选煤。同时液位不稳定，也会影响悬浮液工艺参数的调整（如密度、黏度等），影响分选效果。

合格介质桶的液位调节主要采用打分流和补加高密度介质与水的办法。图 6-24 为合格介质桶液位自动调节系统的一个实例。超声波液位计测得液位信号，将液位信号送给调节器，自动控制分流箱、调节分流箱，使液位稳定。当液位过低时，发出报警信号，自动补加水。高密度介质补加由密度控制系统进行调节。

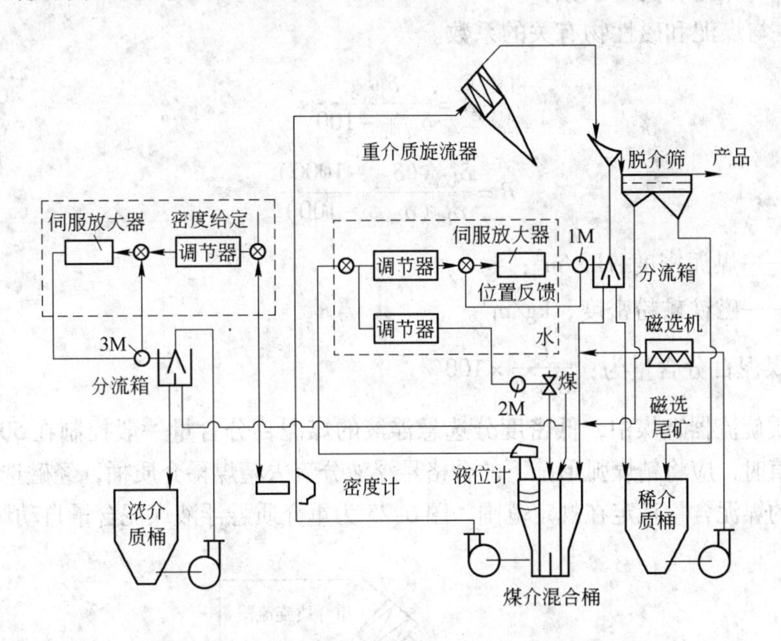

图 6-24 合格介质桶液位自动调节系统示意图

6.3.3 介质悬浮液中非磁性物含量测控

悬浮液的流变特性是表征悬浮液的流动与变形之间关系的一种特性，主要受浓度和煤泥含量的影响。

在实验室条件下，测定悬浮液流变黏度的方法主要是用毛细管黏度计测定悬浮液从毛细管中流出的速度，或者用旋转黏度计测定作用在转子上的力或扭矩。这些方法用于在线检测是不适宜的。

在生产中，由于非磁性物含量无法直接测得，往往采用间接测量方法。即通过测量悬浮液密度和测量悬浮液磁性物含量，然后推算出悬浮液煤泥含量的办法。因为在用磁铁矿悬浮液选煤过程中，当磁性加重质的特性稳定时，随着煤泥含量的增大，其黏度也随之增大，悬浮液的流变黏度主要取决于煤泥的含量与特性。

重介质悬浮液的主要成分是磁铁矿粉、煤泥和水。悬浮液流变特性自动调节，主要是调节悬浮液的煤泥含量。一般在分选密度较低、磁铁矿粉粒度较粗时，增加工作悬浮液中的煤泥含量可以改善分选效果。采用细粒度磁铁矿粉作加重质时，可以在煤泥含量较低时取得良好的分选效果。但是，当煤泥含量过高时，1～0.5mm 粒级原煤的分选效果变坏。因此不同悬浮液中的煤泥含量有一个适当范围。

重介质悬浮液中煤泥含量很难使用仪表测量，但可以借助于密度计和磁性物计分别测量出悬浮液的密度和磁性物含量，然后通过悬浮液参数之间的关系算出煤泥含量：

$$G = A(\rho - 100) - BF$$

式中　G——煤泥含量，kg/m^3；

F——磁性物含量，kg/m^3；

ρ——悬浮液密度，kg/m^3；

A——与煤泥有关的系数；

B——与煤泥和磁性物有关的系数。

其中：

$$A = \frac{\delta_{煤泥}}{\delta_{煤泥} - 100}$$

$$B = \frac{\delta_{煤泥}(\delta_{磁} - 1000)}{\delta_{磁}(\delta_{煤泥} - 100)}$$

式中　$\delta_{煤泥}$——煤泥密度，kg/m^3；

$\delta_{磁}$——磁铁矿粉密度，kg/m^3。

所以，煤泥百分含量为：$\dfrac{G}{G+F} \times 100\%$。

在重介质旋流器选煤中，低密度分选悬浮液的煤泥百分含量一般控制在 50%～60% 为宜，超过此值时，应将精煤弧形筛下的合格悬浮液分流去精煤稀介质桶，经磁选机脱泥，使分选悬浮液的煤泥含量稳定在规定范围。图 6-25 为重介质悬浮液煤泥含量自动调节系统图。

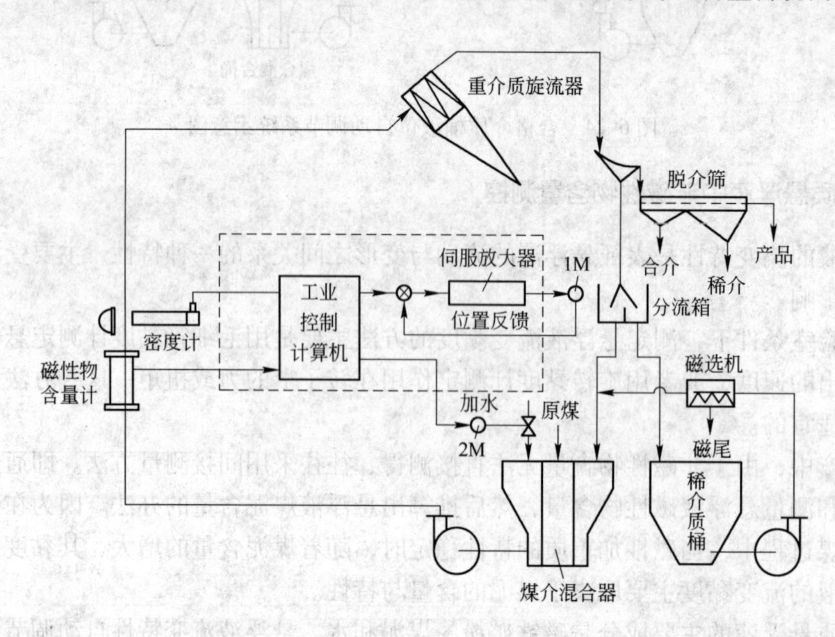

图 6-25　重介质悬浮液煤泥含量自动调节系统图

6.3.4 旋流器入口压力自动调节系统

重介质旋流器的入口压力是旋流器的工作动力来源。随着旋流器入口压力的增大，矿粒在旋流器内的离心因数和沉降加速度也增加，可以改善分选分离的效果。但压力到一定值后，再增大压力，对改善分选效果非但不明显，反而会增加机械磨损和能耗。而压力低于最低值时，分选效果将显著下降。因此，必须把旋流器入口压力控制在合适的范围。

一般是 $H \geqslant 9D$，其中，H 是旋流器入口压力（mH_2O，$1mH_2O = 9.8kPa$），D 是旋流器直径（m）。对于小直径的煤泥重介质旋流器，为了改善分选效果，入口压力要远远大于这个范围。

旋流器入口压力是指旋流器介质进料口处的压力。如果是采用定压箱给料方式，只要保证定压箱有溢流即可保持旋流器入口压力稳定。自动控制的重点是检测定压箱的液位，如果液位偏低，应发出报警信号。图 6-26 为定压箱示意图。

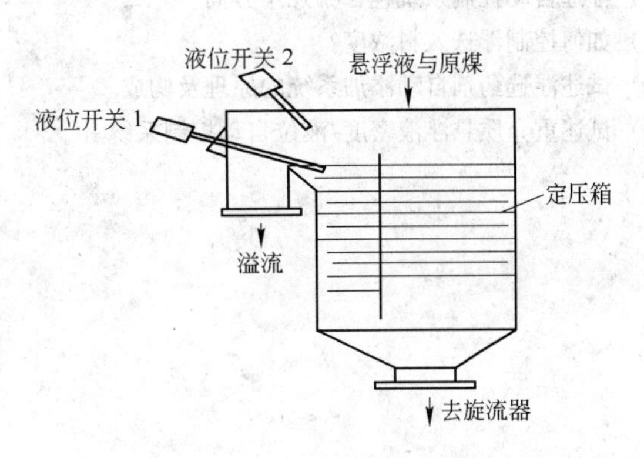

图 6-26 定压箱示意图

为了保持定压箱的液位稳定，进入定压箱的悬浮液量应略大于旋流器的处理量，使多余的悬浮液跑进溢流，并返回合格介质桶。溢流堰上部装有液位开关 1，在正常工作时，应保持液位开关的接通。液位开关 2 作为过负荷的报警信号装置。

如果采用泵有压或无压给料选煤时，旋流器的入口压力主要是用控制泵的转速来进行调节的。调节泵电机的旋转速度，可以采用调节皮带传动比的办法，也可以采用可控硅变频器调速，或者采用电磁滑差离合器。生产实践表明，可控硅变频调速器的效果较好，其优点是控制灵活，还可降低能耗，缺点是初期投资较大。旋流器入口压力自动调节系统如图 6-27 所示。

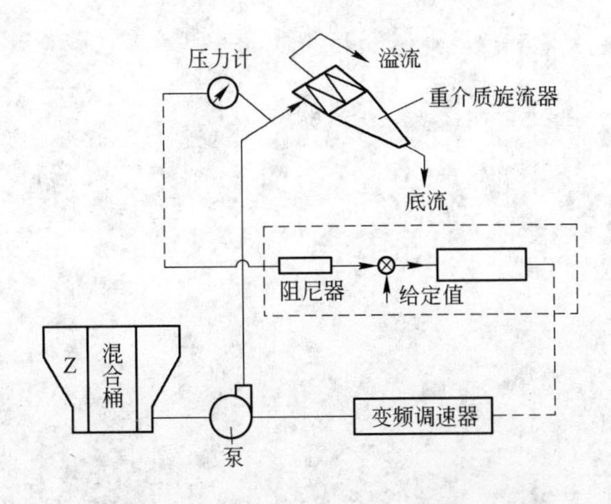

图 6-27 旋流器入口压力自动调节系统图

自动化程度的提高对降低操作人员的劳动强度，提高测控的及时性、准确性，具有非常积极的意义，也促进了重介质选煤技术的迅速推广和应用。

思 考 题

(1) 试述跳汰机床层检测的方法及原理。
(2) 跳汰机排料装置分哪几类，各有什么优缺点？
(3) 试述排料自动控制系统的组成。
(4) 浮选自动控制系统包含哪几个方面？
(5) 如何控制浮选入料浓度？
(6) 试述浮选药剂自动添加系统的原理及构成。
(7) 试述重介质悬浮液密度-液位自动控制系统。

参考文献

[1] 历玉鸣．化工仪表及自动化（第4版）［M］．北京：化学工业出版社，2008.

[2] 俞金寿．过程自动化及仪表［M］．北京：化学工业出版社，2003.

[3] 张宝芬，张毅，曹丽．自动检测技术及仪表控制系统［M］．北京：化学工业出版社，2000.

[4] 刘春生．电器控制与PLC［M］．北京：机械工业出版社，2010.

[5] 陈建明．电气控制与PLC应用［M］．北京：电子工业出版社，2006.

[6] 张承惠，崔纳新，李珂．交流电机变频调速及其应用［M］．北京：机械工业出版社，2008.

[7] 康润生，张宇华，钟南岳．电工与电子技术之电工技术［M］．徐州：中国矿业大学出版社，2007.

[8] 何友华，陈国年，温朝中，等．可编程控制器及常用控制电器［M］．北京：冶金工业出版社，2007.

[9] 巫莉，黄江峰，罗建君．电器控制与PLC应用［M］．北京：中国电力出版社，2011.

[10] 刘元扬，刘德溥．自动检测和过程控制［M］．北京：冶金工业出版社，1988.

[11] 宋伯生．PLC编程理论算法及技巧［M］．北京：机械工业出版社，2006.

[12] 胡学林．可编程序控制器原理及应用［M］．北京：电子工业出版社，2007.

[13] 杨公源．可编程控制器（PLC）原理及其应用［M］．北京：电子工业出版社，2004.

[14] 欧姆龙（上海）有限公司选型手册（可编程序控制器部分），2002.

[15] 樊金荣．欧姆龙CJ1系列PLC原理与应用［M］．北京：机械工业出版社，2008.

[16] 朱善君，翁樟，等里曼，等．可编程序控制系统原理 应用 维护［M］．北京：清华大学出版社，1995.

[17] 许志军．工业控制组态软件及应用［M］．北京：机械工业出版社，2005.

[18] 刘华波．组态软件WinCC及其应用［M］．北京：机械工业出版社，2009.

[19] 曾庆波，孙华，周卫宏．监控组态软件及其应用技术［M］．哈尔滨：哈尔滨工业大学出版社，2010.

[20] 王善斌．组态软件应用指南：组态王Kingview和西门子WinCC［M］．北京：化学工业出版社，2011.

[21] 刘文贵，刘振方．工业控制组态软件应用技术［M］．北京：北京理工大学出版社，2011.

术语索引